對本書的讚譽

「本書提供了非常棒的學習資源，誠摯推薦給任何想學習 MySQL 的讀者……本書也是非常出色的進修資源，誠摯推薦給資深開發人員。」

—— SCOTT STROZ
MySQL 開發技術推廣者

「本書不僅會帶讀者了解 MySQL 是『什麼』，還會帶讀者領略 MySQL 開發背後的『原理』。」

—— STEVEN SIAN
網頁與行動應用開發人員

MYSQL

資料庫開發的樂趣

18堂資料庫開發基礎入門與專題實作課程

Rick Silva 著／黃詩涵 譯

no starch press

致我的愛妻 Patti，感謝妳對我的耐心、關愛與支持。
在我心中，妳就是戴著圍巾的德蕾莎修女。

作者簡介

本書作者 Rick Silva 是非常資深的軟體開發人員，在資料庫領域擁有數十年的開發經驗，曾經任職於哈佛商學院、Zipcar（共享汽車服務公司）以及多家金融服務公司。他是土生土長的美國波士頓人，也是波士頓學院的校友。他與妻子 Patti 和愛犬 Dixie 現居於美國北卡羅來納州的首府 Raleigh。在脫離資料庫和資料表的閒暇時間，他會參與當地的鄉村音樂 bluegrass 的即興演出，彈奏斑鳩琴（banjo）。

技術審閱者簡介

本書技術審閱者 Frédéric Descamps（@lefred）長期以來擔任開放原始碼和 MySQL 的顧問，已經有超過 20 年以上的時間。他在獲得資訊管理技術學位後，開始在 HP-UX 作業系統底下擔任 ERP 系統的開發人員，後來選擇進入開放原始碼的世界發展職業生涯，加入比利時的一家新創公司，這是第一家全力投入 GNU/Linux 自由軟體開發專案的公司。2011 年，Frédéric 加入 Percona，這家公司在 MySQL 領域裡是領先業界的專家之一。2016 年，他加入 MySQL 社群團隊，擔任 MySQL 社群經理，負責歐洲、中東、非洲和亞太地區。他經常在開放原始碼的研討會上演講，是多本技術書籍的審閱者，他的部落格內容主要是針對 MySQL（*https://lefred.be*）。

Frédéric 還是一名忠實老爸，非常疼愛他的三個女兒‧Wilhelmine、Héloïse 和 Barbara。

致謝

首先，我要對 No Starch Press（本書原文出版社）的專業團隊致上深深的謝意，沒有你們，本書就不可能問世。謝謝 Bill Pollock 願意相信我提出的概念，協助本書航向正確的航道。

特別感謝 No Starch Press 才華洋溢的編輯團隊──Rachel Monaghan、Eva Morrow、Frances Saux、Jenn Kepler 和 Jill Franklin，謝謝你們。感謝 Miles Bond 為本書投入大量的心力，還有 Eric Matthes，謝謝你撥時間與我分享見解。

我要謝謝 Frédéric Descamps（在 MySQL 這個技術圈裡，大家都暱稱他為 @lefred）願意擔任本書的技術審閱者，我非常讚賞他對細節的關心程度以及在 MySQL 方面擁有的深厚知識，在在都令我印象深刻。

最後，感謝 Jimmy Allen 和 Oasis 團隊的夥伴們，謝謝你們所有人給我的鼓勵。

目錄

PART V　專題　　　　　　　　　　　　　301

16
建立天氣資料庫　　　　　　　　　　　303

17
利用觸發器追蹤投票者
資料異動　　　　　　　　　　　　　　323

導讀

我的第一份軟體開發工作是從 1980 年代中期開始，這份工作帶領我進入關聯式資料庫管理系統（relational database management system，簡稱 RDBMS）的領域，這種系統是用於儲存和取出資料庫中的資料。其實這個概念在 1970 年代左右就已經存在，源自於電腦科學家 E.F. Codd 在他發表的著名論文中導入的關聯式模型。關聯式（relational）這個術語，是指資料其實是儲存在由資料欄和資料列組成的儲存格裡，否則就稱為資料表（table）。

我剛進入業界工作時，商業資料庫系統還不是那麼普及。事實上，那時我根本不知道是不是有其他人也在用資料庫系統。當年使用的關聯式資料庫管理系統一點也不完美，不僅沒有搭載圖形化介面，當然也沒有支援命令列介面，還會因為不明原因定期當機。那個年代還沒發明全球資訊網（World Wide Web），所以我無法求助任何網站，在別

無選擇的情況下，只能重啟系統，希望出現最好的結果。

不過，這在當年這可是相當酷的概念。我能根據想要儲存的資訊性質，將大量的資料儲存在我建立的資料表。定義資料表的資料欄，將檔案裡的資料載入到資料表裡，然後使用結構化查詢語言查詢資料；結構化查詢語言（Structured Query Language，簡稱 SQL）是用於跟資料庫互動的程式語言，允許使用者在彈指之間新增、更改和刪除多個資料列的資料。利用這項技術，我能管理整個公司的資料！

今日，關聯式資料庫管理系統無所不在，而且謝天謝地的是，比我在 80 年代用的破舊系統還要穩定而且先進，SQL 語言本身的能力也大幅提升。本書焦點會放在 MySQL，這項開放原始碼資料庫技術自 1995 年問世以來，就已經成為全世界最熱門的關聯式資料庫管理系統。

本書內容架構

本書會教讀者如何利用 MySQL 提供的 Community Server（也稱為社群版）來學習使用 MySQL，不僅免費使用而且具有多數人需要的功能。MySQL 也有提供其他付費版，包含搭載其他功能和性能的企業版。MySQL 具有一套健全的功能和工具，所有版本都能在各種作業系統上執行，像是 Linux、Windows、macOS，甚至是雲端環境。

全書內容主軸為探索 MySQL 開發範疇裡最有用的部分，以及分享我過去多來在這個領域裡獲得的見解。內容涵蓋如何撰寫 SQL 陳述式，建立資料表、函式、觸發器和檢視表，以及確保資料的完整性，最後三個章節會透過專題實作，帶讀者了解如何在實務環境中使用 MySQL。

本書章節內容規劃為五大部分：

PART I：起步

第 1 章：安裝 MySQL 與工具

本章說明如何下載 MySQL，並且提供一些安裝訣竅，協助讀者在各個作業系統上安裝 MySQL。為了存取 MySQL 的資料，還要再安裝兩個工具：MySQL Workbench 和 MySQL 命令列客戶端。

第 2 章：建立資料庫和資料表

本章說明如何定義與建立資料庫和資料表，對資料表加入條件約束，強制規定資料表能接受的資料，以及了解索引如何加快資料檢索的速度。

PART II：從 MySQL 資料庫選取資料

第 3 章：SQL 入門簡介

本章內容涵蓋如何對資料庫的資料表進行查詢，以選取想要顯示的資訊；排序查詢結果、對 SQL 程式碼加入註解以及處理空值。

第 4 章：MySQL 資料型態

本章討論的資料型態是用來定義資料表的資料欄，以及了解如何定義資料欄來保存字串、整數、日期等等資料。

第 5 章：合併資料庫的資料表

本章摘要幾個不同的做法，說明如何一次從兩個資料表選取資料，內容涵蓋合併查詢的主要類型，以及如何為資料欄和資料表建立別名。

第 6 章：對多個資料表執行複雜的合併查詢

本章會示範如何針對多個資料表進行合併查詢，以及如何運用暫存資料表、通用資料表運算式、衍生資料表和子查詢。

第 7 章：比較不同的查詢值

本章會帶讀者實作一遍，如何比較不同的 SQL 查詢值。例如，了解有哪些方法可以檢查某個值是否等於、大於另一個值，或是落在某個範圍值內。

第 8 章：呼叫 MySQL 內建函式

本章會解釋何謂函式、如何呼叫函式，以及介紹哪些函式最好用；學習用來處理數學、日期和字串的各項函式，以及運用彙總函式來處理一組值。

第 9 章：插入、更新和刪除資料

本章會說明如何對資料表新增、修改和移除資料。

PART III：資料庫物件

第 10 章：建立檢視表

本章會探索資料庫檢視表，這是根據我們建立的查詢來產生虛擬資料表。

第 11 章：自訂函式與程序

本章會介紹如何撰寫可重複使用的預存常用程序。

第 12 章：建立觸發器

本章會解釋如何撰寫資料庫觸發器，當資料發生異動時就會自動執行觸發器。

第 13 章：建立事件

本章會說明如何設定功能，然後根據已經定義好的排程執行。

PART IV：進階主題

第 14 章：實用的技巧與訣竅

本章會討論如何避免一些常見的問題、支援現有系統以及將檔案裡的資料載入到資料表裡。

第 15 章：從其他程式語言呼叫 MySQL

本章會探索如何從 PHP、Python 和 Java 程式呼叫 MySQL。

Part V：專題

第 16 章：建立天氣資料庫

本章會示範如何建立一套系統，利用 cron 和 Bash 這些技術，讓卡車運輸公司的資料庫載入天氣資料。

第 17 章：利用觸發器追蹤投票者資料異動

本章會指導讀者完成一套流程：建立選舉資料庫、使用資料庫觸發器來避免資料錯誤以及追蹤使用者對資料的異動情況。

第 18 章：利用檢視表保護薪資資料

本章會示範如何利用檢視表對特定使用者公開或隱藏敏感資料。

每一章都有準備練習題讓讀者「動手試試看」，幫助讀者精通文中解釋的觀念。

本書為誰而寫

所有對 MySQL 有興趣的讀者，不論是剛接觸 MySQL 和資料庫的初學者，還是想要再進修的開發人員，甚至是想從其他資料庫系統轉換到 MySQL 的資深軟體開發人員，都非常適合閱讀本書。

全書內容會聚焦在 MySQL 開發而非資料庫管理，從事 MySQL 資料庫管理人員（database administrator，簡稱 DBA）的讀者可能需要視個人需求參考其他書籍。雖然我偶而會提到一些我有興趣的 DBA 主題（像是對資料表設定權限），但整體內容不會深入探討伺服器建置、資料庫儲存容量、備份、復原或其他跟 DBA 相關的主要議題。

本書是為 MySQL 的初學者而設計，讀者若想在自己的 MySQL 環境下試做練習題，請參照第 1 章的內容，會帶領讀者從下載到安裝 MySQL。

比較 MySQL 和其他資料庫系統使用的 SQL

使用 MySQL 的重要關鍵之一是學習 SQL 語言。利用 SQL 語言，我們能儲存、修改和刪除資料庫裡的資料，建立和移除資料表，以及查詢資料等等。

目前採用 SQL 語言的關聯式資料庫管理系統，除了 MySQL，還包括 Oracle、Microsoft SQL Server 和 PostgreSQL。理論上，這些資料庫系統應該是使用經過標準化的 SQL 語言，也就是根據美國國家標準協會（American National Standards Institute，簡稱 ANSI）規範的 ANSI SQL。然而，實務上，這些資料庫系統之間還是存在著一些差異。

每一家資料庫系統都有搭配自己的 SQL 擴展，例如，Oracle 針對程序性語言提供的 SQL 擴展語言，稱為 Procedural Language/SQL（簡稱 PL/SQL）；Microsoft SQL Server 是搭配 Transact-SQL（簡稱 T-SQL），PostgreSQL 則是搭配 Procedural Language/PostgreSQL（簡稱 PL/pgSQL）；MySQL 提供的 SQL 擴展沒有很炫的名字，就只是叫 MySQL 預存程式語言（stored program language）。這些 SQL 擴展都各自使用不同的語法。

這幾家資料庫系統會各自開發出這些擴展，是因為 SQL 屬於非程序性語言（non-procedural language），意思是說 SQL 雖然非常適合從資料庫取出和儲存資料，但是它的設計不是針對程序性程式語言（像是 Java 或 Python），所以無法使用 if...then 邏輯或是 while 迴圈。為了增加這方面的功能性，各家資料庫搭配 SQL 擴展來支援程序性語言。

因此，雖然讀者從本書學到的 SQL 知識，大多都可以轉移到其他資料庫系統，但如果想在 MySQL 以外的資料庫系統上執行查詢，可能還是需要某些其他語法。

線上資源的使用方法

本書納入許多範例程式腳本，讀者可由此處連結（*https://github.com/ricksilva/mysql_cc*）尋找需要的腳本檔案。第 2 章到第 18 章的程式腳本名稱會依照命名慣例 *chapter_X.sql*，其中 *X* 代表章節數字，第 15 章和第 16 章有部分程式腳本是放在名稱為 *chapter_15* 和 *chapter_16* 的資料夾裡。

相關章節介紹的每個程式腳本不只會建立 MySQL 資料庫和資料表，也有包含範例程式碼和練習題的答案。本書雖然推薦讀者自己試做看看練習題，但如果遇到思緒卡住或是想要確認答案時，請隨意使用這項資源。

讀者瀏覽程式腳本時，可以根據個人需求複製適合的命令。從 GitHub 將命令貼到自己的環境底下，需要使用像 MySQL Workbench 或是 MySQL 命令列客戶端這類的工具（第 1 章會討論這些工具）。另一種做法是將程式腳本下載到自己的電腦裡，讀者如果想要採用這個做法，請切換到 GitHub 儲存庫，然後點擊綠色按鈕「**Code**」，接著選擇「**Download ZIP**」這個選項，就可以將程式腳本下載為 ZIP 檔案。

讀者若想取得更多 MySQL 相關資訊和工具，請前往官方網站（*https://dev.mysql.com/doc/*），官網提供的 MySQL 參考手冊特別好用。由此連結（*https://dev.mysql.com/doc/workbench/en/*）可以找到 MySQL Workbench 的文件，MySQL 命令列的文件則請參閱此處連結（*https://dev.mysql.com/doc/refman/8.0/en/mysql.html*）。

MySQL 是一套非常出色的資料庫系統，值得投入心力去學習，那我們就開始進入 MySQL 的世界！

PART I

起步

本書第一部分的學習目標是安裝 MySQL 與相關工具，用於存取 MySQL 資料庫。藉由建立第一個資料庫，開始逐步熟悉這些工具。

第 1 章的學習主軸：在電腦上安裝 MySQL、MySQL Workbench 和 MySQL 命令列客戶端。

第 2 章的學習主軸：建立自己的 MySQL 資料庫和資料表。

1

安裝 MYSQL 與工具

在我們開始使用資料庫之前，必須先安裝 MySQL 免費社群版，稱為 *MySQL Community Server*（也稱為 *MySQL Community Edition*），還有兩個便利的工具：MySQL Workbench 和 MySQL 命令列客戶端。讀者只要從 MySQL 官網就能免費下載這套軟體，本書後續章節會使用這些工具來實作練習題和專題。

MySQL 架構

MySQL 採用的架構是客戶端／伺服器端（client/server），請參見圖 1-1。

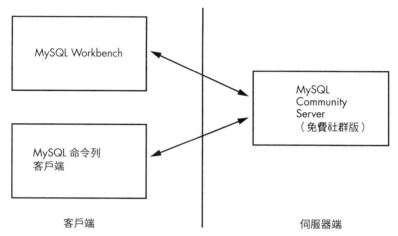

圖 1-1：客戶端／伺服器端架構

在這個架構中，客戶端需要存取的資源或服務，都是由伺服器端負責管理，也就是說，在實際營運環境中，會以專用電腦運行伺服器軟體（MySQL Community Server）和存放 MySQL 資料庫；另外兩個用於存取 MySQL 的工具：MySQL Workbench 和 MySQL 命令列客戶端，則是固定安裝在使用者的個人電腦上。

本書因為是針對學習目的來安裝開發環境，所以 MySQL 客戶端工具和 MySQL Community Server（免費社群版）會同時安裝在同一台電腦上；換句話說，這台電腦會同時扮演客戶端和伺服器兩種角色。

安裝 MySQL

MySQL 的安裝指示，請參見官方網站（*https://dev.mysql.com*）。在「**MySQL Documentation**」（MySQL 文件）頁面，點擊「MySQL Server」標題，會出現「**MySQL Reference Manual**」（MySQL 參考手冊）頁面，然後選擇最新版本（網頁預設已經是最新版本），網站會將使用者導向該版本的參考手冊。接著，請點擊左手邊選單中的「**Installing and Upgrading MySQL**」（安裝與升級 MySQL），從目錄中找出安裝環境的作業系統，然後依照指示下載與安裝 MySQL Community Server（免費社群版）。

MySQL有無數種安裝方式，例如，透過ZIP壓縮檔、原始程式碼或是MySQL安裝程式。根據每台機器的作業系統和想要安裝的MySQL產品也會有不同的安裝指示，因此，讀者如果希望取得最好而且最新的安裝資源一定是從MySQL的官方網站，不過，本書在此提供幾個小訣竅給讀者參考：

- 安裝MySQL的同時會建立一個名稱是「root」的資料庫使用者，並且要求使用者選擇密碼。由於日後還會需要這個密碼，所以請勿遺失密碼。

- 如果能取得安裝程式（例如，MySQL Installer），通常會是比較方便的安裝方式。

- 針對Windows作業系統，MySQL提供了兩個不同的安裝選項：透過網頁線上安裝和下載完整的離線安裝檔案。不過，乍看之下，不容易看出這兩個安裝檔案的區別，請參見圖1-2。

圖1-2：選擇Windows作業系統適用的網頁線上安裝檔案

分辨方式是看安裝檔案的大小，檔案小很多的就是透過網頁線上安裝，而且安裝檔案名稱裡含有英文單字 *web*（如圖中特別標示的文字）。本書建議讀者選擇這個安裝選項，主要是因為可以單獨選擇想要安裝的MySQL產品，而且可以從網頁下載。完整的離線安裝檔案會包含所有的MySQL產品，其中會有許多我們不需要的產品。

撰寫本書之際，出現在官網頁面上的兩個安裝程式都是 32 位元，這是指要安裝的應用程式，而非 MySQL 本身，不管是哪一個安裝程式，都是安裝 64 位元的 MySQL。事實上，MySQL 只支援 64 位元的 Windows 作業系統。

- 讀者可以根據個人意願，選擇只下載 MySQL 的安裝檔案但不註冊帳號。請參見圖 1-3，選擇畫面最下方的文字「**No Thanks, Just Start My Download.**」（謝謝，我不需要註冊帳號，請逕行開始下載安裝檔案。）

圖 1-3：下載 MySQL 安裝檔案但不註冊帳號

下一步是下載 MySQL Workbench，這是用來存取 MySQL 資料庫的圖形化工具。利用這項工具，我們可以探索資料庫、針對指定的資料庫執行 SQL 陳述式以及檢視資料庫回傳的資料。請由此處連結（*https://dev.mysql.com/doc/workbench/en/*）下載 MySQL Workbench，會直接導向 MySQL Workbench 參考手冊的頁面。進入頁面後，請點擊左手邊選單

中的「**Installation**」（安裝），選擇安裝環境的作業系統，然後依照指示進行安裝

在個人電腦上安裝 MySQL Community Server（免費社群版）或 MySQL Workbench，應該會自動安裝 MySQL 命令列客戶端；這個客戶端是讓我們從電腦上的命令列介面連接到 MySQL 資料庫，該命令列介面也稱為控制台（console）、命令列提示字元（command prompt）或終端機（terminal）。使用這項工具可以針對 MySQL 資料庫，執行單一 SQL 陳述式或是儲存在程式腳本檔案裡的多個 SQL 陳述式。此外，在某些情況下，例如，當我們檢視結果時不需要美化過的圖形化使用者介面，就非常適合使用 MySQL 命令列客戶端。

利用這三項 MySQL 產品，大致上就能完成我們想在 MySQL 裡執行的工作，包括本書的練習題。

到此，各位讀者應該已經在電腦上建置好 MySQL 的開發環境，下一步就是開始建立資料庫！

重點回顧與小結

本章已經帶讀者從官方網站安裝 MySQL、MySQL Workbench 和 MySQL 命令列客戶端，也告訴讀者如何找到 MySQL 伺服器和 MySQL Workbench 的參考手冊，內含大量有用的資訊。讀者日後若是思緒卡住、遇到問題或是想要進一步學習時，非常推薦使用這些資訊。

下一章的學習主軸有：如何檢視和產生 MySQL 資料庫和資料表。

2

建立資料庫和資料表

本章學習主軸有：首先是使用 MySQL
Workbench，利用這項工具來檢視和建立資料
庫；接著學習如何在這些資料庫裡建立資料表來儲
存資料，定義資料表和資料欄的名稱，為資料欄內的
資料指定型態；練習完這些基礎技巧後，最後是利用兩個有
用的 MySQL 功能：條件約束和索引來提升資料表的效能。

MySQL Workbench 的使用方法

本書在第一章已經告訴讀者 MySQL Workbench 是視覺化工具，主要
用於輸入和執行 SQL 命令以及檢視執行的結果。第二章會帶讀者完整
看一次基本的使用技巧，說明如何使用 MySQL Workbench 來檢視資
料庫。

讀者如果手上正在使用其他工具，像是 phpMyAdmin、MySQL Shell 或 MySQL 命令列客戶端，無論如何，請務必先看過本節的內容。不過，不管讀者使用哪一個工具跟 MySQL 連線，使用的 MySQL 命令都一樣。

雙擊 MySQL Workbench 的應用程式圖示，即可開啟 MySQL Workbench，工具介面如圖 2-1 所示。

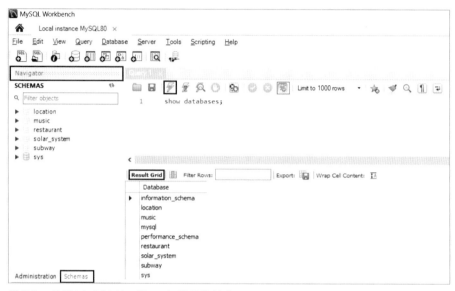

圖 2-1：使用 MySQL Workbench 顯示資料庫

在右上分頁介面中輸入命令「**show databases;**」，輸入命令時一定要包含分號，分號是這個陳述式的結束字元。然後點擊介面上方的閃電圖示（如圖 2-1 特別標出的圖示），就會執行我們剛剛輸入的命令。執行結果會出現在 Result Grid（結果表格）這個分頁介面中，此處是取得 MySQL 資料庫清單（讀者看到的結果應該會跟本書不同）。

```
Database
--------
information_schema
location
music
mysql
performance_schema
restaurant
solar_system
subway
sys
```

上方清單裡的某些資料庫是系統資料庫，安裝 MySQL 的同時會自動建立這些資料庫，例如，information_schema、mysql 和 performance_schema，其他資料庫則是本書所建立的範例資料庫，讀者自行建立的任何資料庫應該也會出現在這份清單裡。

資料庫術語

「*schema*」這個術語的意義在 MySQL 相當於「*database*」（資料庫），因此，使用 show databases 或 show schemas 其中一個命令，都會回傳一份包含所有 MySQL 資料庫的清單。請注意圖 2-1 裡，MySQL Workbench 是採用「*schemas*」這個術語。

「*database*」（資料庫）這個術語有時也會跟兩個術語混為一談：「*database system*」（資料庫系統）或「*relational database management system*」（關聯式資料庫管理系統，簡稱 RDBMS）。例如，讀者可能聽過某個人提出這樣的問題：「你是用哪一套資料庫？Oracle、MySQL 還是 PostgreSQL？」但其實他們想問的是：「你用的是哪一家的資料庫系統？」讀者可以將 MySQL 資料庫想成是組織資料的地方，資料庫系統則是用來儲存和取出資料的軟體。

讀者也可以從介面左側的 Navigator 分頁瀏覽資料庫。點擊這個分頁最底部的「**Schemas**」，會顯示資料庫清單；點擊每個資料庫名稱右側的箭頭（▶），即可查看該資料庫的內容。請注意，在預設環境中，Navigator 分頁不會顯示系統資料庫，也就是安裝 MySQL 時自動建立的資料庫。

到此，讀者應該已經了解如何檢視 MySQL 資料庫清單，接下來就該嘗試建立自己的資料庫了。

建立新的資料庫

建立新的資料庫時要使用命令 create database，同時搭配我們想要建立的資料庫名稱：

```
create database circus;

create database finance;

create database music;
```

資料庫名稱應該要能描述資料庫儲存的資料型態。在以下這個範例中，資料庫 circus 包含的資料表可能是跟小丑、走鋼絲表演者和空中飛人有關的資料；資料庫 finance 包含的資料表可能會有應收帳款、收入和現金流；跟樂團、歌曲和專輯資料有關的資料表，可能會放在資料庫 music。

刪除資料庫時要使用命令 drop database：

```
drop database circus;

drop database finance;

drop database music;
```

上方這些命令會移除我們剛建立的三個資料庫，包括這些資料庫裡的任何資料表，以及這些資料表中的所有資料。

當然，我們現階段其實還沒建立任何資料表，接下來才要建立。

動手試試看

2-1. 在 MySQL Workbench 介面中執行命令：**show databases**，看看執行結果會出現幾個資料庫？

2-2. 利用 MySQL Workbench 建立一個新的資料庫，資料庫名稱為 cryptocurrency。資料庫建立完畢後，執行命令：**show databases**，看看執行結果的資料庫清單裡，是否有出現新建立的資料庫？現在有幾個資料庫？

2-3. 刪除資料庫 cryptocurrency，然後執行命令：**show databases**，看看刪除掉的資料庫名稱是否已經從資料庫清單中消失？

建立新的資料表

下方範例程式碼會建立一個新的資料表，用於儲存全球人口資料，以及指定資料表有哪些資料型態：

```
create database land;

use land;

create table continent
(
```

```
    continent_id       int,
    continent_name     varchar(20),
    population         bigint
);
```

上方範例程式碼是先以前一節看過的命令 create database 建立資料庫 land，下一行命令 use 是通知 MySQL，接下來的 SQL 陳述式要作用在資料庫 land，這樣才能確保新的資料表會建立在資料庫 land 底下。

接著使用命令 create table，後面加上資料表名稱 continent，用於描述資料表內容。在下方小括號內為資料表 continent 建立三個資料欄：continent_id、continent_name 和 population，為每一個資料欄選擇一個 MySQL 資料型態，用於控制該資料欄接受的資料型態。我們再詳細一點來看這個部分。

定義資料欄 continent_id 的資料型態為 int，表示這個欄位是接受整數的數值資料，世界各大洲在這個資料欄會具有各自不同的 ID 編碼（例如，1、2、3 等等）。然後定義資料欄 continent_name 的資料型態為 varchar(20)，表示這個欄位是接受最長 20 個字元的資料。最後是定義資料欄 population 的資料型態為 bigint，表示這個欄位是接受巨大的整數值，因為各大洲的全部人口數是相當龐大的數字。

NOTE 後續第 4 章會深入介紹 MySQL 提供的資料型態，包括前面內容提到的 bigint。

執行陳述式 create table，MySQL 會建立空的資料表。這個資料表會具有已經定義的名稱和資料欄，但還沒有任何資料列，日後視需要再新增、刪除資料列以及更改資料列內容。

如果我們嘗試新增一列資料，但其資料型態跟資料欄定義的型態不一致，MySQL 會拒絕加入整個資料列。例如，由於資料欄 continent_id 定義的資料型態是 int，如果要讓這個資料欄儲存 Continent #1 或 A 這類的值，MySQL 不會接受，因為這些值有包含字母。同樣地，MySQL 也不會讓我們在資料欄 continent_name 儲存像「The Continent of Atlantis」這樣的值，因為這個值的長度超過 20 個字元。

條件約束

在 MySQL 資料庫建立資料表時，可以對資料表內的資料加上條件約束（constraint）或規則。一旦對資料表定義條件約束，MySQL 就會強制執行這些規則。

條件約束是協助我們維護資料的完整性，也就是幫助我們保持資料庫擁有準確且一致的資料。例如，我們可能會想對資料表 continent 加上條件約束，讓資料表不會出現兩列資料的特定欄位具有相同的資料值。

MySQL 支援的條件約束有：primary key、foreign key、not null、unique、check 和 default。

主要索引鍵

找出資料表的主要索引鍵（primary key），是設計資料庫的基礎。主要索引鍵可以由一個或多個資料欄組成，目的是辨識資料表中每一列資料的唯一性。在資料庫建立資料表時，需要決定應該由哪個（些）資料欄組成主要索引鍵，因為這項資訊以後會幫助我們取出資料。如果要從多個資料表組合資料，就需要知道每個資料表應該會取得多少列資料，以及如何合併查詢這些資料表。因為我們不希望結果集出現重複的資料列或是發生資料列遺漏的情況。

請看以下這個資料表 customer，資料表包含的欄位有 customer_id、first_name、last_name 和 address：

```
customer_id   first_name   last_name   address
-----------   ----------   ---------   --------------------------
     1        Bob          Smith       12 Dreary Lane
     2        Sally        Jones       76 Boulevard Meugler
     3        Karen        Bellyacher  354 Main Street
```

為了決定資料表的主要索引鍵，必須確認哪個資料欄可以辨識每一列資料的唯一性。以上方這個資料表為例，主要索引鍵應該是 customer_id，因為每一個 customer_id 只會對應資料表中的一列資料。

不管這個資料表將來可能會再加入多少資料列，永遠不會出現兩個資料列共用同一個 customer_id 的情況，但其他資料欄就無法如此肯定，因為可能會出現好幾人都具有相同的名字、姓氏或住址。

主要索引鍵雖然可以由多個資料欄組成，但就算是將 first_name、last_name 和 address 這幾個資料欄組合在一起，也無法保證能作為資

料列的唯一識別碼。例如，住在 Dreary 巷 12 號的 Bob Smith 有可能跟名字相同的兒子住在一起。

建立資料表 customer 的時候，若要將資料欄 customer_id 指定為主要索引鍵，使用語法為 primary key，如範例清單 2-1 所示：

範例清單 2-1：建立主要索引鍵

```
create table customer
(
    customer_id     int,
    first_name      varchar(50),
    last_name       varchar(50),
    address         varchar(100),
    primary key (customer_id)
);
```

此處定義資料欄 customer_id 的資料型態是接受整數值，並且作為資料表的主要索引鍵。

將 customer_id 設定為主要索引鍵，有三個好處。第一項好處是避免資料表插入重複的顧客 ID，如果有人嘗試在資料庫加入已經存在的 customer_id 3，MySQL 會出現錯誤訊息，而且不會插入資料列。

將 customer_id 設定為主要索引鍵的第二項好處，是避免使用者在資料欄 customer_id 加入空值（也就是遺失或未知的值）。當我們定義某個資料欄為主要索引鍵，就是將這個資料欄指定為特殊欄位，而且不能有空值存在。（本章後續會學到更多跟空值有關的資訊。）

這兩項好處算是屬於資料完整性的範疇。只要有定義主要索引鍵，就可以確保資料表中的所有資料列都會有唯一的 customer_id，而且所有 customer_id 都不會是空值。MySQL 會強制執行這項條件約束，有助於資料庫維持高品質的資料。

建立主要索引鍵的第三項好處是讓 MySQL 建立索引，索引有助於提高檢索效能，加快 SQL 查詢從資料表選取資料的速度。本章後續會在「索引」一節裡，對此做更詳盡的介紹。

如果資料表中沒有明顯的主要索引鍵，合理的做法通常是新增一個資料欄作為主要索引鍵，就像此處範例中的資料欄 customer_id。基於效能，主要索引鍵的值最好是越短越好。

讓我們來看一個由多個資料欄組成的主要索引鍵，稱為複合式主鍵（composite key）。下方資料表 high_temperature（請見範例清單 2-2）是儲存城市名稱和各城市每年的最高溫。

範例清單 2-2：以多個資料欄建立主要索引鍵

```
city                    year  high_temperature
----------------------  ----  ----------------
Death Valley, CA        2020  130
International Falls, MN  2020  78
New York, NY            2020  96
Death Valley, CA        2021  128
International Falls, MN  2021  77
New York, NY            2021  98
```

以上方這個資料表為例，主要索引鍵應該是由兩個資料欄：city 和 year 組成，因為同一個城市名稱搭配年份應該只會對應資料表中的一列資料。例如，假設現在有一列資料是記錄 Death Valley 在 2021 年的最高溫是華氏 128 度，所以當我們以 city 和 year 作為資料表的主要索引鍵時，MySQL 就會阻止使用者在資料表加入第二列同樣是 Death Valley 在 2021 年的紀錄。

若要將資料表的欄位 city 和 year 作為主要索引鍵，要使用 MySQL 的語法 primary key 搭配這兩個資料欄的名稱：

```
create table high_temperature
(
    city              varchar(50),
    year              int,
    high_temperature  int,
    primary key (city, year)
);
```

在上方程式碼中，資料欄 city 定義為最多可儲存 50 個字元，year 和 high_temperature 這兩個資料欄定義為儲存整數，主要索引鍵則定義為由資料欄 city 和 year 兩者組成。

MySQL 不會要求我們一定要為資料表定義主要索引鍵，但基於先前舉出的資料完整性和效能這些好處，還是應該要定義。讀者如果無法判斷新的資料表應該以什麼作為主要索引鍵，或許意味著你需要重新思考資料表的設計方式。

每個資料表最多只能有一個主要索引鍵。

外部索引鍵

資料表中作為外部索引鍵（foreign key）的一個（或多個）資料欄，會跟另一個資料表的主要索引鍵一致。定義外部索引鍵是建立兩個資

料表之間的關係，這樣才能取出一個結果集，同時包含兩個資料表的資料。

如同先前在範例清單 2-1 中所看到的語法，為資料表 customer 建立主要索引鍵是使用 primary key。接著我們要用類似的語法來為資料表 complaint 建立外部索引鍵：

```
create table complaint
    (
    complaint_id  int,
    customer_id   int,
    complaint     varchar(200),
    primary key (complaint_id),
    foreign key (customer_id) references customer(customer_id)
    );
```

在前一頁的範例程式碼中，首先是建立資料表 complaint，然後定義資料欄和資料型態，指定資料欄 complaint_id 為主要索引鍵；接著使用語法：foreign key，定義資料欄 customer_id 為外部索引鍵；最後使用語法：references，指定資料表 complaint 的資料欄 customer_id 參照資料表 customer 的資料欄 customer_id（讀者隨後就會了解這是什麼意思）。

再來看一下我們之前看過的資料表 customer：

```
customer_id   first_name   last_name   address
-----------   ----------   ---------   --------------------------
    1         Bob          Smith       12 Dreary Lane
    2         Sally        Jones       76 Boulevard Meugler
    3         Karen        Bellyacher  354 Main Street
```

以下是剛建立的資料表 complaint 的資料：

```
complaint_id   customer_id   complaint
------------   -----------   -------------------------------
    1              3         I want to speak to your manager
```

利用外部索引鍵，我們可以看出資料表 complaint 的 customer_id 3 是參照資料表 customer 裡的哪一位顧客；在此處的範例中，customer_id 3 參照的顧客是 Karen Bellyacher。這種配置方式（如圖 2-2 所示）能讓我們追蹤是哪些顧客提出客訴。

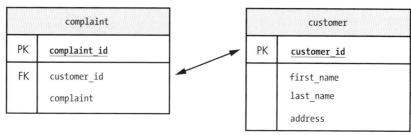

圖 2-2：主要索引鍵和外部索引鍵

資料表 customer 已經將資料欄 customer_id 定義為主要索引鍵（primary key，在上圖中標示為 PK）。在資料表 complaint，資料欄 customer_id 是定義為外部索引鍵（foreign key，在上圖中標示為 FK），是用來合併查詢 complaint 和 customer 這兩個資料表。

這樣就會出現一件很妙的事。由於我們已經定義了外部索引鍵，除非是針對有效的顧客，否則 MySQL 就不再接受資料表 complaint 新增資料列；也就是說，只有在資料表 customer 裡有一列資料的 customer_id 和資料表 complaint 的 customer_id 有關聯，才能新增資料。舉個例子，假設我們要為 customer_id 4 在資料表 complaint 新增一列資料，此時 MySQL 會出現錯誤。這是因為新增資料裡的顧客不存在，所以在資料表 complaint 為這個顧客加入一列資料並不合理。因此，為了維護資料完整性，MySQL 會阻止我們加入這類的資料列。

另一點是，既然我們現在已經定義了外部索引鍵，MySQL 就不會允許我們從資料表 customer 刪除 customer_id 3。如果刪除這個 ID，資料表 complaint 就會留下一列 customer_id 3 的資料，卻無法再對應到資料表 customer 的任何資料列。因此，「限制資料刪除」屬於參照完整性（referential integrity）的一部分。

雖然每個資料表只能有一個主要索引鍵，但一個資料表可以有多個外部索引鍵（請見圖 2-3）。

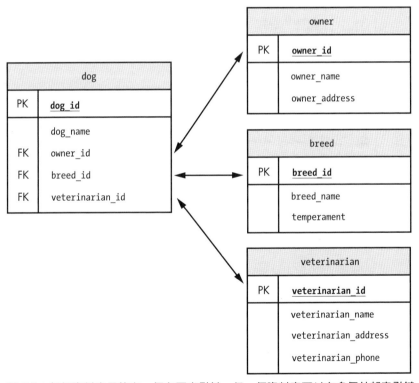

圖 2-3：每個資料表只能有一個主要索引鍵，但一個資料表可以有多個外部索引鍵

以圖 2-3 為例，資料表 dog 有三個外部索引鍵，每一個都指向不同
資料表所屬的主要索引鍵。在資料表 dog 使用的外部索引鍵中，
owner_id 是 參 照 資 料 表 owner，breed_id 是 參 照 資 料 表 breed，
veterinarian_id 則是參照資料表 veterinarian。

跟主要索引鍵一樣，建立外部索引鍵時，MySQL 也會自動幫我們建立
索引，加快存取資料表的速度，隨後會有更深入的介紹。

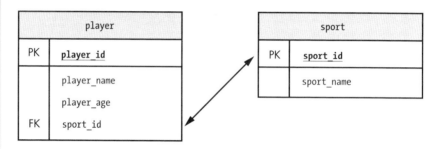

動手試試看

2-4. 建立一個資料庫，命名為 athletic；內含兩個資料表，分別命名為 sport 和
player。各個資料表的資料欄名稱、主要索引鍵和外部索引鍵，分別定義如下。

player	
PK	**player_id**
	player_name
	player_age
FK	sport_id

sport	
PK	**sport_id**
	sport_name

在這兩個資料表裡，除了資料欄 player_name 和 sport_name（這兩個欄位最多
可接受 50 個字元），其餘所有資料欄都是接受整數值。資料表 player 的主要
索引鍵應該是 player_id，資料表 sport 的主要索引鍵應該是 sport_id。資料
表 player 應該要具有外部索引鍵 sport_id，用於參照資料表 sport 的主要索
引鍵。

非空值

null 值表示空值或未定義的值，不同於數字「0」、空的字元字串或空
白字元。

在某些情況，資料欄適合允許空值存在，但某些時候若允許關鍵資訊
不存在，會導致資料庫缺失必要資料。請看以下這個資料表 contact，
內含個人聯絡資訊：

contact_id	name	city	phone	email_address
1	Steve Chen	Beijing	123-3123	steve@schen21.org
2	Joan Field	New York	321-4321	jfield@jfny99.com
3	Bill Bashful	Lincoln	**null**	bb@shyguy77.edu

contact_id 3 在資料欄 phone 的值是 null（空值），因為聯絡人 Bill Bashful 沒有電話。資料表 contact 允許資料欄 phone 存在空值是很合理的設定，因為聯絡人有可能沒有電話號碼或不適用這個欄位。

另一方面，資料欄 name 就不應該允許空值，最好還是不要將以下這樣的資料列加入資料表 contact：

```
contact_id    name          city       phone     email_address
----------    ----------    ---------  -------    ---------------
    3         null          Lincoln    null       bb@shyguy77.edu
```

除非知道聯絡人的名字，否則儲存不知道姓名的聯絡人資訊，其實沒有太多意義，所以我們可以對資料欄 name 加上「not null」這個條件約束，防止發生這樣的情況。

改以下列方式建立資料表 contact：

```
create table contact
(
    contact_id      int,
    name            varchar(50) not null,
    city            varchar(50),
    phone           varchar(20),
    email_address   varchar(50),
    primary key(contact_id)
);
```

上方程式碼在定義資料欄 name 的同時使用語法：not null，這是為了防止資料欄儲存 null 值，以維護資料完整性。讀者如果嘗試加入具有空值的資料列，MySQL 就會顯示錯誤訊息，拒絕加入這個資料列。

資料表中已經定義為主要索引鍵的資料欄，像範例中的資料欄 contact_id 就不需要再指定 not null，因為 MySQL 會自動阻止主要索引鍵的資料欄加入空值。

唯一性

讀者如果想避免資料欄出現重複的值，可以在定義資料欄時加入「unique」條件約束。回到先前的範例，以下是資料表 contact：

```
create table contact
(
    contact_id      int,
    name            varchar(50)  not null,
    city            varchar(50),
```

```
    phone           varchar(20),
    email_address   varchar(50)  unique,
    primary key(contact_id)
);
```

這個範例是要避免輸入重複的電子郵件位址,所以在定義資料欄 email_address 的同時使用語法:unique,MySQL 現在就不會再允許資料表裡有兩個聯絡人擁有相同的電子郵件位址。

check

利用「check」條件約束,可以確保資料欄只會包含某些值或是某個範圍內的值。此處以範例清單 2-2 為例,重新來看資料表 high_temperature:

```
create table high_temperature
(
    city              varchar(50),
    year              int,
    high_temperature  int,
    constraint check (year between 1880 and 2200),
    constraint check (high_temperature < 200),
    primary key (city, year)
);
```

在上方範例中,資料欄 year 加入 check 條件約束,確保任何輸入資料表的年份都會落在 1880 到 2200 之間。因為 1880 年以前無法追蹤到準確的溫度,而這個資料庫有可能在 2200 年之後不再使用。若嘗試加入超出這個範圍的年份,極有可能會發生錯誤,條件約束能防止這種情況發生。

此外,這個範例還對資料欄 high_temperature 加入 check 條件約束,限制溫度值要小於 200 度,因為高於這個溫度,很有可能是錯誤的資料。

預設值

最後,我們還可以對資料欄加入「default」條件約束,萬一資料欄沒有提供值,就可以使用預設值。請看以下這個資料表 job:

```
create table job
(
    job_id    int,
    job_desc  varchar(100),
    shift     varchar(50) default '9-5',
```

```
    primary key (job_id)
);
```

上方這個範例是對資料欄 shift 加入 default 條件約束，這個資料欄是用於儲存工作排班資料。預設班表是 9-5，也就是說如果某一列資料在資料欄 shift 沒有資料，就會將 9-5 寫入這個資料欄；如果資料欄 shift 有提供值，就不會使用預設值。

到此，我們已經看過幾個不同的條件約束，了解這些條件約束如何幫助我們提升和維護資料表的資料完整性。現在我們要轉往 MySQL 另一個也能為資料表提供效能優勢的功能：索引。

索引

MySQL 讓我們在資料表建立索引，藉此加速取得資料的流程，在某些情況下，MySQL 會自動建立索引值，例如，資料表已經定義主要索引鍵或外部索引鍵。正如同書末提供的索引可以幫助我們尋找資訊，無須瀏覽每一頁的內容；MySQL 提供的索引也是用來協助我們尋找資料表中的資料，但不必讀取每一列資料。

NOTE 在 MySQL 提供的資源和文件裡，會看到「*indexes*」和「*indices*」這兩個英文單字都用於表示「索引」這個術語。兩者都正確，這只是跟個人喜好有關。

假設我們建立的資料表 product 如下所示：

```
create table product
(
    product_id      int,
    product_name    varchar(100),
    supplier_id     int
);
```

我們希望取出供應商資訊的流程能更有效率，以下是建立索引的語法：

```
create index product_supplier_index on product(supplier_id);
```

上方範例程式碼是在資料表 product 的資料欄 supplier_id 上再建立一份索引，命名為 product_supplier_index。現在有了這份索引，日後當使用者想以資料欄 supplier_id 從資料表 product 取出資料時，索引就會加快檢索速度。

建立索引之後，我們不會用索引名稱來引用資料，而是由 MySQL 在背後使用這份索引。新建立的索引完全不會影響我們使用資料表的方式，只會加快資料表的存取速度。

雖然加入索引可以明顯提高效能，但不是每一個資料欄加入索引都有意義。維護索引會在效能上付出成本，為不常使用的資料欄建立索引，其實反而會降低效能。

大部分我們需要用到的索引，MySQL 會在建立資料表時自動建立。對於已經定義為主要索引鍵、外部索引鍵或具有唯一性條件約束的資料欄，我們不需要再手動建立索引，因為 MySQL 已經自動為這些資料欄建立。

讓我們來看看要如何建立圖 2-3 的資料表 dog：

```
use pet;

create table dog
(
    dog_id            int,
    dog_name          varchar(50),
    owner_id          int,
    breed_id          int,
    veterinarian_id   int,
    primary key (dog_id),
    foreign key (owner_id) references owner(owner_id),
    foreign key (breed_id) references breed(breed_id),
    foreign key (veterinarian_id) references veterinarian(veterinarian_id)
);
```

這個資料表的主要索引鍵是 dog_id，外部索引鍵是 owner_id、breed_id 和 veterinarian_id。請注意，上方程式碼雖然沒有使用 create index 這個命令產生索引，但 MySQL 已經從標記為主要索引鍵和外部索引鍵的資料欄自動產生索引。下方程式碼是使用 show indexes 命令來確認自動產生的索引：

```
show indexes from dog;
```

程式碼執行結果請參見圖 2-4。

Table	Non_unique	Key_name	Seq_in_index	Column_name	Collation	Cardinality	Sub_part	Packed	Null	Index_type	Comment	Index_comment	Visible	Expression
dog	0	PRIMARY	1	dog_id	A	0	NULL	NULL		BTREE			YES	NULL
dog	1	owner_id	1	owner_id	A	0	NULL	NULL	YES	BTREE			YES	NULL
dog	1	breed_id	1	breed_id	A	0	NULL	NULL	YES	BTREE			YES	NULL
dog	1	veterinarian_id	1	veterinarian_id	A	0	NULL	NULL	YES	BTREE			YES	NULL

圖 2-4：MySQL 會自動為 dog 資料表產生索引

從 Column_name 這個資料欄可以看到 MySQL 已經自動產生這個資料表需要的全部索引。

NOTE 建立 dog 資料表之前，owner、breed 和 veterinarian 這三個資料表必須先存在。在 pet 資料庫建立這些資料表的程式碼，請見此處連結 *https://github.com/ricksilva/mysql_cc/blob/main/chapter_2.sql*。

刪除和更改資料表

刪除資料表意味著會移除資料表和清除資料表內的所有資料，使用的語法是 drop table：

```
drop table product;
```

上方程式碼是指示 MySQL 刪除前一節建立的 product 資料表。

若要對資料表進行更改，使用的命令是 alter table。命令後面可以搭配的方法有增加資料欄、刪除資料欄、變更資料欄的資料型態、更改資料欄名稱、更改資料表名稱、增加或移除條件約束等等其他更改方式。

下方程式碼是示範如何更改表 2-1 的 customer 資料表：

```
alter table customer add column zip varchar(50);
alter table customer drop column address;
alter table customer rename column zip to zip_code;
alter table customer rename to valued_customer;
```

此處對 customer 資料表做了四項更改：新增資料欄，命名為 zip，用於儲存郵遞區號；移除 address 資料欄；將 zip 資料欄的名稱更改為 zip_code，提高資料欄名稱的描述性；將資料表名稱從 customer 改為 valued_customer。

WARNING 讀者如果刪除資料表，會一併遺失資料表內的所有資料。

重點回顧與小結

讀者在本章已經了解 MySQL Workbench 的使用方法，知道如何利用這項工具來執行命令和檢視資料庫，建立自己的資料庫和資料表，以及學習利用索引和增加條件約束，為資料庫和資料表進行最佳化。

下一章是進入本書第二部分內容的起點，學習主軸有：使用 SQL 命令來取出 MySQL 資料表內的資料、以排序過的方式來顯示資料、SQL 陳述式格式化以及在 SQL 使用註解。

PART II

從 MYSQL 資料庫選取資料

到此，我們已經建立了 MySQL 資料庫和資料表，用於儲存資料。本書第二部分的學習目標是從我們建立的這些資料表取出資料。

第 3 章的學習主軸：從 MySQL 資料表選取資料。

第 4 章的學習主軸：了解更多 MySQL 資料型態。

第 5 章的學習主軸：利用合併查詢從多個資料表中選取資料。

第 6 章的學習主軸：深入了解如何對多個資料表，執行複雜的合併查詢。

第 7 章的學習主軸：深入學習如何在 MySQL 比較不同的查詢值。

第 8 章的學習主軸：認識 MySQL 的內建函式以及學習如何由 SQL 陳述式呼叫這些函式。

3

SQL 入門簡介

從 MySQL 資料庫選取資料時，會需要用到「結構化查詢語言」（Structured Query Language，簡稱 SQL）。SQL 是一種標準程式語言，專門用於查詢和管理 RDBMS 的資料；RDBMS（relational database management system）稱為關聯式資料庫管理系統，例如，MySQL。

SQL 命令歸類為兩種陳述式：「資料定義語言」（Data Definition Language，簡稱 DDL）和「資料操作語言」（Data Manipulation Language，簡稱 DML）。截至目前為止，讀者在本書用過的陳述式是 DDL 命令，利用這些命令來定義資料庫和資料表，例如，create database、create table 和 drop table。

另一種 DML 命令則是用於操作現有資料庫和資料表中的資料。本章的學習主軸有：使用 DML 的 select 命令，取出資料表中的資料；學

習如何指定 MySQL 的排序方式，對結果進行排序，以及如何處理資料表中資料欄的空值。

NOTE 關於「SQL」一詞的發音，有些人發「sequel」，也有一些人是發「ess-cue-ell」。各位讀者喜歡哪一種發音都可以，總之 SQL 是 MySQL 開發環境使用的主要語言，值得大家付出心力好好學習。

查詢資料表中的資料

查詢（query）是指從資料庫的某個資料表或一組資料表中要求資訊。當我們想從資料表中取出指定的資訊，要使用命令：select，如範例清單 3-1 所示。

範例清單 3-1：利用 select 命令顯示資料表 continent 的資料

```
select  continent_id,
        continent_name,
        population
from    continent;
```

此處範例是查詢資料表 continent（以關鍵字 from 指出資料表名稱），這個資料表包含的資訊有世界各大洲的名稱和人口數。使用命令：select，指定要從資料欄：continent_id、continent_name 和 population 回傳資料，這個語法就稱為 select 陳述式。

範例清單 3-2 顯示的內容是執行 select 陳述式的結果。

範例清單 3-2：select 陳述式的執行結果

```
continent_id  continent_name  population
------------  --------------  ----------
           1  Asia            4641054775
           2  Africa          1340598147
           3  Europe           747636026
           4  North America    592072212
           5  South America    430759766
           6  Australia         43111704
           7  Antarctica               0
```

這個查詢範例回傳的清單裡有世界所有七大洲，包含各大洲的 ID、名稱和人口數。

若只要顯示一個大洲的資料（例如，亞洲），可以在前面的範例程式碼結尾加上 where 子句。

```
select  continent_id,
        continent_name,
        population
from    continent
where   continent_name = 'Asia';
```

where 子句會套用 select 陳述式的條件，再篩選結果。這個查詢範例在資料表中只找到一列資料的資料欄 continent_name 的值等於 Asia，查詢結果顯示如下：

```
continent_id  continent_name  population
------------  --------------  ----------
           1  Asia            4641054775
```

現在我們要修改 select 陳述式，改成只選取資料欄 population：

```
select  population
from    continent
where   continent_name = 'Asia';
```

這個查詢現在只會回傳一個資料欄（population）的一列資料（Asia）：

```
population
----------
4641054775
```

上方的結果集裡沒有出現資料欄 continent_id 和 continent_name 的值，因為 SQL 查詢沒有選取這兩個資料欄。

動手試試看

從此處連結提供的 SQL 程式腳本（*https://github.com/ricksilva/mysql_cc/blob/main/chapter_3.sql*）中可以找到命令，用於建立資料庫 feedback，以及建立和載入資料表 customer。將這些程式腳本裡的 SQL 命令，複製貼上到 MySQL Workbench，然後執行命令，就能建立資料庫和資料表，以及載入資料表中的資料列。

3-1. 資料庫 feedback 裡面有資料表 customer，選取資料表內所有顧客在資料欄 first_name 和 last_name 擁有的資料。

3-2. 修改查詢命令，選取資料表 customer 的資料欄 customer_id、first_name 和 last_name，從所有顧客中篩選出名字為 Karen 的顧客，看看資料表中有幾位顧客叫 Karen？

萬用字元的使用方法

SQL 允許我們以萬用字元「*」號表示要選取資料表的所有資料欄，不必在查詢中輸入所有資料欄的名稱：

```
select *
from   continent;
```

上方查詢範例會回傳資料表 continent 內全部三個資料欄，此處的回傳結果跟執行範例清單 3-1 得到的結果一樣，但範例清單 3-1 的程式碼是各別列出三個資料欄的名稱。

資料列排序

查詢資料庫中的資料時，通常會想以特定順序看到結果，為此，我們可以在 SQL 查詢中加入子句 order by：

```
select continent_id,
       continent_name,
       population
from   continent
order by continent_name;
```

這個範例程式碼選取資料表 continent 中的所有資料欄，然後根據資料欄 continent_name 的值，依照字母排序結果。

執行結果如下：

```
continent_id  continent_name  population
------------  --------------  ----------
           2  Africa          1340598147
           7  Antarctica               0
```

```
1          Asia            4641054775
6          Australia         43111704
3          Europe          747636026
4          North America   592072212
5          South America   430759766
```

不管資料欄 continent_id 或 population 的值為何，加入 order by continent_name，就會產生按字母順序排列的清單。MySQL 之所以會以字母順序排列資料列，是因為定義資料欄 continent_name 可以儲存文字數字字元（alphanumeric character）。

字元集和定序規則

MySQL 有一個很妙的情況，根據每個人使用的環境，可以儲存的字元和字元排列的順序可能有所不同，主要取決於我們使用的字元集和定序規則。

字元集（character set）是定義可以儲存的字元集合，定序規則（collation）是用於比較字元集的規則，字元集的例子有 latin1、utf8mb3 和 utf8mb4。撰寫本書之際，我使用的預設字元集是 utf8mb4，這個字元集允許儲存的字元相當廣泛，甚至可以在文字資料欄使用表情符號。

我用的預設定序規則是 utf8mb4_0900_ai_ci，其中 _ci 表示「case insensitive」（不需要區分大小寫）；其他定序規則還有 utf8mb4_0900_ai_cs，其中 _cs 的意思是「case sensitive」（區分大小寫）。因此，如果讀者的環境是使用不區分大小寫的定序規則，但我是切換到要區分大小寫的定序規則，我們兩邊的排序結果就會不一樣。

MySQL 還能排序具有整數型資料型態的資料欄，使用關鍵字 asc 和 desc，就可以指定是否希望以遞增（從低到高）或遞減（從高到低）的方式，對結果進行排序：

```
select continent_id,
       continent_name,
       population
from   continent;
order by population desc;
```

前一頁的範例是要求 MySQL 根據 population 的值，對結果進行排序，並且以遞減的順序（desc）排列值。

使用子句 order by 排序整數資料型態時，如果沒有指定關鍵字 asc 或 desc，
MySQL 的預設方式是遞增排序。

執行結果如下：

```
continent_id   continent_name   population
------------   --------------   ----------
           1   Asia             4641054775
           2   Africa           1340598147
           3   Europe            747636026
           4   North America     592072212
           5   South America     430759766
           6   Australia          43111704
           7   Antarctica                0
```

查詢結果會回傳所有七個資料列，因為這個範例程式碼沒有使用 where
子句來篩選結果。上方結果中顯示的資料是根據資料欄 population 的
值，以遞減順序排列，而非根據資料欄 continent_name 依照字母順序
排列。

SQL 程式碼格式化

截至目前為止，我們看過的 SQL 程式碼都是以漂亮、容易閱讀的格式
呈現：

```
select continent_id,
       continent_name,
       population
from   continent;
```

請注意上方的程式碼，所有資料欄名稱和資料表名稱都有垂直對齊。
像這樣以整潔又好維護的格式撰寫 SQL 陳述式，確實是很不錯的觀
念，但 MySQL 也接受大家以不是那麼有組織的方式，撰寫 SQL 陳述
式。以下方程式碼為例，讀者也可以將範例清單 3-1 的程式碼像這樣
只寫成一行：

```
select continent_id, continent_name, population from continent;
```

或是跟下方的程式碼一樣，拆成 select 和 from 陳述式：

```
select continent_id, continent_name, population
from continent;
```

不論讀者選擇哪一種寫法，兩者回傳的結果都會跟範例清單 3-1 的執行結果一樣，只不過對其他人來說，以這兩種格式撰寫 SQL 程式碼會比較難懂。

即使程式碼的可讀性較差，MySQL 在執行上也不會出現問題，但就程式庫的可維護性來說，程式碼的可讀性就很重要。我們很容易會這麼做，只要程式碼可以動就好，然後移動到下一個工作任務，但撰寫程式碼只是工作的第一步。請花點時間讓程式碼具有可讀性，未來的自己（或是將來維護這份程式碼的任何人）會感謝今日的你。

一起來看一些撰寫 SQL 程式碼時，可能會遇到的其他習慣用法。

關鍵字採用大寫

有些開發人員使用 MySQL 關鍵字時會用大寫英文字母，以範例清單 3-1 為例，會變成以下這種風格，其中關鍵字 select 和 from 以英文大寫呈現：

```
SELECT continent_id,
       continent_name,
       population
FROM   continent;
```

同樣地，有些開發人員撰寫陳述式 create table 時會採用以下這樣的格式，使用含有多個英文大寫文字的短句：

```
CREATE TABLE dog
(
    dog_id          int,
    dog_name        varchar(50) UNIQUE,
    owner_id        int,
    breed_id        int,
    veterinarian_id int,
    PRIMARY KEY (dog_id),
    FOREIGN KEY (owner_id) REFERENCES owner(owner_id),
    FOREIGN KEY (breed_id) REFERENCES breed(breed_id),
    FOREIGN KEY (veterinarian_id) REFERENCES veterinarian(veterinarian_id)
);
```

在上方範例程式碼中，create table、unique、primary key、foreign key 和 references 這些關鍵字全都以大寫呈現，目的是提高程式碼可讀性，有些 MySQL 開發人員會連 int 和 varchar 這類的資料型態也全都用大寫。讀者如果發現關鍵字使用大寫字母能帶來一些好處，請隨個人喜好決定要不要這麼做。

讀者的工作環境如果在現有的程式庫裡，最好還是遵循前人一直以來就設定好的程式風格，保持一致性。如果目前任職的公司有正式規定慣用的程式風格，就應該遵守；否則，就選擇最適合自己使用的程式風格。不管用哪種程式風格，最後得到的結果都一樣。

反引號

維護其他開發人員寫好的 SQL 程式碼，可能會遇到 SQL 陳述式裡有使用反引號（`）：

```
select `continent_id`,
       `continent_name`,
       `population`
from   `continent`;
```

上方這個查詢陳述式選取了資料表 continent 所有的資料欄，資料欄和資料表名稱前後都用反引號括起來。在這個範例中，就算沒有反引號，陳述式也能正常執行。

反引號的作用是讓我們繞過 MySQL 對資料表和資料欄的命名規則，舉個例子，讀者可能已經注意到，當資料欄名稱由多個英文單字組成時，本書會在單字間使用底線而非空格，像是 continent_id。然而，如果我們以反引號將資料欄名稱括起來，就不需要使用底線，也就是說可以將資料欄命名為 continent id，而非 continent_id。

正常來說，如果真的將資料表或資料欄命名為 select，其實是會收到錯誤訊息，因為 select 屬於 MySQL 的「保留字」；意思是說，這些保留字在 SQL 程式碼裡各自有其專用的意義。然而，如果以反引號將 select 括起來，查詢陳述式執行時就不會出現錯誤：

```
select * from `select`;
```

上方陳述式 select * from 是選取資料表 select 的所有資料欄。

像這樣的程式碼雖然 MySQL 還是能正常執行，但本書會建議讀者避免使用反引號；不使用反引號的程式碼不僅更容易維護，輸入程式碼文字時也更簡單。將來若有其他開發人員需要更改這個查詢，看到資料表命名為 select 或資料表名稱裡有空格，可能會感到困擾。畢竟，我們的目標永遠都是寫出簡單而且具有良好組織性的程式碼。

程式碼註解

註解是一行行具有解釋性質的文字，作用是加在程式碼裡，提升程式碼的理解性。協助我們或其他開發人員將來能繼續維護程式碼。註解通常是用來釐清複雜的 SQL 陳述式，或是指出資料表、資料中有任何超乎尋常的情況。

加入單行註解時，要使用兩個連字號後面接著空白（-- ）。這個語法是告知 MySQL：這一行其餘部分的內容是註解。

下方這個 SQL 查詢程式碼的最上方有一行註解：

```
-- 這個 SQL 陳述式會將世界上人口最多的大陸顯示在結果的第一列
select continent_id,
       continent_name,
       population
from   continent
order by population desc;
```

利用相同的語法，在一行 SQL 程式的結尾加上註解：

```
select continent_id,
       continent_name, -- 世界各大洲的名稱會以英文顯示
       population
from   continent
order by population desc;
```

在上方程式碼裡，資料欄 continent_name 後面加的註解，是讓開發人員知道世界各大洲的名稱會以英文顯示。

單行註解裡的空白字元

乍看之下，似乎會覺得很奇怪，MySQL 竟然允許這樣的註解存在：

```
select 7+5; -- Adding 5 dollars to the 7 I already had
```

但不是以下這個寫法：

```
select 7+5; --Adding 5 dollars to the 7 I already had
```

MySQL 為什麼需要在兩個連字號（-）後面跟著空白？

答案是註解使用的語法「-」可能會跟減去一個負數的語法搞混，SQL 可以使用以下這個語法來表示 7 減去（-5）：

```
select 7--5;
```

如果 MySQL 每次遇到後面沒有空白字元的兩個連字號「--」，永遠都把後面的內容當成註解的話，那麼上面這一行程式碼就會回傳 7，而非正確結果 12，這是因為 7 後面的所有內容全都被當成註解了。

加入多行註解時，請在註解開頭使用「/*」，結尾則使用「*/」：

```
/*
這個查詢是用於取出世界所有大陸的資料。
資料表每年都會更新每一個大陸的人口數。
*/
select * from continent;
```

上方這兩行註解是用來解釋查詢的作用，以及說明資料表更新的頻率。

內聯註解的語法類似多行註解：

```
select 3.14 /* π值 */ * 81;
```

內聯註解有一些特殊用途，例如，如果我們是維護其他人已經寫好的程式碼，可能會看到類似下方的神祕內聯註解：

```
select /*+ no_index(employee idx1) */
       employee_name
from   employee;
```

上方程式碼第一行的文字：/*+ no_index(employee idx1) */ 是最佳化提示（optimizer hint），使用了內聯註解語法，在 /* 後方加符號。

當我們執行查詢時，MySQL 的查詢最佳化會嘗試判斷最快的執行方法。例如，假設資料表 employee 有建立索引，查詢時使用索引存取資料會比較快嗎？或是會因為資料表的資料列數太少，使用索引其實反而速度較慢？

查詢最佳化工具通常都很厲害，能提出查詢計畫、比較這些計畫，然後執行其中最快的計畫，但我們有時也會想在執行查詢時，針對最有效率的方法提供自己的指示——最佳化提示。

在前一頁的範例中，最佳化提示是不要使用資料表 employee 的索引 idx1。

查詢最佳化這個主題涉及的範疇很大，本書幾乎只有觸及到非常表面的部分，但讀者現在只要知道以後如果遇到這個語法 /*+ . . . */，就是讓我們向 MySQL 提供最佳化提示。

由此可知，設置得當、具有描述性的註解，能為我們節省時間和麻煩。利用註解簡短解釋我們為什麼要使用某個特定方法，不僅能讓其他開發人員節省時間，不必研究相同的議題，讀者如果是負責維護程式碼的人，也可以喚起自己的記憶。然而，不要忍不住連一些顯而易見的程式碼都加上註解，註解如果無法提升 SQL 程式碼的理解性，就不應該加。此外，更新程式碼的時候要連註解一起更新，這點也很重要。註解要是沒有保持在最新狀態而且跟程式碼不再相關，就沒有任何意義，可能還會讓其他開發人員或將來的自己感到困惑。

空值

先前第 2 章有討論過，null 代表遺失或未知的值。MySQL 有提供特殊語法，協助我們處理資料裡的空值，包括 is null 和 is not null。

假設我們建立了一個資料表 unemployed，含有兩個資料欄：region_id 和 unemployed，每一列資料代表一個地區的失業人口數。使用下方陳述式 select * from 來檢視整個資料表的內容：

```
select *
from    unemployed;
```

執行結果如下：

region_id	unemployed
1	2218457
2	137455
3	null

地區 1 和地區 2 都已經回報他們的失業人口數，但地區 3 尚未回報，所以地區 3 在 unemployed 這一欄的值設定為 null。遇到這樣的情況，我們不會想用「0」這個值，因為那表示地區 3 沒有人失業。

如果只想顯示所有地區中 unemployed 值是 null 的資料列，要使用 where 子句搭配 is null：

```
select *
from    unemployed
where   unemployed is null;
```

程式碼執行結果如下：

```
region  unemployed
------  ----------
   3        null
```

另一方面，如果只想看已經回報的資料，為了排除 unemployed 值是 null 的資料列，就要將 where 子句搭配的 is null 換成 is not null：

```
select *
from    unemployed
where   unemployed is not null;
```

程式碼執行結果如下：

```
region  unemployed
------  ----------
   1       2218457
   2        137455
```

利用這個語法再搭配空值，可以幫助我們過濾資料表的資料，讓 MySQL 只回傳最有意義的結果。

重點回顧與小結

讀者在本章已經學到如何使用 select 陳述式和萬用字元，取出資料表中的資料，並且讓 MySQL 以我們指定的順序回傳結果；針對程式碼的可讀性和清晰性，介紹了幾種程式碼格式化的方法，包括在 SQL 陳述式加入註解，讓程式碼更容易維護；最後則是帶讀者了解，如何處理資料裡的空值。

接下來第 4 章的學習主軸有：了解所有的 MySQL 資料型態。截至目前為止，我們建立資料表時主要是使用 int（接受整數資料）或是 varchar（接受字元資料），下一章我們要進一步了解其他 MySQL 資料型態，用於處理數值和字元資料，以及日期和非常大的值。

4

MYSQL 資料型態

本章會介紹 MySQL 能使用的所有資料型態。我們已經在前幾章看過 int 和 varchar，分別是用來處理整數和字元資料，但 MySQL 其實還有其他資料型態可用於儲存日期、時間，甚至是二進位資料。本章還會帶讀者探索，如何為資料欄選擇最佳的資料型態以及每一種資料型態的優缺點。

建立資料表的時候，我們需要根據各個資料欄要儲存的資料種類，為每一個資料欄定義資料型態。例如，假設某個資料欄是用於儲存名字，我們就不會用只接受數字的資料型態。此外，還要考慮資料欄必須容納的資料值範圍，如果資料欄需要儲存的內容是像 3.1415 這樣的值，則使用的資料型態就應該允許小數點之後存在四個位數的小數值。最後一點是，當我們在處理資料欄需要儲存的值，如果有超過一種以上資料型態可以使用，應該選擇儲存量最小的那一個型態。

此處假設我們想要建立一個名稱為 solar_eclipse 的資料表，用於儲存日蝕相關資料，包括發生日蝕的日期和時間，以及日蝕的種類和食分，原始資料請參見表 4-1。

表 4-1：日蝕觀測資料

發生日期	最長食甚時間	日蝕種類	食分
2022-04-30	20:42:36	Partial	0.640
2022-10-25	11:01:20	Partial	0.862
2023-04-20	04:17:56	Hybrid	1.013

為了在 MySQL 資料庫儲存這份資料，我們需要建立有四個資料欄的資料表：

```
create table solar_eclipse
(
    eclipse_date                date,
    time_of_greatest_eclipse    time,
    eclipse_type                varchar(10),
    magnitude                   decimal(4,3)
);
```

這個資料表的四個資料欄都各自定義了不同的資料型態。由於資料欄 eclipse_date 是儲存日期，所以使用的資料型態是 date。資料型態 time 是專門設計來儲存時間資料，所以會應用在資料欄 time_of_greatest_eclipse。

資料欄 eclipse_type 使用的資料型態是 varchar，因為我們需要儲存長度不定的字元資料，不過，我們不希望這些字元值太長，所以定義為 varchar(10)，設定最大字元數為 10。

資料欄 magnitude 使用的資料型態則是 decimal，指定儲存值共四位數，小數點後是三位數。

除了這幾個資料型態，接下來我們還要深入了解其他資料型態的用法，探討每個資料型態的適當使用時機。

資料型態：用於處理字串

字串（string）是由一組字元組成，包含字母、數字、空白字元（例如，空格和 tab 字元）和符號（像是標點符號）。對於只有數字的值，應該使用數值型資料型態，而非字串型資料型態。以「I love MySQL

8.0！」這個值為例，應該使用字串型資料型態，但像「8.0」這個值則要使用數值型資料型態。

本節接著就來探討 MySQL 提供的字串型資料型態。

char

資料型態 char 是用於儲存長度固定的字串，也就是用在確實知道字串具有多少字元數的情況。以下方程式碼為例，假設現在有一個資料表 country_code 要定義一個資料欄，用於儲存三個字母的國碼（例如，USA、GBR 和 JPN），可以使用 char(3) 來定義資料型態：

```
create table country_code
(
    country_code    char(3)
);
```

將資料欄的資料型態定義為 char，要在小括號內指定字串長度。如果省略小括號，資料型態 char 的預設字串長度是 1 個字元，不過，在只需要 1 個字元的情況，以 char(1) 指定字串長度，還是比只用 char 來得更清楚。

資料值的字串長度不能超過小括號內定義的長度，讀者如果嘗試在資料欄 country_code 插入 JAPAN，MySQL 會拒絕這個值，因為定義資料欄的時候已經指定最多只能儲存 3 個字元。不過，MySQL 允許插入少於三個字元的字串，像是 JP；處理方式只是在 JP 結尾加上一個空白，然後將這個值儲存在資料欄。

資料型態 char 可以定義的最大長度是 255 個字元。如果定義資料欄時，試圖將資料型態指定為 char(256)，就會得到錯誤訊息，因為超出 char 可以指定的範圍。

varchar

varchar 是我們之前就已經看過的資料型態，用於儲存可變長度的字串或是指定最大字元數的字串。當我們必須儲存字串卻又不確定字串究竟多長的時候，這個資料型態就能派上用場。舉例說明，假設我們要建立一個資料表 interesting_people，並且定義一個資料欄 interesting_name，用來儲存各種名字，這個資料欄必須能滿足短的名字（像是 Jet Li），也要能容納長的名字（像是 Hubert Blaine Wolfe schlegelsteinhausenbergerdorff）：

```
create table interesting_people
(
    interesting_name      varchar(100)
);
```

上方程式碼在小括號裡，定義資料欄 interesting_name 的字串長度，限制為 100 個字元，預期資料庫內不會出現任何人的名字會超過 100 字元。

varchar 可以接受的最大字元數，取決於 MySQL 的配置，讀者可以請資料庫管理人員（database administrator，簡稱 DBA）協助設定；或是使用快速的訣竅來決定最大字元數，就是在撰寫陳述式 create table 的時候，為建立的資料欄定義資料型態 varchar，然後指定長得離譜的最大字元值（如下所示）：

```
create table test_varchar_size
(
    huge_column varchar(999999999)
);
```

這個陳述式 create table 會執行失敗，出現像以下的錯誤訊息：

```
Error Code: 1074. Column length too big for column 'huge_column'
(max = 16383);
use BLOB or TEXT instead
```

從上方的錯誤訊息得知，無法建立資料表是因為 varchar 定義的字元數太大，在這個環境下，varchar 可以接受的最大字元數是 16,383 或是指定為 varchar(16383)。

資料型態 varchar 主要用於儲存長度較短的字串，在儲存資料超過 5,000 字元的情況，本書會建議改用資料型態 text（隨後就會介紹這個資料型態）。

enum

資料型態 enum 是 enumeration（列舉）的簡寫，作用是讓我們建立清單，列出允許資料欄接受的字串值。以下舉例說明如何建立資料表 student，具有資料欄 student_class，而且這個資料欄只接受以下其中一個值——Freshman、Sophomore、Junior 或 Senior：

```
create table student
    (
    student_id      int,
    student_class   enum('Freshman','Sophomore','Junior','Senior')
    );
```

如果我們想要加入資料欄的值不是上方清單接受的值，MySQL 就會拒絕加入。即使是清單可以接受的值，資料欄 student_class 也只能加入其中一個值，意思是說學生不能同時兼具大一（freshman）和大二（sophomore）的身分。

set

資料型態 set 跟 enum 類似，但 set 允許我們能一次選擇多個值。下方陳述式 create table 是建立資料表 interpreter，具有資料欄 language_spoken，目的是定義一份語言清單：

```
create table interpreter
    (
    interpreter_id    int,
    language_spoken   set('English','German','French','Spanish')
    );
```

因為某個人可能會說這些語言裡的一個或多個，所以此處使用資料型態 set 就能允許我們將 set 清單裡的任何一個或所有語言，加到資料欄 language_spoken。然而，如果試圖將清單以外的任何值加到資料欄，MySQL 就會拒絕加入。

tinytext、text、mediumtext 和 longtext

MySQL 包含四種文字型資料型態，用於儲存可變長度的字串：

tinytext	最長儲存 255 個字元
text	最長儲存 65,535 字元，約為 64KB
mediumtext	最長儲存 16,777,215 字元，約為 16MB
longtext	最長儲存 4,294,967,295 字元，約為 4GB

下方陳述式 create table 是建立資料表 book，具有四個資料欄。最後三個資料欄：author_bio、book_proposal 和 entire_book 都分別用了不同大小的文字型資料型態：

```
create table book
    (
    book_id             int,
    author_bio          tinytext,
    book_proposal       text,
    entire_book         mediumtext
    );
```

資料欄 author_bio 是使用資料型態 tinytext，因為預期所有作者簡
介的長度都不會超過 255 字元，這也是強迫使用者確定個人簡介一定
要少於 255 字元。資料欄 book_proposal 選擇使用資料型態 text，是
因為不希望任何一本書的提案內容超過 64KB。最後是資料欄 entire_
book，選擇使用資料型態 mediumtext，每一本書的內容大小限制在
16MB 以下。

字串格式

字串值必須以單引號或雙引號括起來，以下查詢是使用單引號包圍在字串 Town
Supply 前後：

```
select  *
from    store
where   store_name = 'Town Supply';
```

下方這個查詢則是使用雙引號：

```
select  *
from    store
where   store_name = "Town Supply";
```

這兩種查詢格式會回傳相同的結果，但如果跟含有特殊字元的字串比較，像是
撇號（'）、引號或 tab 字元，情況就會變得更妙。例如，「Town Supply」這
個字串使用單引號可以正常運作，但如果換成字串「Bill's Supply」使用單
引號，

```
select  *
from    store
where   store_name = 'Bill's Supply';
```

就會產生以下錯誤訊息：

```
Error Code: 1064. You have an error in your SQL syntax; check the manual
that corresponds to your MySQL server version for the right syntax to use
near 's Supply'' at line 1
```

MySQL 感到困惑的地方是因為字串開頭和結尾的單引號，跟 Bill's 的撇號（'）是相同的字元，所以 MySQL 搞不清楚此處的撇號究竟是要當成字串結尾，還是字串的一部分。

要解決這個問題，可以改用雙引號將字串括起來，取代原本使用的單引號：

```
select   *
from     store
where    store_name = "Bill's Supply";
```

MySQL 現在知道撇號是字串的一部分。

另外一種修正錯誤的做法是以單引號將字串括起來，然後以跳脫字元的方式處理撇號：

```
select   *
from     store
where    store_name = 'Bill\'s Supply';
```

上方程式碼中的反斜線字元（\）是跳脫字元，會建立跳脫序列（escape sequence），告訴 MySQL 下一個字元屬於字串的一部分。其他能使用的跳脫序列如下：

\"   雙引號

\n   換行

\r   return 字元

\t   tab 字元

\\   反斜線

使用跳脫序列就可以將特殊字元加入到字串裡，像以下程式碼這樣，使用雙引號將暱稱 Kitty 括起來：

```
select   *
from     accountant
where    accountant_name = "Kathy \"Kitty\" McGillicuddy";
```

在這個例子裡，我們也可以用單引號將字串包起來，這樣就不必用跳脫字元來處理雙引號：

```
select   *
from     accountant
where    accountant_name = 'Kathy "Kitty" McGillicuddy';
```

不管用哪種方法，兩者回傳的結果都是 Kathy "Kitty" McGillicuddy。

資料型態：用於處理二進位

針對人類無法閱讀的格式，MySQL 有提供資料型態來儲存二進位資料（binary data），或是以位元組為單位的原始資料。

tinyblob, blob, mediumblob, and longblob

大型二進位物件（binary large object，簡稱 BLOB）屬於可變長度的字串，以位元組為單位。BLOB 物件可用於儲存二進位資料，例如，圖像、PDF 檔和影片。BLOB 資料型態和文字型資料型態的大小一樣，只不過 tinytext 最大可儲存 255 字元，tinyblob 則是最大儲存 255 位元組。

tinyblob	最大儲存 255 位元組
blob	最大儲存 65,535 位元組，約為 64KB
mediumblob	最大儲存 16,777,215 位元組，約為 16MB
longblob	最大儲存 4,294,967,295 位元組，約為 4GB

binary

資料型態 binary 是用於儲存長度固定的二進位資料，類似資料型態 char，只不過不是用於儲存字元字串，而是二進位資料的字串。在小括號內指定字串的位元組大小，如下所示：

```
create table encryption
    (
    key_id          int,
    encryption_key  binary(50)
    );
```

在上方程式碼中，資料表 encryption 的資料欄 encryption_key 是將字串的位元組大小設定為最大 50 位元組。

varbinary

資料型態 varbinary 是用於儲存可變長度的二進位資料，在小括號內指定字串的位元組大小的最大值：

```
create table signature
    (
    signature_id    int,
    signature       varbinary(400)
    );
```

此處的程式碼是為相同名稱的資料表建立資料欄 signature，設定最大
值為 400 位元組。

bit

bit 的作用是儲存位元值，算是比較少用的資料型態，可以指定想要
儲存多少位元，最大可儲存 64 位元。例如，bit(15) 的定義是允許我
們最多儲存 15 位元。

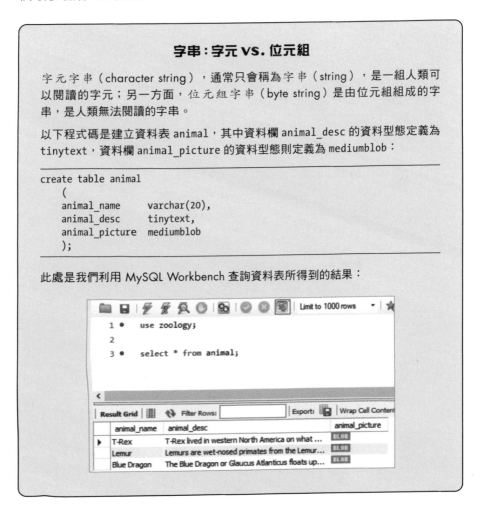

字串：字元 vs. 位元組

字元字串（character string），通常只會稱為字串（string），是一組人類可
以閱讀的字元；另一方面，位元組字串（byte string）是由位元組組成的字
串，是人類無法閱讀的字串。

以下程式碼是建立資料表 animal，其中資料欄 animal_desc 的資料型態定義為
tinytext，資料欄 animal_picture 的資料型態則定義為 mediumblob：

```
create table animal
    (
    animal_name     varchar(20),
    animal_desc     tinytext,
    animal_picture  mediumblob
    );
```

此處是我們利用 MySQL Workbench 查詢資料表所得到的結果：

資料欄 animal_desc 的值是人類可以閱讀的內容，但 MySQL Workbench 顯示 animal_picture 的內容為 BLOB，因為這個資料欄的值是設定為位元組字串格式。

資料型態：用於處理數值

MySQL 有提供資料型態來儲存不同大小的數字，至於要使用哪種數值型態，還是要取決於我們想要儲存的數字是否含有小數點。

tinyint、smallint、mediumint、int 和 bigint

整數（integer）是指完全沒有分數或小數部分的數字，整數值可以為正數、負數或零。MySQL 包含以下這些整數資料型態：

tinyint	允許儲存的整數值範圍：−128 到 127 或最大儲存 1 位元組
smallint	允許儲存的整數值範圍：−32,768 到 32,767 或最大儲存 2 位元組
mediumint	允許儲存的整數值範圍：−8,388,608 到 8,388,607 或最大儲存 3 位元組
int	允許儲存的整數值範圍：−2,147,483,648 到 2,147,483,647 或最大儲存 4 位元組
bigint	允許儲存的整數值範圍：−9,223,372,036,854,775,808 到 9,223,372,036,854,775,807 或最大儲存 8 位元組

如何知道我們的資料適用於哪一種整數資料型態？請看以下範例清單 4-1 建立的資料表 planet_stat。

範例清單 4-1：根據各行星的統計資料建立資料表

```
create table planet_stat
(
    planet              varchar(20),
    miles_from_earth    bigint,
    diameter_km         mediumint
);
```

上方程式碼建立的資料表包含跟行星有關的統計資料，其中
varchar(20) 是用於儲存星球的名稱，資料型態 bigint 是用於儲存
行星距離地球多少英里，mediumint 則是儲存行星的直徑（以公里為
單位）。

仔細看看以下結果，會發現 Neptune（海王星）距離地球 2,703,959,966
英里。在這個範例中，資料型態 bigint 是最適合資料欄的選擇，因為
int 允許的範圍對這個值來說不夠大。

```
planet    miles_from_earth  diameter_km
-------   ----------------  -----------
Mars            48678219          6792
Jupiter        390674712        142984
Saturn         792248279        120536
Uranus        1692662533         51118
Neptune       2703959966         49528
```

在考慮到 int 儲存量要 4 位元組，bigint 則需要 8 位元組的情況下，
如果 int 對資料欄來說就已經夠大，那麼使用超出需求的 bigint，
意味著會占用更多的硬碟空間。在資料量少的資料表裡，若使用
smallint 和 mediumint 就已經夠用的情況，使用 int 不會引起任何問
題，但如果資料表擁有 2000 萬筆資料列，就值得花時間為資料欄設定
正確的資料型態大小，畢竟額外占用的位元組累積起來會相當可觀。

此處提一個可以有效利用儲存空間的技巧，就是將整數資料型態定義
為 unsigned。整數資料型態的預設用法是允許我們儲存包含負數和正
數的整數。讀者如果不需要用到任何負數，使用 unsigned 能避免使用
負值，進而增加正數數字的數量。例如，資料型態 tinyint 提供的一
般範圍是落在 -128 和 127 之間，但如果指定 unsigned，範圍值就會
變成 0 到 255。

若將 smallint 定義為 unsigned，範圍值就會變成 0 到 65,535。經過指
定後，資料型態 mediumint 的範圍值會落在 0 到 16,777,215，資料型
態 mediumint 的範圍值則會落在 0 到 4,294,967,295。

在範例清單 4-1 中，資料欄 miles_from_earth 的資料型態是定義為
bigint，但如果利用 unsigned 這項技巧來提高範圍值的上限，改用資
料型態 int 就足以容納這些資料值。由於所有行星跟地球之間的距離
不會小於零，表示這個資料欄永遠不需要儲存負數，所以能放心使用
unsigned：

```
create table planet_stat
(
    planet              varchar(20),
    miles_from_earth    int unsigned, -- 此處現在改用int unsigned，而非bigint
    diameter_km         mediumint
);
```

因此，將資料欄定義為 unsigned 之後，就可以用更小的資料型態 int 來節省儲存空間。

布林值

布林值只有兩種狀態：true（真）或 false（假）、開啟或關閉、1 或 0。從技術層面來說，MySQL 沒有提供可以儲存布林值的資料型態，實際上是儲存為 tinyint(1)，建立資料欄儲存布林值時，會代換成 bool；將資料欄定義為 bool 時，背後的運作原理是建立資料欄，然後指定為 tinyint(1)。

下方建立的資料表 food，擁有兩個布林型態的資料欄：organic_flag 和 gluten_free_flag，告訴我們某一個食物是有機或無麩質：

```
create table food
(
    food                varchar(30),
    organic_flag        bool,
    gluten_free_flag    bool
);
```

若資料欄含有布林值，實務上常見的做法會將結尾詞 _flag 加到資料欄名稱後面，例如，organic_flag；因為這個值會設定為 true 或 false，所以能分別與提升或降低的旗標進行比較。

使用命令：describe 或 desc，可以檢視資料表結構。圖 4-1 是在 MySQL Workbench，顯示命令 desc food 的執行結果。

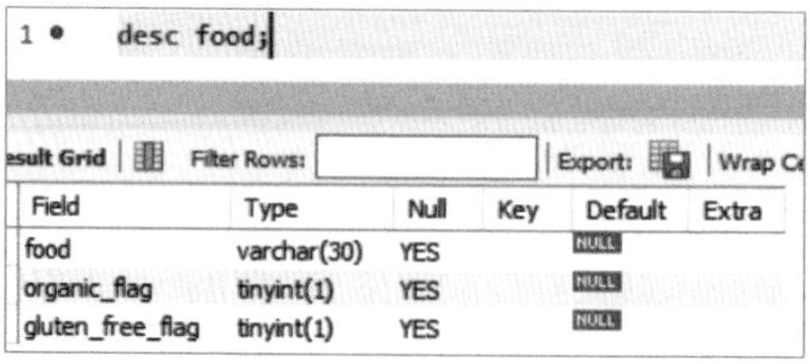

圖 4-1：在 MySQL Workbench 呈現資料表 food

仔細觀察可以發現，建立資料欄 `organic_flag` 和 `gluten_free_flag` 的時候，雖然是將資料型態代換成 `bool`，但實際上用來建立資料欄的資料型態是 `tinyint(1)`。

資料型態：用於處理小數

針對含有小數點的數字，MySQL 提供的資料型態有：decimal、float 和 double；其中 decimal 是用於儲存精確值，float 和 double 則是用於儲存近似值。基於這點，如果 decimal、float 或 double 都同樣適合我們準備要儲存的值，本書會建議採用資料型態 decimal。

decimal

資料型態 decimal 允許我們定義精確位數（precision）和小數位數（scale）；精確位數（precision）是指可以儲存的總位數，小數位數（scale）則是指小數點後可以儲存的位數。資料型態 decimal 常用於表示小數點後帶有二位數的貨幣值。

舉個例子，假設我們定義資料欄 price 為 decimal(5,2)，意思是說我們可以儲存的值會介於 −999.99 到 999.99 之間；其中精確位數為 5，表示總共可以儲存五個位數，小數位數為 2，表示小數點後可以儲存兩位數。

以下指定方式代表的意義跟資料型態 decimal 一樣：numeric(5,2)、dec(5,2) 和 fixed(5,2)，而且，所有表示方法的效果也都一樣，都會建立資料型態 decimal(5,2)。

float

資料型態 float 是用於儲存數值資料，帶有浮點小數。不像資料型態 decimal 已經定義小數位數，浮點數的小數點不一定會在相同的位置，也就是說小數點會在數字之間浮動。因此，資料型態 float 能表示這些數字：1.234、12.34 或 123.4。

double

資料型態 double 是 double precision 的簡稱，其所儲存的數字也能帶有未定義的小數位數（意即小數點會存在於數字間的某處）。資料型態 double 類似 float，差別在於 double 可以儲存更準確的數字。MySQL 儲存資料型態 float 時會使用 4 位元組，儲存 double 則要用掉 8 位元組。針對數字較多的浮點數，請使用資料型態 double。

資料型態：用於處理日期和時間

MySQL 針對日期和時間提供的資料型態有：date、time、datetime、timestamp 和 year。

date

資料型態 date 儲存日期的格式為 YYYY-MM-DD（分別為年、月和日）。

time

資料型態 time 儲存時間的格式為 hh:mm:ss（分別表示小時、分鐘和秒）。

datetime

資料型態 datetime 是將日期和時間儲存在同一個值裡，儲存格式為 YYYY-MM-DD hh:mm:ss。

timestamp

資料型態 timestamp 也是以相同的格式將日期和時間儲存在同一個值裡：YYYY-MM-DD hh:mm:ss，只不過 timestamp 是儲存當前的日期和時間，datetime 則是專為儲存其他日期和時間值而設計。

timestamp 能接受的範圍值比較小，必須是介於 1970 年到 2038 年之間的日期；資料型態 datetime 能接受的日期範圍較大，可以從 1000 年到 9999 年。唯有當我們想要用戳記標明目前的日期和時間值，才應該使用 timestamp，例如，儲存資料列更新的日期和時間。

year

資料型態 year 儲存年份的格式為 YYYY。

資料型態：用於處理 JSON 格式

JavaScript 物件表示法（JavaScript Object Notation，簡稱 JSON）是時下熱門的格式，用於在電腦之間傳送資料。MySQL 提供資料型態 json，讓我們能在資料庫裡儲存和取出全部的 JSON 文件。MySQL 會先檢查 JSON 文件內是否包含有效的 JSON 格式，若格式有效才允許 JSON 文件儲存到資料欄 json。

簡單的 JSON 文件如下所示：

```json
{
    "department":"Marketing",
    "city":"Detroit",
    "managers":[
        {
            "name":"Tom McBride",
            "age":29
        },
        {
            "name":"Jill Hatfield",
            "age":25
        }
    ]
}
```

JSON 文件含有成對的鍵值和資料值，在上方範例中，鍵值是 department，資料值則是 Marketing。這些鍵值和資料值並不是對應資料表的資料列和資料欄，而是將整個 JSON 文件儲存在指定為資料型態 json 的資料欄裡，日後再使用 MySQL 的查詢指令，從 JSON 文件中取出屬性。

資料型態：用於處理空間資料

MySQL 有提供資料型態來表示地理位置資料或稱為 *geodata*（地理資料）。這種類型的資料能協助我們回答這些問題，像是「我在哪個城市？」或「距離我的位置五英里內，有多少家中式餐廳？」

geometry	用於儲存任何地理類型的位置值，包括 point（點）、linestring（線）和 polygon（多邊形）。
point	用於表示位置，具有特定緯度和經度，例如，個人目前的位置。
linestring	用於表示點和各點之間的曲線，例如，高速公路的位置。
polygon	用於表示邊界，例如，圍繞國家或城市的區域界線。
multipoint	用於儲存一組沒有順序的 point 資料型態的集合。

multilinestring	用於儲存一組 linestring 資料型態的集合。
emultipolygon	用於儲存一組 polygon 資料型態的集合。
geometrycollection	用於儲存一組 geometry 資料型態的集合。

動手試試看

4-1. 建立資料庫 rapper，並且撰寫陳述式 create table 來建立資料表 album，資料表 album 具有五個資料欄：

- 資料欄 rapper_id 定義為資料型態 smallint，使用 unsigned。
- 資料欄 album_name 應該定義為可變長度字串，最大可保存 100 字元。
- explicit_lyrics_flag 會儲存布林值。
- 資料欄 album_revenue 會儲存貨幣金額，具有精確位數 12，小數位數為 2。
- 資料欄 album_content 要使用資料型態 longblob。

重點回顧與小結

讀者在本章已經探索可以使用的 MySQL 資料型態，並且了解各種資料型態的使用時機。下一章的學習主軸有：了解 MySQL 提供的不同類型的合併查詢方法，利用這些方法從多個資料表取出資料，再將查詢取得的資料顯示在單一資料表。

5

合併資料庫的資料表

SQL 查詢走進酒吧後，他 / 她靠近兩個資料表，
然後出聲詢問：「我能加入你們嗎？」

—史上最爛的資料庫笑話

 我們在前幾章已經學到，如何使用 SQL 來選擇
和篩選資料表中的資料，本章接下來會帶讀者了
解如何對資料庫的資料表進行合併查詢；合併資
料表的意思是從多個資料表中選取資料，然後合併到
單一結果集。MySQL 提供的語法可以進行不同類型的合併查
詢，例如，內部查詢合併和外部查詢合併。本章學習主軸是：
了解如何使用每一種類型的合併查詢。

從多個資料表中選取資料

我們想要從資料庫取出的資料，通常會分散儲存在多個資料表裡，必
須回傳成一個資料集，才能一次檢視所有的資料。

讓我們來看個例子。以下是資料表 subway_system，包含世界上每個地
下鐵的資料：

```
subway_system              city               country_code
-------------------------  ----------------   ------------
Buenos Aires Underground   Buenos Aires       AR
Sydney Metro               Sydney             AU
Vienna U-Bahn              Vienna             AT
Montreal Metro             Montreal           CA
Shanghai Metro             Shanghai           CN
London Underground         London             GB
MBTA                       Boston             US
Chicago L                  Chicago            US
BART                       San Francisco      US
Washington Metro           Washington, D.C.   US
Caracas Metro              Caracas            VE
--snip--
```

前兩個資料欄是 subway_system 和 city，分別包含地下鐵名稱及其所
在城市。第三個資料欄是 country_code，用於儲存以兩個字元表示的
ISO 國碼，例如，AR 代表 Argentina（阿根廷），CN 代表 China（中
國）等等。

第二個資料表 country（如下所示）具有兩個資料欄，分別是 country_
code 和 country：

```
country_code   country
------------   -----------
AR             Argentina
AT             Austria
AU             Australia
BD             Bangladesh
BE             Belgium
--snip--
```

假設我們想要取得地下鐵系統的列表，以及完整的城市和國家名
稱，但這些資料分別散佈在兩個資料表裡，所以需要合併查詢這兩
個表，才能取得我們想要的結果集。每一個資料表都同樣具有資料欄
country_code，因此，我們會使用這個資料欄作為連結，撰寫 SQL 查
詢來合併這些資料表（請參見範例清單 5-1）。

範例清單 5-1：合併查詢資料表 subway_system 和 country

```
select subway_system.subway_system,
       subway_system.city,
       country.country
from   subway_system
inner join country
on     subway_system.country_code = country.country_code;
```

資料表 country 的資料欄 country_code 是主要索引鍵，但在資料表 subway_system，資料欄 country_code 是外部索引鍵。各位讀者請回想一下先前介紹的內容，主要索引鍵是用於辨識資料表中每一列資料的唯一性，外部索引鍵則是用於合併另一個資料表的主要索引鍵。上方程式碼利用符號 =（相等），指定想要從 subway_system 和 country 這兩個資料表的資料欄 country_code 合併所有相同的值。

由於這個查詢程式碼是從兩個資料表中選取資料，比較好的做法是每次引用資料欄時要指定資料欄是存在哪一個資料表裡，尤其是在相同的資料欄出現在兩個資料表的情況下，採用這項做法的理由有二。首先是提升 SQL 程式碼的維護性，因為 SQL 查詢會立刻顯現哪幾個資料欄是來自哪幾個資料表。其次，因為兩個資料表都有資料欄命名為 country_code，如果我們不指定資料表名稱，MySQL 不知道我們究竟是想用哪一個資料表的資料欄，就會給出錯誤訊息。為了避免發生這個情況，撰寫陳述式 select 時要輸入資料表名稱、英文句點，再加上資料欄名稱。以範例清單 5-1 為例，subway_system.city 是指資料表 subway_system 的資料欄 city。

執行這個查詢後，會回傳所有的地下鐵系統的資料，包含從資料表 country 取出的國家名稱：

```
subway_system               city                country
-------------------------   ----------------    --------------
Buenos Aires Underground    Buenos Aires        Argentina
Sydney Metro                Sydney              Australia
Vienna U-Bahn               Vienna              Austria
Montreal Metro              Montreal            Canada
Shanghai Metro              Shanghai            China
London Underground          London              United Kingdom
MBTA                        Boston              United States
Chicago L                   Chicago             United States
BART                        San Francisco       United States
Washington Metro            Washington, D.C.    United States
Caracas Metro               Caracas             Venezuela
--snip--
```

請注意，此處合併查詢的結果裡沒有出現資料欄 country_code，這是因為撰寫查詢程式碼時只選擇了資料欄 subway_system、city 和 country。

NOTE 合併查詢兩個資料表時，如果是根據兩邊名稱相同的資料欄，可以用關鍵字 using 來取代 on。以範例清單 5-1 為例，最後一行程式碼替換成 using (country_code); 也會回傳相同的結果，而且只需要輸入更少的文字。

資料表別名

撰寫 SQL 程式碼時為了節省時間，可以為資料表名稱宣告別名，然後以簡短的資料表別名（table alias）作為資料表的暫用名稱。下方查詢程式碼回傳的結果跟範例清單 5-1 相同：

```
select   s.subway_system,
         s.city,
         c.country
from     subway_system s
inner join country c
on       s.country_code = c.country_code;
```

此處程式碼是宣告 s 為資料表 subway_system 的別名，c 則是資料表 country 的別名。後續撰寫查詢時，如果要在程式碼的其他地方引用資料欄名稱，只要輸入 s 或 c 就能代替資料表全名。請切記一點，資料表別名的效用只限目前宣告的查詢程式碼。

定義資料表別名時也可以使用關鍵字 as：

```
select   s.subway_system,
         s.city,
         c.country
from     subway_system as s
inner join country as c
on       s.country_code = c.country_code;
```

查詢程式碼裡有無使用關鍵字 as，回傳的結果都一樣，不使用頂多是減少輸入文字的量。

合併查詢的類型

MySQL 提供數個不同類型的合併查詢，每一個都有自己的語法，摘要如下（請見表 5-1）。

表 5-1：MySQL 支援的合併查詢類型

類型	說明	語法
內部合併查詢 （Inner join）	回傳的資料列只會含有兩邊資料表都符合條件的值。	inner join join
外部合併查詢 （Outer join）	回傳的資料列是其中一個資料表的所有資料列，和第二個資料表中符合條件的資料列；左側外部合併查詢是回傳左側資料表的所有資料列，右側外部合併查詢則是回傳右側資料表的所有資料列。	left outer join left join right outer join right join
自然合併查詢 （Natural join）	回傳的資料列是根據兩邊資料表裡名稱相同的資料欄。	natural join
交叉合併查詢 （Cross join）	將其中一個資料表的所有資料列和另一個資料表的所有資料列進行比對，回傳兩者的笛卡兒乘積（Cartesian product）。	cross join

接著一起來深入了解每一個類型的合併查詢。

內部合併查詢

在所有合併查詢裡，內部合併查詢（inner join）是最常使用的類型，必須是在兩個資料表都存在的資料，內部合併查詢才會將資料取出。

範例清單 5-1 是根據資料表 subway_system 和 country，執行內部合併查詢。在回傳結果的資料列清單裡，沒有出現 Bangladesh（孟加拉）和 Belgium（比利時）這兩個國家，原因在於這些國家沒有地下鐵，所以資料表 subway_system 沒有這兩個國家的資料，因此，無法從兩個資料表裡比對出符合條件的資料。

請注意：在查詢程式碼裡指定 inner join，其中單字 inner 可以選擇性輸入，這是因為其本身就是合併查詢的預設類型。下方查詢程式碼執行內部合併查詢後，產生的結果跟範例清單 5-1 相同：

```
select    s.subway_system,
          s.city,
          c.country
from      subway_system s
join      country c
on        s.country_code = c.country_code;
```

讀者日後會遇到使用 inner join 的 MySQL 查詢，也會看到其他只寫 join 的查詢程式碼。如果是使用現有的程式庫或是前人寫好的標準，最好還是遵守該環境已經提出的實務做法；如果沒有，本書建議讀者撰寫時連同單字 inner 一起寫，會比較清楚。

外部合併查詢

外部合併查詢（outer join）是顯示其中一個資料表的所有資料列，以及第二個資料表中符合條件的任何資料列。範例清單 5-2 的程式碼選擇資料表中的所有國家，若該國家擁有任何地下鐵系統，就會顯示地下鐵的名稱。

範例清單 5-2：執行右側外部合併查詢

```
select    c.country,
          s.city,
          s.subway_system
from      subway_system s right outer join country c
on        s.country_code = c.country_code;
```

在這個查詢裡，資料表 subway_system 之所以被視為左側資料表，是因為對語法 outer join 來說，這個資料表是位於左側，資料表 country 則是位於右側的資料表。由於是執行右側外部合併查詢，所以即使在左側資料表 subway_system 沒有找到符合條件的資料，這個查詢依舊會回傳資料表 country 的所有資料列。因此，不論該國家是否具有地下鐵系統，所有國家的資料列都會出現在結果集裡：

```
country                 city          subway_system
--------------------    -----------   -------------------------
United Arab Emirates    Dubai         Dubai Metro
Afghanistan             null          null
Albania                 null          null
Armenia                 Yerevan       Yerevan Metro
Angola                  null          null
Antarctica              null          null
Argentina               Buenos Aires  Buenos Aires Underground
--snip--
```

至於那些在資料表 subway_system 裡面沒有找到符合條件的國家，其資料欄 city 和 subway_system 會顯示為空值（null）。

此處跟內部合併查詢一樣，語法中的單字 outer 也可以選擇寫或不寫，使用 left join 和 right join 產生的結果跟使用比較長的語法效果一樣。

下方外部合併查詢程式碼回傳的結果跟範例清單 5-2 一樣，但改用語法 left outer join：

```
select   c.country,
         s.city,
         s.subway_system
from     country c left outer join subway_system s
on       s.country_code = c.country_code;
```

上方查詢裡的資料表順序是跟範例清單 5-2 對調，其中資料表 subway_system 現在列在最後，變成右側資料表，語法 country c left outer join subway_system s 跟範例清單 5-2 的語法 subway_system s right outer join country c 效果一樣。所以讀者只要以正確順序列出資料表，使用哪一個合併查詢都沒有關係。

自然合併查詢

當多個資料表裡有名稱相同的資料欄時，可以利用 MySQL 支援的自然合併查詢（natural join）自動合併資料表。此處語法是根據兩邊資料表都有找到的資料欄，自動合併查詢兩個資料表：

```
select   *
from     subway_system s
natural join country c;
```

利用自然合併查詢，能避免像內部合併查詢那樣需要額外大量的語法。請參見範例清單 5-2，程式碼必須加入這一行語法 on s.country_code = c.country_code，才能根據兩邊共同的資料欄 country_code 合併查詢資料表，但如果利用自然合併查詢，不用寫這一行也能獲得相同的效果。查詢結果如下：

```
country_code   subway_system              city            country
------------   ------------------------   -----------     ------------
AR             Buenos Aires Underground   Buenos Aires    Argentina
AU             Sydney Metro               Sydney          Australia
```

```
AT            Vienna U-Bahn           Vienna            Austria
CA            Montreal Metro          Montreal          Canada
CN            Shanghai Metro          Shanghai          China
GB            London Underground      London            United Kingdom
US            MBTA                    Boston            United States
US            Chicago L               Chicago           United States
US            BART                    San Francisco     United States
US            Washington Metro        Washington, D.C.  United States
VE            Caracas Metro           Caracas           Venezuela
--snip--
```

請注意：上方程式碼使用 select *（萬用字元），是選取資料表中的所有資料欄。此外，雖然兩邊的資料表都有資料欄 country_code，但 MySQL 的自然合併查詢很聰明，這個資料欄在結果集裡只會出現一次。

交叉合併查詢

MySQL 為交叉合併查詢（cross join）提供的語法，是用來取得兩個資料表的笛卡兒乘積（Cartesian product）；笛卡兒乘積列出的清單是其中一個資料表裡的每一列資料，搭配第二個資料表裡的每一列資料。舉個例子，假設有一家餐廳的資料庫裡有兩個資料表，分別是 main_dish 和 side_dish。

資料表 main_dish 如下所示：

```
main_item
---------
steak
chicken
ham
```

資料表 side_dish 如下所示：

```
side_item
----------
french fries
rice
potato chips
```

這些資料表的笛卡兒乘積會列出主餐搭附餐的所有可能組合，使用語法 cross join 進行檢索：

```
select     m.main_item,
           s.side_item
from       main_dish m
cross join side_dish s;
```

這種類型的查詢跟我們之前看過的其他查詢不同，不是根據資料欄合併查詢資料表，所以沒有使用主要索引鍵或外部索引鍵。查詢結果如下：

```
main_item   side_item
---------   ----------
ham         french fries
chicken     french fries
steak       french fries
ham         rice
chicken     rice
steak       rice
ham         potato chips
chicken     potato chips
steak       potato chips
```

由於資料表 main_dish 和資料表 side_dish 都各具有三個資料列，所以可能的組合總數是 9。

自身合併查詢

對資料表本身進行合併查詢有時也能獲得好處，這種做法稱為自身合併查詢（self join）。執行自身合併查詢時，不像之前介紹的合併查詢會使用特殊語法，而是將同一個資料表名稱列兩次，各自使用不同的資料表別名。

以下方資料表 music_preference 為例，表中列出樂迷的名字及其各自喜愛的音樂類型：

```
music_fan   favorite_genre
---------   --------------
Bob         Reggae
Earl        Bluegrass
Ella        Jazz
Peter       Reggae
Benny       Jazz
Bunny       Reggae
Sierra      Bluegrass
Billie      Jazz
```

下方程式碼是對資料表 music_preference 進行自身合併查詢，為喜愛同一種音樂類型的樂迷配對，如範例清單 5-3 所示。

範例清單 5-3：對資料表 music_preference 執行自身合併查詢

```
select a.music_fan,
       b.music_fan
from   music_preference a
inner join music_preference b
on (a.favorite_genre = b.favorite_genre)
where  a.music_fan != b.music_fan
order by a.music_fan;
```

在上方查詢程式碼裡，資料表 music_preference 列了兩次，其中一次的資料表別名是 a，另一次是 b。MySQL 後續會以資料表 a 和 b 進行合併查詢，就像兩者是不同的資料表。

我們在這個查詢的 where 子句裡使用語法 !=（不相等），目的是確保資料表 a 和資料表 b 兩邊在資料欄 music_fan 的值不一樣。（讀者應該還記得吧，在第 3 章出現的 select 陳述式有用到 where 子句，其中有套用某些條件式來篩選結果。）依照這樣的做法，樂迷就不會配對到自己。

NOTE 此處用到的語法 !=（不相等）和本章一直都有在用的語法 =（相等）都是所謂的比較運算子（comparison operator），其作用是讓我們在 MySQL 查詢裡比較不同的值，後續第 7 章會再深入討論比較運算子。

範例清單 5-3 會產生以下的結果集：

```
music_fan  music_fan
---------  ---------
Benny      Ella
Benny      Billie
Billie     Ella
Billie     Benny
Bob        Peter
Bob        Bunny
Bunny      Bob
Bunny      Peter
Earl       Sierra
Ella       Benny
Ella       Billie
Peter      Bob
Peter      Bunny
Sierra     Earl
```

每位樂迷現在可以在他們名字右側的資料欄裡，找到其他跟他們喜愛同一類型音樂的樂迷。

NOTE 範例清單 5-3 對資料表執行自身合併查詢時是當作內部合併查詢，但讀者也可以利用其他類型的合併查詢，像是外部合併查詢或交叉合併查詢。

合併查詢的變化語法

MySQL 允許我們以不同的方式撰寫 SQL 查詢，但都能達成相同的結果。熟悉不同的語法的好處在於，讀者日後可能必須修改某個人建立的程式碼，而對方撰寫 SQL 查詢的方法可能跟你完全不同。

小括號

對資料欄進行合併查詢時可以選擇使用小括號或是省略，以下查詢程式碼裡沒有使用小括號：

```
select   s.subway_system,
         s.city,
         c.country
from     subway_system as s
inner join country as c
on       s.country_code = c.country_code;
```

下方程式碼的效果跟上方的查詢一樣，但有使用小括號：

```
select   s.subway_system,
         s.city,
         c.country
from     subway_system as s
inner join country as c
on       (s.country_code = c.country_code);
```

兩個查詢都會回傳相同的結果。

內部合併查詢的舊式風格

下方 SQL 查詢是依照舊式風格的寫法，效用跟範例清單 5-1 相同：

```
select   s.subway_system,
         s.city,
         c.country
```

```
from    subway_system as s,
        country as c
where   s.country_code = c.country_code;
```

上方程式碼沒有包含關鍵字 join，而是改用英文逗號隔開 from 陳述式列出的資料表名稱。

讀者今後撰寫查詢程式碼時，應該會使用較新的語法（如範例清單 5-1 所示），但請記住一點，MySQL 至今仍有支援舊式風格的語法，所以可能會看到一些現行的傳統系統還在使用。

資料欄別名

讀者應該在本章前面的內容看過資料表別名，接下來我們要帶讀者建立資料欄別名。

世界上某些國家（像是法國）稱呼地下鐵系統（subway system）時是採用英文單字「*metro*」。此處我們要從資料表 subway_system 選擇法國所有城市的地下鐵系統，利用資料欄別名將標題名稱改顯示為 metro：

```
select  s.subway_system as metro,
        s.city,
        c.country
from    subway_system as s
inner join country as c
on      s.country_code = c.country_code
where   c.country_code = 'FR';
```

此處跟資料表別名一樣，可以在 SQL 查詢裡使用關鍵字 as 或是省略。不論採用哪一種方式，查詢結果都一樣（如下所示），其中資料欄 subway_system 的標題名稱現在已經改成 metro：

```
metro             city       country
-----             --------   -------
Lille Metro       Lille      France
Lyon Metro        Lyon       France
Marseille Metro   Marseille  France
Paris Metro       Paris      France
Rennes Metro      Rennes     France
Toulouse Metro    Toulouse   France
```

建立資料表時，盡量為資料欄標題設定描述性名稱，如此一來只要看查詢結果便能了解其所具有的意義。因此，讀者若希望資料欄名稱更明確，可以在查詢中利用資料欄別名。

合併查詢不同資料庫的資料表

有時候可能會出現好幾個資料庫裡都有相同名稱的資料表，此時就必須告訴 MySQL 我們要使用哪一個資料庫，以下介紹幾個做法。

下方查詢是利用命令 use（先前已於第 2 章介紹過），告訴 MySQL 接下來的 SQL 陳述式要使用我們指定的資料庫：

```
use subway;

select * from subway_system;
```

在上方程式碼的第一行裡，命令 use 設定目前要用的資料庫是 subway，所以當下一行程式碼選擇資料表 subway_system 的所有資料列時，MySQL 就知道我們是要從資料庫 subway 裡的資料表 subway_system 裡面拉出資料。

以下是第二種做法，直接在 select 陳述式裡指定資料庫名稱：

```
select * from subway.subway_system;
```

在上方程式碼使用的語法裡，資料表名稱前面要加上資料庫名稱和英文句點；語法 subway.subway_system 的作用是告訴 MySQL：我們想從資料庫 subway 裡的資料表 subway_system 選取資料。

這兩個選擇方案都會產生跟以下相同的結果集：

```
subway_system        city                        country_code
-----------------    ----------------------      ------------
Buenos Aires         Underground Buenos Aires     AR
Sydney Metro         Sydney                       AU
Vienna U-Bahn        Vienna                       AT
Montreal Metro       Montreal                     CA
Shanghai Metro       Shanghai                     CN
London Underground   London                       GB
--snip--
```

利用指定資料庫和資料表名稱的做法，我們還能對同一個 MySQL 伺服器上不同資料庫裡的資料表進行合併查詢，如以下程式碼所示：

```
select  s.subway_system,
        s.city,
        c.country
from    subway.subway_system as s
inner join location.country as c
on      s.country_code = c.country_code;
```

上方查詢程式碼是對資料庫 location 裡的資料表 country 和資料庫 subway 裡的資料表 subway_system，同時進行合併查詢。

動手試試看

資料庫 solar_system 有兩個資料表：planet 和 ring，其中資料表 planet 如下所示：

```
planet_id  planet_name
---------  ---------
    1      Mercury
    2      Venus
    3      Earth
    4      Mars
    5      Jupiter
    6      Saturn
    7      Uranus
    8      Neptune
```

資料表 ring 只有儲存具有行星環的行星資料：

```
planet_id   ring_tot
---------   --------
    5          3
    6          7
    7          13
    8          6
```

5-1. 請撰寫 SQL 查詢指令，根據資料表 planet 和 ring 都有的資料欄 planet_id，在兩個資料表間執行內部合併查詢。各位讀者認為這項查詢會回傳幾個資料列？

5-2. 請撰寫 SQL 查詢指令，在資料表 planet 和 ring 之間執行外部合併查詢，以資料表 planet 作為左側資料表。

5-3. 請修改練習題 5-2 的 SQL 查詢指令,讓資料表 planet 變成右側資料表,這項查詢回傳的結果集應該要跟先前練習題的結果一樣。

5-4. 請使用資料表別名,修改練習題 5-3 的 SQL 查詢指令,讓資料欄 ring_tot 在結果集裡的標題名稱顯示為 rings。

重點回顧與小結

讀者在本章已經學到如何利用 MySQL 提供的各種合併查詢方法,從兩個資料表選取資料,然後顯示在單一結果集。接下來第 6 章的學習主軸會繼續延伸這部分的知識,針對多個資料表,執行更為複雜的合併查詢。

6

對多個資料表執行複雜的
合併查詢

看完第五章，我們已經知道如何合併查詢兩
個資料表，再將查詢取得的資料顯示在單一
結果集。本章接下來的學習主軸是：針對兩個
以上的資料表建立複雜的合併查詢、學習關聯資
料表以及了解如何合併或限制查詢結果；探索幾個不同
的方式，以類似資料表的格式暫時儲存查詢結果，包括
暫存資料表、衍生資料表和通用資料表運算式（Common Table
Expression，簡稱 CTE）；最後是學習如何運用子查詢，在一個查詢中
另外嵌入一個查詢，以獲得更精細的查詢結果。

撰寫具有兩種類型的合併查詢

對三個以上的資料表進行合併查詢，導入的複雜度會大幅高於合併查
詢兩個資料表，因為同一個查詢裡有可能會用到不同類型的合併查詢
（像是內部合併和外部合併）。

以圖 6-1 為例，police 資料庫中有三個資料表，包含犯罪資訊（crime）、嫌疑人（suspect）和案發地點（location）。

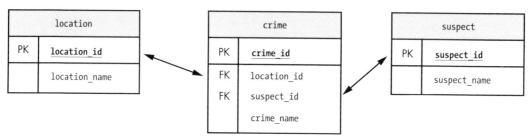

圖 6-1：police 資料庫中的三個資料表

資料表 location 包含發生犯罪案件的地點：

location_id	location_name
1	Corner of Main and Elm
2	Family Donut Shop
3	House of Vegan Restaurant

資料表 crime 包含犯罪案件的描述資訊：

crime_id	location_id	suspect_id	crime_name
1	1	1	Jaywalking
2	2	2	Larceny: Donut
3	3	null	Receiving Salad Under False Pretenses

資料表 suspect 包含嫌疑人資訊：

suspect_id	suspect_name
1	Eileen Sideways
2	Hugo Hefty

假設我們現在想要撰寫查詢程式碼，對所有三個資料表進行合併查詢，以取得犯罪資訊清單，其中包含犯罪案件發生的地點和嫌疑人的名字。根據資料庫 police 的設計方式，針對資料表 crime 包含的每一個犯罪案件，資料表 location 裡面一定會有一個相對應的地點。然而，資料表 suspect 則不一定會有相對應的嫌疑人，因為警方尚未確認每一個犯罪案件的嫌疑人。

我們會在資料表 crime 和 location 之間執行內部合併查詢，因為我們知道兩邊的資料能互相配對，但我們不會在資料表 crime 和 suspect 之間執行外部合併查詢，因為不是每一個犯罪案件都有相對應的嫌疑人。查詢程式碼如下所示：

```
select c.crime_name,
       l.location_name,
       s.suspect_name
from    crime c
❶ join    location l
   on    c.location_id = l.location_id
❷ left join suspect s
   on    c.suspect_id = s.suspect_id;
```

在這個範例中，我們為資料表 crime 設定別名為 c、資料表 location 為 l 以及資料表 suspect 為 s。❶ 利用語法 join，在資料表 crime 和 location 之間執行內部合併查詢；❷ 利用語法 left join，對資料表 suspect 執行外部合併查詢。

在這個範例的背景環境下，若直接使用左側外部合併查詢，可能會引發一些混亂。先前在第 5 章的範例中，我們只對兩個資料表使用 left join，所以很容易就能理解哪一個資料表是左側，而哪一個是右側，因為只有兩個可能性，但現在我們要合併查詢三個資料表，該如何運作？

為了讓讀者理解多個資料表的合併查詢，請各位想像 MySQL 是在進行查詢過程中，建立一個暫存資料表。MySQL 會先對前兩個資料表 crime 和 location 進行合併查詢，將這次合併查詢的結果變成左側資料表，然後在 crime／location 結合的資料表和右側資料表 suspect 之間執行 left join。

此處使用左側外部合併查詢，是因為我們希望出現所有犯罪案件和地點，不論右側資料表 suspect 是否有相對應的資料。查詢結果如下：

```
crime_name                          location_name           suspect_name
----------------------------------  ----------------------  ---------------
Jaywalking                          Corner of Main and Elm  Eileen Sideways
Larceny: Donut                      Family Donut Shop       Hugo Hefty
Receiving Salad Under False Pretenses  Green Vegan Restaurant  null
```

最後一個犯罪案件的嫌疑人依舊逍遙法外，所以最後一列資料的 suspect_name 的值是 null。此處若改用內部合併查詢，查詢結果就不

會回傳最後一列資料，因為內部合併查詢只會回傳兩邊資料表都有對應的資料列。

利用外部合併查詢回傳的空值，也能帶給我們一些用處。假設我們想要撰寫查詢指令，只顯示嫌疑人未知的犯罪案件。此時就可以在查詢中指定 is null，表示我們只想看到嫌疑人名字是空值的資料列：

```
select c.crime_name,
       l.location_name,
       s.suspect_name
from   crime c
join   location l
  on   c.location_id = l.location_id
left join suspect s
  on   c.suspect_id = s.suspect_id
where  s.suspect_name is null;
```

查詢結果如下：

crime_name	location_name	suspect_name
Receiving Salad Under False Pretenses	Green Vegan Restaurant	null

這個查詢程式碼在最後一行加入 where 子句，所以只會顯示在資料表 suspect 找不到配對的資料列，也就是限制結果清單只顯示還不知道嫌疑人的犯罪案件。

合併查詢多個資料表

雖然 MySQL 允許我們一次合併查詢高達 61 個資料表，但讀者日後幾乎不太可能會撰寫這種需要一口氣查詢這麼多個資料表的程式碼。讀者如果發現自己需要合併查詢的資料表超過 10 個，這是一項警訊，表示你使用的資料庫可能要重新設計，以簡化撰寫查詢程式碼的工作。

此處的範例資料庫 wine 擁有 6 個資料表，這些資料表是用來協助我們規劃前往酒莊的行程，讓我們依序來看看這 6 個資料表。

資料表 country 是儲存酒莊所在地的國家：

country_id	country_name
1	France
2	Spain
3	USA

資料表 region 是儲存酒莊位於各個國家的哪些地區：

region_id	region_name	country_id
1	Napa Valley	3
2	Walla Walla Valley	3
3	Texas Hill	3

資料表 viticultural_area 是儲存酒莊所在地區的葡萄酒產區：

viticultural_area_id	viticultural_area_name	region_id
1	Atlas Peak	1
2	Calistoga	1
3	Wild Horse Valley	1

資料表 wine_type 是儲存有哪些種類的葡萄酒資訊：

wine_type_id	wine_type_name
1	Chardonnay
2	Cabernet Sauvignon
3	Merlot

資料表 winery 是儲存酒莊資訊：

winery_id	winery_name	viticultural_area_id	offering_tours_flag
1	Silva Vineyards	1	0
2	Chateau Traileur Parc	2	1
3	Winosaur Estate	3	1

資料表 portfolio 是儲存酒莊擁有的葡萄酒組合資訊，也就是酒莊有提供哪些葡萄酒：

winery_id	wine_type_id	in_season_flag
1	1	1
1	2	1
1	3	0
2	1	1
2	2	1
2	3	1
3	1	1
3	2	1
3	3	1

以上表為例，`winery_id` 為 `1`，表示酒莊是 Silva Vineyards；`wine_type_id` 為 `1`，表示該酒莊提供的酒是 Chardonnay；`in_season_flag` 是布林值，`1`（代表 true）表示這是當季的酒。

範例清單 6-1 示範的查詢程式碼是對 6 個資料表進行合併查詢，目的是搜尋位於美國的酒莊，而且有當季的 Merlot 葡萄酒和提供導覽行程。

範例清單 6-1：列出美國有當季 Merlot 葡萄酒的酒莊

```
select  c.country_name,
        r.region_name,
        v.viticultural_area_name,
        w.winery_name
from    country c
join    region r
  on    c.country_id = r.country_id
  and   c.country_name = 'USA'
join    viticultural_area v
  on    r.region_id = v.region_id
join    winery w
  on    v.viticultural_area_id = w.viticultural_area_id
  and   w.offering_tours_flag is true
join    portfolio p
  on    w.winery_id = p.winery_id
  and   p.in_season_flag is true
join    wine_type t
  on    p.wine_type_id = t.wine_type_id
  and   t.wine_type_name = 'Merlot';
```

這個範例查詢程式碼雖然比我們之前看過的還長，但多數語法都是我們之前就已經看過的。這個查詢有為每個資料表名稱建立資料表別名，包 括 `country`、`region`、`viticultural_area`、`winery`、`portfolio` 和 `wine_type`，因此，查詢引用資料欄時，要在資料欄名稱前加上資料表別名和英文句點。例如，由於資料欄 `offering_tours_flag` 屬於資料表 `winery`，所以這個資料欄名稱前面有加上 `w`，產生的語法是 `w.offering_tours_flag`。（讀者應該還記得先前第 4 章提過，若資料欄含有布林值（像是 `true` 或 `false`），最佳實務做法是將結尾詞 `_flag` 加到資料欄名稱後面，資料欄 `offering_tours` 就適用這個情況，因為酒莊提供導覽行程的情況只有分成提供與不提供兩種。）最後是利用關鍵字 `join` 對每一個資料表執行內部合併查詢，對這些資料表進行合併查詢時，應該都會有相對應的值。

這個範例跟先前的查詢不同，程式碼中有包含一些資料表間的合併查詢，而且查詢時必須滿足多個條件。例如，對資料表 country 和 region 進行合併查詢時，必須滿足以下兩個條件：

- 資料表 country 的資料欄 country_id 值，必須對應資料表 region 的資料欄 country_id 值。

- 資料表 country 中資料欄 country_name 的值必須等於 USA。

下方程式碼是利用關鍵字 on 處理第一個條件：

```
from    country c
join    region r
  on    c.country_id = r.country_id
```

再利用關鍵字 and 指定第二個條件，如下所示：

```
  and   c.country_name = 'USA'
```

讀者可以根據需求，加入更多 and 陳述式，指定任意數量的合併條件。

範例清單 6-1 的查詢結果如下：

```
country_name   region_name    viticultural_area_name   winery_name
------------   ------------   ----------------------   --------------------
       USA     Napa Valley    Calistoga                Chateau Traileur Parc
       USA     Napa Valley    Wild Horse Valley        Winosaur Estate
```

關聯資料表

範例清單 6-1 中多數的資料表都很直覺：資料表 winery 是儲存酒莊列表、region 是儲存地區列表、country 是儲存國家，viticultural_area 則是儲存栽培葡萄的區域（葡萄酒產區）。

然而，資料表 portfolio 的性質有點不同，讀者應該還記得這個資料表儲存的資訊是每個酒莊提供的組合中有哪些葡萄酒。再來看一次這個資料表：

```
winery_id   wine_type_id   in_season_flag
---------   ------------   --------------
    1            1              1
    1            2              1
    1            3              0
```

2	1	1
2	2	1
2	3	1
3	1	1
3	2	1
3	3	1

上表中的資料欄 `winery_id` 是資料表 `winery` 的主要索引鍵，資料欄 `wine_type_id` 則是資料表 `wine_type` 的主要索引鍵。這種設計讓 `portfolio` 變成關聯資料表（associative table），因為這個資料表是藉由引用其他資料表的主要索引鍵，讓儲存在其他資料表的資料列彼此建立關係，如圖 6-2 所示。

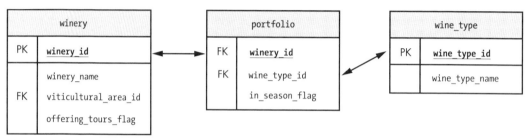

圖 6-2：資料表 portfolio 屬於關聯資料表

資料表 `portfolio` 是用於表示多對多的關係，因為一個酒莊會生產許多種類的葡萄酒，也會有多個酒莊生產同一種葡萄酒。例如，酒莊 1（Silva Vineyards）提供許多種類的酒：種類 1 是 Chardonnay，種類 2 是 Cabernet Sauvignon，種類 3 是 Merlot；有許多酒莊提供種類 1 的葡萄酒（Chardonnay）：酒莊 1（Silva Vineyards）、酒莊 2（Chateau Trailleur Parc）和酒莊 3（Winosaur Estate）。資料表 `portfolio` 的作用是列出每一個 `winery_id` 和 `wine_type_id` 之間的關係，告訴我們哪些酒莊有哪些種類的酒。這個資料表還包含另一個資料欄 `in_season_flag`，如同先前已經看過的，這是追蹤該酒莊是否提供當季的葡萄酒。

下一節會介紹幾個不同的方法，用於處理查詢回傳的資料。我們會先從管理結果集的資料開始，提供一些簡單的方法給讀者選擇，本章後半部的內容會再涵蓋一些更複雜方法。

管理結果集的資料

我們有時會想控制結果集裡要顯示多少查詢資料，例如，可能會想針對數個 select 陳述式的查詢結果，減少顯示的資料量或是整合查詢結果。SQL 提供以下幾個關鍵字，協助我們在查詢裡加入這方面的功能。

關鍵字：limit

關鍵字 limit 的作用是讓我們限制結果集顯示的資料列數。例如，假設品酒師已經票選出他們最愛的葡萄酒，於是我們建立了資料表 best_wine_contest 來保存競選結果。如果查詢資料表時，依據資料欄 place 再搭配 order by 排序，就會看到最佳葡萄酒排列在第一個位置：

```
select *
from    best_wine_contest
order by place;
```

查詢結果如下：

```
wine_name      place
-----------    -----
Riesling        1
Pinot Grigio    2
Zinfandel       3
Malbec          4
Verdejo         5
```

如果只想看到前三名的葡萄酒，可以使用語法 limit 3：

```
select *
from    best_wine_contest
order by place
limit 3;
```

查詢結果現在變成：

```
wine_name      place
-----------    -----
Riesling        1
Pinot Grigio    2
Zinfandel       3
```

上方結果是利用關鍵字 `limit` 限制只顯示三個資料列，讀者如果只想看到票選第一的葡萄酒，可以使用語法 `limit 1`。

關鍵字：union

關鍵字 union 的作用是將多個 select 陳述式的結果整合成一個結果集，例如，下方查詢是從兩個不同的資料表 wine_type 和 best_wine_contest 選取所有葡萄酒種類，然後顯示在一份列表裡：

```
select wine_type_name from wine_type
union
select wine_name from best_wine_contest;
```

查詢結果如下：

```
wine_type_name
------------------
Chardonnay
Cabernet Sauvignon
Merlot
Riesling
Pinot Grigio
Zinfandel
Malbec
Verdejo
```

資料表 wine_type 的資料欄 wine_type_name 包含 Chardonnay、Cabernet Sauvignon 和 Merlot，資料表 best_wine_contest 的資料欄 wine_name 則是包含 Riesling、Pinot Grigio、Zinfandel、Malbec 和 Verdejo。利用關鍵字 union，我們可以在同一個結果集看到所有葡萄酒名稱一起列出。

唯有每個 select 陳述式的資料欄數量相同時，才能使用 union；union 在這個範例中可以運作，就是因為每一個 select 陳述式都只有指定一個資料欄。結果集顯示的資料欄名稱，通常取自於第一個 select 陳述式指定的資料欄名稱。

關鍵字 union 的特性是會移除結果集裡重複的值。例如，假設 wine_type 和 best_wine_contest 這兩個資料表裡都有 Merlot，使用關鍵字 union 產生的清單，會列出不同名稱的葡萄酒，其中 Merlot 只會出現一次。若使用語法 union all，則會看到結果清單裡包含重複的值：

```
select wine_type_name from wine_type
union all
select wine_name from best_wine_contest;
```

上方程式碼的執行結果如下：

```
wine_type_name
------------------
Chardonnay
Cabernet Sauvignon
Merlot
Riesling
Pinot Grigio
Zinfandel
Malbec
Verdejo
Merlot
```

現在可以看到 Merlot 在列表裡出現了兩次。

接下來，我們要利用類似資料表的格式建立暫存結果集，更深入一點了解如何提高查詢效率。

動手試試看

資料庫 nutrition 有兩個資料表：good_snack 和 bad_snack。

資料表 good_snack 如下所示：

```
snack_name
----------
carrots
salad
soup
```

資料表 bad_snack 如下所示：

```
snack_name
----------
sausage pizza
BBQ ribs
nachos
```

6-1. 請撰寫查詢程式碼，將兩個資料表內的所有點心顯示在同一個結果集裡。

暫存資料表

MySQL 允許我們建立暫存資料表，也就是暫存結果集，只會存在目前的 session 裡，之後會自動丟掉。例如，利用 MySQL Workbench 這類的工具建立暫存資料表，然後在工具內查詢這個資料表。然而，如果關閉和重新開啟 MySQL Workbench，暫存資料表就會消失，只能在單次 Session 內重複使用暫存資料表。

定義暫存資料表的方式跟建立一般資料表一樣，差別在於前者是以語法 create temporary table 取代 create table：

```
create temporary table wp1
(
    winery_name             varchar(100),
    viticultural_area_id    int
)
```

上方程式碼是建立暫存資料表 wp1，並且指定資料欄名稱和資料型態，但尚未加入任何資料列。

如果要根據查詢結果建立暫存資料表，只需要在查詢前使用相同的語法 create temporary table（如範例清單 6-2 所示），之後產生的暫存資料表就會包含從查詢中選取的資料列。

範例清單 6-2：建立暫存資料表

```
create temporary table winery_portfolio
select w.winery_name,
       w.viticultural_area_id
from   winery w
join   portfolio p
❶  on  w.winery_id = p.winery_id
❷  and w.offering_tours_flag is true
   and p.in_season_flag is true
join   wine_type t
❸  on  p.wine_type_id = t.wine_type_id
❹  and t.wine_type_name = 'Merlot';
```

上方程式碼建立暫存資料表 winery_portfolio，用於儲存對資料表 winery、portfolio 和 wine_type（請見範例清單 6-1 和圖 6-2）進行合併查詢的結果。根據以下兩個條件，合併查詢資料表 winery 和 portfolio：

- 兩邊資料表的資料欄 `winery_id` 的值要一致 ❶。

- 酒莊有提供導覽行程，因此，我們要檢查資料表 `winery` 的 `offering_tours_flag` 是否設定為 true ❷。

根據以下兩個條件，將前面獲得的結果跟資料表 `wine_type` 進行合併查詢：

- 兩邊資料表的資料欄 `wine_type_id` 的值要一致 ❸。

- 資料表 `wine_type` 的 `wine_type_name` 是 Merlot ❹。

NOTE　建立暫存資料表時，資料欄是使用我們在查詢裡選擇的資料型態。以範例清單 6-2 為例，從資料表 `winery` 選取的 `winery_name` 已經定義為 `varchar(100)`，所以暫存資料表 `winery_portfolio` 建立時，資料欄 `winery_name` 也會定義為 `varchar(100)`。

暫存資料表建立之後，就可以從資料表選取資料，藉此查詢其中的內容，做法跟之前查詢永久資料表一樣：

```
select * from winery_portfolio;
```

查詢結果如下：

```
winery_name              viticultural_area_id
---------------------    --------------------
Chateau Traileur Parc             2
Winosaur Estate                   3
```

現在我們要撰寫第二個查詢，從暫存資料表 `winery_portfolio` 選取資料，再跟範例清單 6-1 的三個資料表進行合併查詢：

```
select c.country_name,
       r.region_name,
       v.viticultural_area_name,
       w.winery_name
from   country c
join   region r
  on   c.country_id = r.country_id
 and   c.country_name = 'USA'
join   viticultural_area v
  on   r.region_id = v.region_id
join   winery_portfolio w
  on   v.viticultural_area_id = w.viticultural_area_id;
```

上方程式碼是將暫存資料表 winery_portfolio 跟範例清單 6-1 原本查詢裡的部分資料表（country、region 和 viticultural_area）進行合併查詢。利用這樣的方式，能簡化原本需要對六個資料表執行的大型查詢。做法是將其中三個資料表隔離到暫存資料表，再將暫存資料表跟其他三個資料表進行合併查詢，這個查詢回傳的結果跟範例清單 6-1 相同。

動手試試看

資料庫 canada 包含此處顯示的幾個資料表：province、capital_city 和 tourist_attraction。

資料表 province 如下所示：

```
province_id   province_name          official_language
-----------   --------------------   ------------------
          1   Alberta                English
          2   British Columbia       English
          3   Manitoba               English
          4   New Brunswick          English, French
          5   Newfoundland           English
          6   Nova Scotia            English
          7   Ontario                English
          8   Prince Edward Island   English
          9   Quebec                 French
         10   Saskatchewan           English
```

資料表 capital_city 如下所示：

```
city_id   city_name       province_id
-------   ---------       -----------
      1   Toronto                   7
      2   Quebec City               9
      3   Halifax                   5
      4   Fredericton               4
      5   Winnipeg                  3
      6   Victoria                  2
      7   Charlottetown             8
      8   Regina                   10
      9   Edmonton                  1
     10   St. Johns                 5
```

資料表 tourist_attraction 如下所示：

```
attraction_id   attraction_name       attraction_city_id   open_flag
-------------   ---------------       ------------------   ---------
            1   CN Tower                               1   true
```

2	Old Quebec	2	true
3	Royal Ontario Museum	1	true
4	Place Royale	2	true
5	Halifax Citadel	3	true
6	Garrison District	4	true
7	Confederation Centre of...	7	true
8	Stone Hall Castle	8	true
9	West Edmonton Mall	9	true
10	Signal Hill	10	true
11	Canadian Museum for Human...	5	true
12	Royal BC Museum	6	true
13	Sunnyside Amusement Park	1	false

6-2. 請撰寫查詢程式碼，在這三個資料表間進行內部合併查詢。從資料表 tourist_attraction 選取資料欄 attraction_name，資料表 capital_city 選取資料欄 city_name，資料表 province 則選取資料欄 province_name。

資料表 attraction 只會選取 open_flag 設定為 true 的資料列，資料表 province 則只會選取 official_language 設定為 French 的資料列。

6-3. 請建立暫存資料表 open_tourist_attraction，從資料表 tourist_attraction 選取資料欄 attraction_city_id 和 attraction_name，且該資料列的 open_flag 值必須為 true。

6-4. 請撰寫查詢程式碼，將練習題 6-2 建立的暫存資料表 open_tourist_attraction 跟資料表 capital_city 進行合併。從暫存資料表 open_tourist_attraction 選取資料欄 attraction_name，資料表 capital_city 則選取資料欄 city_name；資料表 capital_city 只會選取 city_name 為 Toronto 的資料列。

通用資料表運算式

通用資料表運算式（Common Table Expression，簡稱 CTE）是 MySQL 8.0 版才導入的功能，利用這項功能，我們可以為暫存結果集命名，然後跟資料表一樣，從中選取資料。通用資料表運算式只能在單次查詢期間使用，暫存資料表的使用效力則可以持續整個 Session 期間。下方範例清單 6-3 示範如何使用通用資料表運算式，以簡化範例清單 6-1 的查詢工作：

範例清單 6-3：通用資料表運算式的命名與查詢方式

```
❶ with winery_portfolio_cte as
(
    select w.winery_name,
```

```
             w.viticultural_area_id
    from     winery w
    join     portfolio p
      on     w.winery_id = p.winery_id
     and     w.offering_tours_flag is true
     and     p.in_season_flag is true
    join     wine_type t
      on     p.wine_type_id = t.wine_type_id
     and     t.wine_type_name = 'Merlot'
  )
❷ select c.country_name,
         r.region_name,
         v.viticultural_area_name,
         wp.winery_name
  from     country c
  join     region r
    on     c.country_id = r.country_id
   and     c.country_name = 'USA'
  join     viticultural_area v
    on     r.region_id = v.region_id
❸ join     winery_portfolio_cte wp
    on     v.viticultural_area_id = wp.viticultural_area_id;
```

這個範例程式碼先利用關鍵字 with 為通用資料表運算式命名，此處
將儲存查詢結果的資料表名稱定義為 winery_portfolio_cte（請見小
括號內的程式碼）❶。然後加入另一個查詢 ❷，跟使用資料表一樣的方
式，對 winery_portfolio_cte 進行合併查詢 ❸，查詢結果會跟範例清
單 6-1 一樣。

通用資料表運算式和暫存資料表雖然都是以類似資料表的格式，暫時
儲存查詢結果。不過，暫存資料表在單次 Session 存在期間可以使用多
次（也就是可以使用在多個查詢裡），通用資料表運算式的使用期間
只限於本身被定義的單次查詢期間。範例清單 6-3 執行完畢後，讀者
如果試著執行另一個查詢，從 winery_portfolio_cte 選取資料：

```
select * from winery_portfolio_cte;
```

會得到錯誤訊息：

```
Error Code: 1146. Table 'wine.winery_portfolio_cte' doesn't exist
```

問題出在 MySQL 嘗試尋找資料表 winery_portfolio_cte，但這個資料
表已經不存在，所以找不到一點也不奇怪。此外，通用資料表運算式
只能存在於單次查詢期間，查詢結束後就無法繼續使用。

遞迴通用資料表運算式

當我們需要引用物件本身時，就會用到遞迴（recursion）這項技巧。每當我想到遞迴，就會聯想到俄羅斯娃娃。

打開最大的俄羅斯娃娃時，會發現裡面有小一點的娃娃；繼續打開那個娃娃之後，會找到更小一點的娃娃；重複打開娃娃，直到在中央找到最小的娃娃為止。換句話說，為了看到所有的娃娃，我們要從最大的娃娃開起，然後重複打開每一個更小的娃娃，直到找到內部沒有包含其他娃娃的那個娃娃為止。

當資料是階層組織或是一連串的值，而且必須知道前一個值才能找到目前的值，遇到這種情況時，遞迴就是很好用的技巧。

遞迴通用資料表運算式（簡稱遞迴 CTE）會引用自身，具有兩個 select 陳述式，由 union 陳述式隔開。請看下方這個遞迴 CTE，borg_scale_cte 包含一連串介於 6 到 20 的數字：

```
❶ with recursive borg_scale_cte as
   (
     ❷ select    6 as current_count
        union
     ❸ select    current_count + 1
        from      borg_scale_cte
     ❹ where     current_count < 20
   )
   select * from borg_scale_cte;
```

上方程式碼是先定義 CTE 為 recursive，命名為 borg_scale_cte ❶。然後讓第一個 select 陳述式回傳第一個資料列（含有數字 6）❷，第二個 select 陳述式則回傳其他所有資料列（包含數字 7 到 20）。只要 current_count 的值小於 20 ❹，資料欄 current_count 的值就會持續加 1，並且選擇產生出來的數字 ❸。

最後一行程式碼使用萬用字元 *，從 CTE 表中選取出所有的值，回傳結果如下：

```
current_count
-------------
            6
            7
            8
            9
           10
           11
```

```
12
13
14
15
16
17
18
19
20
```

其他使用案例還有，將遞迴 CTE 表當作一般資料表使用，跟其他資料表進行合併查詢。

衍生資料表

針對單次查詢期間使用的結果資料表，除了以 CTE 建立，另一種替代方案是衍生資料表。建立衍生資料表的寫法，請見下方小括號內的 SQL 程式碼：

```
select    wot.winery_name,
          t.wine_type_name
from      portfolio p
join wine_type t
on        p.wine_type_id = t.wine_type_id
join (
    select *
    from    winery
    where   offering_tours_flag is true
    ) wot
On        p.winery_id = wot.winery_id;
```

上方小括號內的查詢程式碼會產生衍生資料表 wot（*wineries offering tours* 的簡稱，意指有提供導覽行程的酒莊），將 wot 視為另一個資料表，跟資料表 portfolio 和 wine_type 進行合併查詢，從中選取資料欄。跟 CTE 一樣，衍生資料表只能在單次查詢期間使用。

多數人選擇使用衍生資料表，而不用 CTE 的原因通常是因為風格；但也有些開發人員偏好使用 CTE，因為他們覺得 CTE 更具可讀性。不過，如果需要用到遞迴技巧，就必須使用 CTE。

子查詢

子查詢（或內層查詢）是套在另一個 SQL 查詢裡的某個查詢程式碼，作用是回傳主查詢隨後要用的資料。當查詢具有子查詢時，MySQL 會先執行子查詢，再從資料庫選取產生出來的值，然後回傳給外層查詢。以下方程式碼為例，SQL 陳述式利用子查詢，從資料庫 wine 回傳一份美國所有葡萄酒產區清單：

```
❶ select region_name
  from    region
  where   country_id =
  (
    ❷ select country_id
      from    country
      where   country_name = 'USA'
  );
```

查詢結果如下：

```
region_name
------------------
Napa Valley
Walla Walla Valley
Texas Hill
```

這個查詢具有兩個部分：外層查詢 ❶ 和子查詢 ❷。如果嘗試在沒有外層查詢的環境下，單獨執行子查詢：

```
    select country_id
    from    country
    where   country_name = 'USA';
```

回傳結果顯示美國（USA）的 country_id 是 3：

```
country_id
----------
    3
```

在這個查詢裡，3 會從子查詢傳到外層查詢，讓整個 SQL 陳述式運算最後的結果：

```
select region_name
from   region
where  country_id = 3;
```

在 country_id 為 3（USA）的情況下，回傳一份葡萄酒產區清單：

```
region_name
------------------
Napa Valley
Walla Walla Valley
Texas Hill
```

子查詢 —— 回傳多個資料列

子查詢能回傳多個資料列。下方查詢跟前面的範例一樣，只不過這次不只有美國（USA），還包含所有其他國家：

```
  select region_name
  from   region
❶ where  country_id =
  (
      select country_id
      from   country
❷ --  where  country_name = 'USA' -  line commented out
  );
```

在子查詢裡，原本用於指定只想列出美國產區的程式碼，現在已經被註解掉 ❷，變成所有國家的 country_id 都會回傳。然而，現在執行這個查詢時，MySQL 不會回傳產區清單，反而是回傳錯誤訊息：

```
Error Code: 1242. Subquery returns more than 1 row
```

問題出在我們使用了語法 =，所以外層查詢認為子查詢只會回傳一列資料，可是子查詢卻回傳了三列資料：country_id 為 3 的 USA、country_id 為 1 的 France 和 country_id 為 2 的 Spain。因此，唯有在子查詢不可能回傳多列資料列時，才應該使用語法 =。

這是一個常見的錯誤，讀者撰寫查詢時應該多注意。許多開發人員撰寫查詢時，明明測試過可以運作，但某一天卻突然開始產生錯誤訊息「Subquery returns more than 1 row」（子查詢回傳一列以上的資料）。雖然查詢程式碼沒有做任何更改（跟前面範例中註解掉一行程

式碼的情況不同），但其實資料庫內的資料已經有所變動。舉個例子，可能有新的資料列加入資料表，才會造成開發人員撰寫的子查詢以往只會回傳一列資料，現在卻變成會回傳多列資料。

讀者若想撰寫查詢程式碼，讓其中的子查詢可以回傳多列資料，就要改用關鍵字 in 來取代 = ：

```
select  region_name
from    region
where   country_id in
(
    select  country_id
    from    country
--  where   country_name = 'USA' -  line commented out
);
```

上方程式碼已經將 = 換成 in，如此一來，外層查詢就能接受子查詢回傳多列資料，不會出現錯誤訊息，並且能取得所有國家的產區清單。

動手試試看

假設各位讀者現正任職於一家人力派遣公司，你收到回報，表示以往可以順利執行的查詢，現在不僅無法執行，還會跳出錯誤訊息「Subquery returns more than 1 row」。於是，公司要求你修正這個查詢：

```
select  employee_id,
        hat_size
from    wardrobe
where   employee_id =
(
        select  employee_id
        from    employee
        where   position_name = 'Pope'
);
```

資料庫 attire 底下有資料表 wardrobe 和 employee。

資料表 wardrobe 如下所示：

```
employee_id  hat_size
-----------  --------
          1      8.25
          2      7.50
          3      6.75
```

資料表 employee 如下所示：

```
employee_id  employee_name  position_name
-----------  -------------  -------------
    1        Benedict       Pope
    2        Garth          Singer
    3        Francis        Pope
```

6-5. 編號 3 的員工最近剛加進資料庫裡，請問該如何修正這個查詢程式碼？明明是相同的查詢，為什麼以往可以正常運作，現在卻無法執行，你認為原因是什麼？

關聯子查詢

關聯子查詢的做法，是將子查詢從資料表選取的資料欄跟外層查詢從資料表選取的資料欄，兩者一起進行合併查詢。

一起來看資料庫 pay 的兩個資料表：best_paid 和 employee。資料表 best_paid 顯示業務部門的最高薪資是 20 萬美元，製造部門的最高薪資則是 8 萬美元：

```
department    salary
----------    ------
Sales         200000
Manufacturing  80000
```

資料表 employee 儲存的員工清單裡有名字、所屬部門及其薪資：

```
employee_name   department     salary
-------------   -------------  ------
Wanda Wealthy   Sales          200000
Paul Poor       Sales           12000
Mike Mediocre   Sales           70000
Betty Builder   Manufacturing   80000
Sean Soldering  Manufacturing   80000
Ann Assembly    Manufacturing   65000
```

下方程式碼要利用關聯子查詢，找出每個部門裡薪資最高的員工：

```
select employee_name,
       salary
from   employee e
```

```
where  salary =
       (
       select  b.salary
       from    best_paid b
       where   b.department = e.department
       );
```

外層查詢是從資料表 employee 選取員工姓名和薪資，內層子查詢則是將外層查詢的結果和資料表 best_paid 進行合併查詢，判斷這名員工是否擁有該部門的最高薪資。

查詢結果如下：

```
employee_name    salary
-------------    ------
Wanda Wealthy    200000
Betty Builder     80000
Sean Soldering    80000
```

上方結果顯示 Wanda 是業務部門裡薪資最高的員工，Betty 和 Sean 則是兩人並列為製造部門裡薪水最高的員工。

動手試試看

資料庫 monarchy 內的資料表 royal_family 包含以下資料：

```
name                                birthdate
------------------------------      ----------
Prince Louis of Cambridge           2018-04-23
Princess Charlotte of Cambridge     2015-05-02
Prince George of Cambridge          2013-07-22
Prince William, Duke of Cambridge   1982-06-21
Catherine, Duchess of Cambridge     1982-01-09
Charles, Prince of Whales           1948-11-14
Queen Elizabeth II                  1926-04-21
Prince Andrew, Duke of York         1960-02-19
```

6-6. 請撰寫查詢程式碼，用以選取這個資料表內的所有資料欄，並且依照資料欄 birthdate 進行排序。

6-7. 在查詢程式碼的末尾加進 limit 1，看看誰才是資料表中最年長的皇室成員。

6-8. 現在請修改查詢程式碼，依據資料欄 birthdate 遞減排列。然後在查詢程式碼的末尾加進 limit 3，看看資料表中哪三位才是最年輕的皇室成員。

重點回顧與小結

讀者在本章已經學到如何撰寫會用到多個資料表的複雜 SQL 陳述式。了解如何對具有數個資料列的查詢結果進行限制或合併，以及把結果集當成資料表使用，探索撰寫查詢時有哪些不同的做法。下一章的學習主軸有：比較不同的查詢值（例如，檢查某一個值是否大於另一個值）、比較不同資料型態的查詢值以及檢查某個查詢值是否符合某個模式。

7

比較不同的查詢值

本章學習主軸是探討如何在 MySQL 比較不同的查詢值。練習檢查不同的值是否相等、一個值是否大於或小於另一個值，以及某個值是否落於指定範圍內或是符合某個模式，還會學到如何檢查某個查詢值是否至少滿足其中一個條件。

現實生活中有各種情境都會需要比較不同的查詢值，這是很實用的技巧，例如，檢查員工的工時是否超過 40 個小時以上、飛機航班的狀態是否未被取消或是度假目的地的平溫氣溫是否介於華氏 70 到 95 度之間。

比較運算子

利用 MySQL 提供的比較運算子（如表 7-1 所示）比較不同的查詢值。

表 7-1：MySQL 提供的比較運算子

符號或關鍵字	說明
=	相等
!=, <>	不相等
>	大於
>=	大於或等於
<	小於
<=	小於或等於
is null	空值
is not null	非空值
in	符合清單裡的某個值
not in	不符合清單裡的某個值
between	落在某個範圍內
not between	沒有落在某個範圍內
like	符合某個模式
not like	不符合某個模式

這些運算子的作用是讓我們將其他值跟資料庫的值進行比較。利用這些比較運算子，若發現資料符合我們定義的準則，就可以據此決定選擇使用這些資料。接下來，本書會以多個資料庫為範例，帶讀者一起深入探討 MySQL 的比較運算子。

相等

先前第 5 章有介紹過相等運算子「 = 」，其作用是讓我們檢查多個值之間彼此是否相等，因而達成特定結果。以下方程式碼為例，此處是使用運算子 = 搭配資料庫 wine 的資料表（引用自第 6 章）：

```
select    *
from      country
where     country_id = 3;
```

上方查詢的目的是要從資料表 country 裡，選取出 country_id 等於 3 的所有國家。

下方查詢中則是使用運算子 = 來搭配字串，而非數字：

```
select   *
from     wine_type
where    wine_type_name = 'Merlot';
```

這個查詢的目的是從資料表 wine_type 裡，選取出名字為 Merlot 的所有葡萄酒，也就是指定 wine_type_name 等於 Merlot。

先前我們在第 5 章有學到如何合併查詢兩個資料表，那時用到的程式碼雖然跟以下查詢類似，但此處是利用運算子 =，比較分別來自兩個資料表而且資料欄名稱相同的值。

```
select   c.country_name
from     country c
join     region r
  on     c.country_id = r.country_id;
```

這個查詢的作用是對資料表 region 和 country 各自的資料欄 country_id，合併查詢所有兩邊資料欄都相等的值。

在這些範例中，每一個語法 = 都是用於檢查運算子左邊的值是否跟運算子右邊的值相同，還可以利用 = 搭配子查詢，回傳一行資料列：

```
select *
from     region
where    country_id =
(
    select country_id
    from    country
    where   country_name = 'USA'
);
```

上方程式碼採用這種方法，利用 = 搭配外部查詢來檢查資料表裡的資料列；在這個查詢裡，資料表 region 的資料欄 country_id 要符合整個子查詢的結果。

NOTE 不論使用哪一個比較運算子，讀者都應該拿資料型態相同的值來進行比較。例如，應該避免在查詢裡將 int 和 varchar 這兩個型態的值互相比較。MySQL 在某些情況下可以執行自動轉換，但這不是最佳實務做法。

不相等

不相等是以符號 <> 或 != 表示，其中符號 < 是小於，符號 > 是大於，所以符號 <> 的意思是小於或大於；符號 ! 的意思是否定，所以符號 != 的意思是不相等。運算子 != 和 <> 兩者的作用相同，所以讀者要使用哪一個語法都沒有關係。

當我們想從查詢結果中排除某些資料時，就非常適合使用不相等運算子。舉個例子，你可能是一名演奏斑鳩琴的樂者，正在尋找音樂家夥伴，想要開始組樂團。既然你本身會彈奏斑鳩琴，尋找時就可以將想要在清單中看到的樂器先去除斑鳩琴：

```
select  *
from    musical_instrument
where   instrument != 'banjo';
```

此處程式碼是對資料表 musical_instrument 使用運算子 not equal，將回傳的樂器清單中排除斑鳩琴。

我們再舉個例子，假設各位讀者正在規劃一場婚禮，你已經事先知道 2024 年 2 月 11 日那天有約，所以規劃時必須排除這個日期：

```
select  *
from    possible_wedding_date
where   wedding_date <> '2024-02-11';
```

如此一來，資料表 possible_wedding_date 的婚禮候選日期清單就已經排除 2024 年 2 月 11 日。

大於

「大於」運算子的作用是檢查運算子左邊的值是否大於右邊的值，以符號「>」表示。舉例說明，假設我們正在尋找薪水（salary）超過十萬美元的工作，而且到職日期（start_date）是在 2024 年 1 月 20 日之後。我們要利用下方查詢，從資料表 job 選取出符合這些要求的工作：

```
select  *
from    job
where   salary > 100000
and     start_date > '2024-01-20';
```

這個查詢只會回傳符合這兩項條件的職缺。

大於或等於

「大於或等於」運算子是以符號「>=」表示。以前一個查詢為例，將程式碼改寫成從資料表中選取所有符合這兩項條件的職缺：薪水（salary）等於或高於十萬美元，且到職日期（start_date）是 2024 年 1 月 20 日或晚於這個日期：

```
select   *
from     job
where    salary >= 100000
and      start_date >= '2024-01-20';
```

> 和 >= 兩者間的差異在於，>= 包含的值會列在查詢結果裡。在前面的範例中，>= 會回傳薪水（salary）剛好是十萬美元的職缺，但 > 則不會回傳。

小於

「小於」運算子是以符號「<」表示，例如，執行下方查詢可以檢視晚上 10 點前開始的所有比賽：

```
select *
from   team_schedule
where  game_time < '22:00';
```

MySQL 是以軍用格式表示時間，採用 24 小時制。

小於或等於

「小於或等於」運算子是以符號「<=」表示，此處延伸前一個查詢範例，選出所有 game_time 早於或剛好是晚上 10 點的資料列：

```
select *
from   team_schedule
where  game_time <= '22:00';
```

如果某個資料列的 game_time 剛好是 22:00（晚上 10 點），使用 <= 會回傳這個資料列，但使用 < 則不會。

is null（空值）

如同先前第 2 章和第 3 章所討論的，null 是特殊值，表示該項資料不適用或無法取得資料。語法 is null 的作用是讓我們指定：希望資料表只回傳空值。舉個例子，假設我們想要查詢資料表 employee，列出當中尚未退休或沒有設定退休日期的員工：

```
select    *
from      employee
where     retirement_date is null;
```

如此一來，這個查詢就只會回傳 retirement_date 是 null 的資料列：

```
emp_name    retirement_date
--------    ---------------
Nancy       null
Chuck       null
Mitch       null
```

只有利用比較運算子 is null 才能檢查空值，例如使用 = null 就無法達成這個目的：

```
select *
from    employee
where   retirement_date = null;
```

即使資料表內含有空值，上方程式碼使用的語法也不會回傳任何含有空值的資料列。在這個情況下，由於 MySQL 不會拋出錯誤，我們可能不會意識到回傳的資料有誤。

is not null（非空值）

利用 is not null，我們可以檢查不是 null 的值。假設我們想要反轉前一個範例的邏輯，改成確認已經退休或是有設定退休日期的員工：

```
select *
from    employee
where   retirement_date is not null;
```

現在這個查詢範例會變成回傳 retirement_date 不是 null 的資料列：

```
emp_name   retirement_date
--------   ---------------
Alfred     2034-01-08
Latasha    2029-11-17
```

跟前面使用 is null 的情況一樣，這種類型的查詢必須使用語法 is not null。若使用其他語法，像是 != null 或 <> null 均無法產生正確的結果：

```
select *
from    employee
where   retirement_date != null;
```

上方查詢程式碼嘗試使用語法 != null，結果會跟先前看到使用 = null 的情況一樣，MySQL 不會回傳任何資料列，而且不會提出任何錯誤警告。

in（在一組指定值內）

利用關鍵字 in，我們可以指定一份清單，內含希望查詢回傳的多個值。重新來看先前用過的範例資料庫 wine，從其中的資料表 wine_type 回傳特定的葡萄酒：

```
select    *
from    wine_type
where   wine_type_name in ('Chardonnay', 'Riesling');
```

上方查詢程式碼會回傳 wine_type_name 是 Chardonnay 或 Riesling 的資料列。

另一種做法是將關鍵字 in 跟子查詢搭配使用，從另一個資料表選擇一份葡萄酒種類的清單：

```
select    *
from    wine_type
where   wine_type_name in
        (
        select   wine_type_name
        from     cheap_wine
        );
```

此處回傳查詢結果時，是改從資料表 cheap_wine 選取出所有葡萄酒種類，取代先前將葡萄酒種類清單寫在程式碼裡面直接提供的做法。

not in（排除一組指定值）

此處我們要反轉前一個範例的邏輯，利用 not in 來排除某些種類的葡萄酒：

```
select  *
from    wine_type
where   wine_type_name not in ('Chardonnay', 'Riesling');
```

這個查詢程式碼會回傳所有 wine_type_name 不是 Chardonnay 或 Riesling 的資料列。

如果要選取出不在資料表 cheap_wine 裡面的葡萄酒種類，可以在子查詢內使用 not in，如下所示：

```
select  *
from    wine_type
where   wine_type_name not in
        (
        select  wine_type_name
        from    cheap_wine
        );
```

上方查詢程式碼是排除資料表 cheap_wine 含有的葡萄酒種類。

between（在指定範圍內）

利用運算子 between，檢查某一個值是否落於指定範圍內。舉個例子，假設我們想列出資料表 customer 裡的千禧世代，也就是搜尋出生於 1981 年到 1996 年之間的人：

```
select  *
from    customer
where   birthyear between 1981 and 1996;
```

關鍵字 between 會包含範圍邊界，意思是說，檢查指定範圍內的每個 birthyear 時，有包含 1981 年和 1996 年。

not between（非指定範圍內）

利用運算子 not between，檢查某一個值是否不在指定範圍內。下方查詢使用跟前一個範例相同的資料表，改成找出不是千禧世代的顧客：

```
select  *
from    customer
where   birthyear not between 1981 and 1996;
```

運算子 not between 回傳的顧客清單跟 between 相反，而且不包含範圍邊界，所以上方這個查詢會排除出生於 1981 年或 1996 年的顧客，因為這兩個年份是屬於 between 1981 and 1996 的一部分。

like（符合某個模式）

運算子 like 的作用是讓我們檢查某一個字串是否符合某個模式。舉例來說，假設我們想找出 No Starch Press 出版的書籍，此時就可以利用 like，幫助我們檢查某一本書的國際標準書號（ISBN）是否包含 No Starch 出版社的編碼 59327。

指定比對模式時，我們可以將這兩個萬用字元的其中一個跟運算子 like 搭配使用：百分比（%）或底線（_）。

「%」字元

萬用字元「%」可以用來比對任何數量的字元，例如，假設我們想回傳一份億萬富豪清單，而且這些富豪的姓氏開頭是英文字母 M，可以將萬用字元「%」搭配 like 一起使用：

```
select  *
from    billionaire
where   last_name like 'M%';
```

上方查詢程式碼會尋找姓氏開頭是英文字母 M 的億萬富豪，M 後面可能完全沒有接任何字元或是接更多其他字元。意思是說 like 'M%' 比對時符合條件的情況有：只有英文字母 M，後面沒有接任何字元；或是英文字母 M 後面接幾個字元，像是 Musk；或者是 M 後面接很多字元，像是 Melnichenko。

查詢結果如下所示：

first_name	last_name
Elon	Musk
Jacqueline	Mars
John	Mars
Andrey	Melnichenko

我們還可以使用兩個 % 字元，尋找位於字串裡任何位置的字元，不管這個字元是出現在字串開頭、中間還是結尾。以下方查詢程式碼為例，目的是尋找姓氏中含有英文字母 *e* 的億萬富豪：

```
select    *
from      billionaire
where     last_name like '%e%';
```

查詢結果如下所示：

first_name	last_name
Jeff	Bezos
Bill	Gates
Mark	Zuckerberg
Andrey	Melnichenko

上方程式碼中的語法 last_name like '%e%' 雖然便利，但會導致查詢的執行速度比平常還慢。這是因為在搜尋模式的開頭使用萬用字元 % 時，MySQL 無法利用資料欄 last_name 建立的任何索引值。（讀者應該還記得，索引是用來幫助 MySQL 將查詢效能最佳化；若需要複習，請參見第 2 章「索引」一節的內容。）

「_」字元

萬用字元「_」可以用來比對任何字元。例如，假設我們要找一位聯絡人，但不記得她的名字是 Jan 還是 Jen，此時我們可以撰寫查詢程式碼，選取出可能符合條件的名字：開頭是字母 *J*，後面接萬用字元，最後是接字母 *n*。

此處的查詢程式碼是使用萬用字元「_」回傳一份名詞清單，其中每個名詞具有三個字母而且結尾是 *at*：

```
select   *
from     three_letter_term
where    term like '_at';
```

查詢結果如下所示：

```
term
----
cat
hat
bat
```

not like（不符合某個模式）

利用運算子 not like，我們可以找出不符合某個模式的字串，同樣能搭配萬用字元 % 和 _ 一起使用。借用前面運算子 like 的範例程式碼，改成輸入以下語法，會反轉其中的邏輯：

```
select   *
from     three_letter_term
where    term not like '_at';
```

下方查詢結果的單字雖然都是在資料表 three_letter_term 裡，但單字結尾都不是 *at*：

```
term
----
dog
egg
ape
```

同樣地，我們可以利用下方的查詢程式碼，找出姓氏開頭不是英文字母 *M* 的億萬富豪：

```
select   *
from     billionaire
where    last_name not like 'M%';
```

查詢結果如下所示：

```
first_name    last_name
----------    ---------
Jeff          Bezos
Bill          Gates
Mark          Zuckerberg
```

exists（子查詢是否有回傳任何結果）

運算子 exists 的作用是檢查子查詢是否至少有回傳一個資料列。此處我們要先回到前面 not between 用過的範例資料表 customer，利用 exists 確認資料表裡是否至少有一位顧客出生於千禧世代：

```
select 'There is at least one millennial in this table'
where exists
(
    select  *
    from    customer
    where   birthyear between 1981 and 1996
);
```

由於資料表 customer 裡有好幾名顧客屬於千禧世代，所以查詢結果是：

```
There is at least one millennial in this table
```

如果完全沒有顧客出生於 1981 年到 1996 年之間，查詢結果不會回傳任何資料列，也不會顯示文字「There is at least one millennial in this table」（資料表裡至少有一位顧客屬於千禧世代）。

讀者或許有看過跟下方相同的查詢程式碼，其中的子查詢是將 select * 改寫成 select 1：

```
select 'There is at least one millennial in this table'
where exists
(
    select  1
    from    customer
    where   birthyear between 1981 and 1996
);
```

在這個查詢裡，使用 select* 或 1 都沒有關係，因為只要有找到至少一位顧客符合描述的條件即可，我們真正關心的重點會放在內部合併查詢是否有回傳某些結果。

檢查布林值

第 4 章已經學過，布林型態只會有這兩個值的其中一個：true 或 false。利用特殊語法 is true 或 is false，只會回傳其中一個值或另一個值的查詢結果。下方這個範例是對資料表 bachelor 的資料欄 employed_flag 使用語法 is true，然後回傳一份清單，列出擁有學士學位而且已經獲得僱用的人：

```
select  *
from    bachelor
where   employed_flag is true;
```

根據這個查詢程式碼，MySQL 回傳的資料列只會有取得學士學位且獲得僱用的人。

如果要檢查取得學士學位的人裡，哪些人的 employed_flag 值是設成 false，就要改用 is false：

```
select  *
from    bachelor
where   employed_flag is false;
```

如此一來，MySQL 回傳的資料列裡就只有那些取得學士學位但未獲得僱用的人。

我們還可以使用其他方法來檢查資料欄的布林值，以下這幾行程式碼效果相同，都可以檢查 true 值：

```
employed_flag is true
employed_flag
employed_flag = true
employed_flag != false
employed_flag = 1
employed_flag != 0
```

下面這幾行程式碼的效果一樣，都是檢查 false 值：

```
employed_flag is false
not employed_flag
employed_flag = false
employed_flag != true
employed_flag = 0
employed_flag != 1
```

如同此處所看到的程式碼，指定為 1 的值相當於 true，指定為 0 的值相當於 false。

or 條件

利用 MySQL 支援的關鍵字 or，可以檢查是否滿足兩個條件的其中一個。

請看以下資料表 applicant，包含求職者的資訊。

```
name          associates_degree_flag  bachelors_degree_flag  years_experience
-----------   ----------------------  ---------------------  ----------------
Joe Smith              0                        1                    7
Linda Jones            1                        0                    2
Bill Wang              0                        1                    1
Sally Gooden           1                        0                    0
Katy Daly              0                        0                    0
```

資料表中的資料欄 associates_degree_flag 和 bachelors_degree_flag 都是布林值，其中 0 表示 false，1 表示 true。

下方查詢是從資料表 applicant 選取出合格的求職者清單，求職者必須擁有學士學位或至少兩年以上的工作經驗：

```
select  *
from    applicant
where   bachelors_degree_flag is true
or      years_experience >= 2;
```

查詢結果如下：

name	associates_degree_flag	bachelors_degree_flag	years_experience
Joe Smith	0	1	7
Linda Jones	1	0	2
Bill Wang	0	1	1

假設我們要撰寫一個同時用到關鍵字 and 和 or 的查詢程式碼，前者必須滿足兩個條件，後者只要滿足其中一個條件即可。在這個情況下，我們可以使用小括號，將條件彙整在同一個群組裡，MySQL 才會回傳正確的結果。

讓我們來看看，使用小括號能帶來什麼好處。此處是利用資料表 applicant 建立另外一個查詢程式碼，某個新職缺需要求職者擁有至少兩年以上的工作經驗，以及專科或學士學位：

```
select  *
from    applicant
where   years_experience >= 2
and     associates_degree_flag is true
or      bachelors_degree_flag is true;
```

這個查詢沒有產生我們預期的結果：

name	associates_degree_flag	bachelors_degree_flag	years_experience
Joe Smith	0	1	7
Linda Jones	1	0	2
Bill Wang	0	1	1

Bill 明明沒有兩年以上的工作經驗，他為什麼會出現在結果集裡？

這是因為前一頁的查詢程式碼有同時用到 and 和 or。就運算子優先序來說，and 比 or 高，也就是說在判斷 or 的條件之前，會先判斷 and 的

條件，因此導致查詢在找應徵者時，變成至少符合下方兩個條件的其中一個：

- 具有兩年以上的工作經驗和擁有專科學位

或是

- 擁有學士學位

這跟我們當初撰寫查詢時的設計目的不同，為了更正問題，我們要使用小括號將條件彙整在同一個群組裡：

```
select   *
from     applicant
where    years_experience >= 2
and      (
         associates_degree_flag is true
or       bachelors_degree_flag is true
         );
```

如此一來，現在查詢找到的應徵者就會變成符合以下這些條件：

- 具有兩年以上的工作經驗

以及

- 擁有專科或學士學位

查詢結果現在應該會符合我們的預期：

name	associates_degree_flag	bachelors_degree_flag	years_experience
Joe Smith	0	1	7
Linda Jones	1	0	2

NOTE 即使有些情況是加了括號也不會改變查詢回傳的結果，使用小括號仍舊是實務上的最佳做法，因為能提升程式碼的可讀性。

動手試試看

7-2. 資料庫 airport 內的資料表 boarding 包含以下資料：

```
passenger_name  license_flag  student_id_flag  soc_sec_card_flag
--------------  ------------  ---------------  -----------------
Frank Flyer          1              0                  0
Rhonda Runway        0              0                  1
Sam Suitcase         0              1                  1
Pam Prepared         1              1                  1
```

為了登機，乘客必須擁有駕照和身分證明文件（學生證或社會安全卡二擇一）。
於是，寫入下方查詢程式碼，確認能允許哪些乘客登機：

```
select   *
from     boarding
where    license_flag is true
and      student_id_flag is true
or       soc_sec_card_flag is true;
```

但執行查詢之後沒有回傳正確的結果：

```
passenger_name  license_flag  student_id_flag  soc_sec_card_flag
--------------  ------------  ---------------  -----------------
Rhonda Runway        0              0                  1
Sam Suitcase         0              1                  1
Pam Prepared         1              1                  1
```

在上方查詢結果裡，只有 Pam Prepared 應該出現在乘客清單裡。各位讀者覺得
該如何修改查詢程式碼，才能取得正確的結果？

重點回顧與小結

讀者在本章已經學到各種運用 MySQL 比較運算子的方法，用於比較不同的查詢值，例如，檢查不同的值是否相等、是否為空值、是否落於某個範圍內或者是否符合某個模式，還學到如何檢查某些查詢值是否至少滿足其中一個條件。下一章的學習主軸有：了解如何使用 MySQL 內建函式，包括處理數學、日期和字串的函式；認識彙總函式，以及如何運用這些函式來處理一群值。

8

呼叫 MYSQL 內建函式

MySQL 已經預先寫好數百個函式，提供給使用者執行各種工作任務。本章學習主軸有：複習一些常見的函式，藉此學習如何在查詢時呼叫函式；學習運用彙總函式，這類函式會根據資料庫的多列資料進行運算，彙總成單一值然後回傳；還有其他協助我們執行數學計算、處理字串和日期等等功能的函式。

後續第 11 章會學到如何建立自訂函式，但現階段我們會把重點擺在呼叫 MySQL 最好用的內建函式。讀者若想獲得 MySQL 內建函式的最新清單，最佳來源是 MySQL 參考手冊。請在線上搜尋「MySQL built-in function and operator reference」（MySQL 內建函式與運算子參考資料），然後將搜尋到的網頁加入瀏覽器的書籤。

何謂函式？

函式（function）是一組預先儲存的 SQL 陳述式，用於執行某項工作任務，然後回傳某個值。以函式 pi() 為例，這個函式的作用是確認 pi 值並且回傳。下方程式碼是一個簡單的查詢範例，目的是呼叫函式 pi()：

```
select pi();
```

到目前為止，我們看過的查詢大多包含 from 子句，而且指定要使用哪一個資料表。然而，在這個查詢裡，因為沒有從任何資料表選取資料，所以呼叫函式時不需要使用 from 子句。函式回傳結果如下：

```
pi()
----------
3.141593
```

針對這類常見的工作任務，使用 MySQL 提供的內建函式是更合理的做法，不必每次需要這個值就去記住一次。

傳遞引數給函式

剛剛我們看過了，函式會回傳值。除此之外，我們還可以傳值給某些函式，在呼叫函式時指定函式應該使用的值，傳給函式的值稱為引數（argument）。

為了了解引數如何運作，接下來會以呼叫函式 upper() 為例，這個函式會接受一個引數：字串值，判斷該字串相當於哪些大寫字母，然後回傳。下方查詢程式碼呼叫函式 upper()，指定文字 rofl 作為引數：

```
select upper('rofl');
```

結果如下所示：

```
upper('rofl')
-------------
ROFL
```

這個函式將每一個字母轉換成大寫，然後回傳 ROFL。

動手試試看

8-1. 請使用函式 lower()，這個函式會接受一個引數，然後回傳字串的小寫版本。以引數 E.E. Cummings 呼叫函式 lower()，看看函式會回傳什麼。

8-2. 函式 now() 的作用是回傳當前的日期和時間，呼叫 now() 的時候不需要引數。

某些函式可以指定一個以上的引數。以函式 datediff() 為例，這個函式允許我們指定兩個日期作為引數，然後回傳兩個日期之間相隔的天數。下方程式碼呼叫 datediff()，目的是找出 2024 年的聖誕節和感恩節之間相隔幾天。

```
select datediff('2024-12-25', '2024-11-28');
```

結果如下：

```
datediff('2024-12-25', '2024-11-28')
27
```

在上方程式碼裡，我們呼叫了函式 datediff()，指定了兩個引數，分別是聖誕節和感恩節的日期，並且以英文逗號隔開兩個引數值。函式計算了兩個日期相隔的天數，然後回傳值（27）。

不同函式接受引數值的數量和型態不一定相同，例如，upper() 是接受一個字串值，datediff() 卻是接受兩個 date 型態的值。讀者接下來會在本章看到，還有其他函式接受的值是整數、布林或其他資料型態。

選擇性引數

某些函式會接受選擇性引數，也就是在呼叫函式的時候，提供另一個值，以回傳更特定的結果。以函式 round() 為例，這個函式的作用是對十進位數字四捨五入，函式接受的第一個引數一定要提供，第二個引數則是選擇性提供。如果在呼叫函式 round() 的時候，我們想要四捨五入的數字是唯一的引數，則函式會將數字四捨五入到個位數。下方程式碼嘗試以一個引數 2.71828 呼叫函式 round()：

```
select round(2.71828);
```

函式 round() 回傳四捨五入後的數字，而且小數點後沒有數字，連小數點本身都會移除：

```
round(2.71828)
--------------
       3
```

如果提供選擇性引數給函式 round()，可以指定要四捨五入到小數點後第幾位。下方程式碼嘗試以兩個引數呼叫函式 round()，第一個引數是 2.71828，第二個引數是 2，以英文逗號分隔兩個引數：

```
select round(2.71828, 2);
```

函式的回傳結果現在變成：

```
round(2.71828)
--------------
     2.72
```

函式 round() 這次回傳四捨五入後的數字，包含小數點後兩位。

取得協助

利用 MySQL 提供的 help 陳述式，我們可以從 MySQL 參考手冊取得協助。例如，假設我們輸入 help round，MySQL 就會針對函式 round() 提供大量的資訊，包括說明函式用法的手冊網頁網址和範例：

```
> help round
函式名稱：'ROUND'
函式說明：
語法：
ROUND(X), ROUND(X,D)

這個函式的作用是將傳入的引數 X 四捨五入到小數點後第 D 位，四捨五入演算法取決於 X 的資料型態。如果沒有指定引數 D，預設值是 0。D 指定為負數時，X 值小數點左邊有 D 位數變成 0。D 的最大絕對值是 30，超過 30（或-30）之後的任何位數都會截去。

參考手冊網址：
https://dev.mysql.com/doc/refman/8.0/en/mathematical-functions.html

範例：
mysql> SELECT ROUND(-1.23);
        -> -1
```

```
mysql> SELECT ROUND(-1.58);
        -> -2
mysql> SELECT ROUND(1.58);
        -> 2
mysql> SELECT ROUND(1.298, 1);
        -> 1.3
mysql> SELECT ROUND(1.298, 0);
        -> 1
mysql> SELECT ROUND(23.298, -1);
        -> 20
mysql> SELECT ROUND(.12345678901234567890123456789012345, 35);
        -> 0.12345678901234567890123456789012345
```

help 陳述式還可以協助我們了解函式以外的主題，例如，輸入 help 'data types' 可以協助我們了解 MySQL 的資料型態：

```
> help 'data types'
您請求的協助屬於「資料型態」的範疇，若想取得更多資訊，請輸入'help <item>'，
其中<item>可帶入下列主題之一：
主題：
    AUTO_INCREMENT
    BIGINT
    BINARY
    BIT
    BLOB
    BLOB DATA TYPE
    BOOLEAN
    CHAR
    CHAR BYTE
    DATE
    DATETIME
    --省略--
```

help 陳述式沒有分大小寫，所以取得協助資訊時，輸入 round 和 ROUND 都會回傳相同的資訊。

在函式內呼叫函式

透過包裝函式或巢狀函式，我們可以在呼叫另一個函式時，使用某一個函式回傳的結果。

假設我們想要取得四捨五入後的 pi 值，可以在呼叫函式 round() 的時候，包入函式 pi() 的呼叫：

```
select round(pi());
```

回傳結果如下：

```
round(pi())
-----------
          3
```

MySQL 會讓最內層的函式先執行，再將結果傳送給外層的函式，所以上方程式碼會先呼叫函式 pi()，回傳 3.141593，然後將這個值當作引數傳送給函式 round()，最後回傳 3。

NOTE 讀者如果覺得巢狀函式不好閱讀，可以調整 SQL 程式碼的格式，讓內層函式自成一行並且縮排，如下所示：

```
select round(
         pi()
       );
```

依照下方程式碼修改查詢，指定一個值傳入函式 round() 的第二個選擇性引數，可以將 pi 值四捨五入到小數點後兩位：

```
select round(pi(), 2);
```

回傳結果如下：

```
round(pi(), 2)
--------------
          3.14
```

程式碼呼叫函式 pi() 後，將回傳值 3.141593 傳送給函式 round()，作為第一個引數值；陳述式接著執行 round(3.141593,2)，最後回傳 3.14。

在同一個查詢的不同之處呼叫函式

我們不僅可以在查詢程式碼的 select 清單呼叫函式，也可以在 where 子句中呼叫。請看下方的範例資料表 movie，表中包含下列電影相關資料：

```
movie_name        star_rating  release_date
----------------  -----------  ------------
Exciting Thriller  4.72         2024-09-27
```

```
Bad Comedy          1.2         2025-01-02
OK Horror           3.1789      2024-10-01
```

在上方資料表裡，資料欄 star_rating 是用於保存觀眾給予每部電影
星級評分的平均值，評分標準是從 1 星到 5 星。我們接獲的需求是撰
寫查詢程式碼，目的是顯示星級評分在 3 星以上而且上映日期在 2024
年的電影。此外，顯示電影名稱時需要以英文大寫呈現，星級評分的
平均值也要四捨五入：

```
select upper(movie_name),
       round(star_rating)
from   movie
where  star_rating > 3
and    year(release_date) = 2024;
```

上方範例程式碼的做法是先在查詢的 select 清單裡使用函式 upper()
和 round()，將電影名稱值包在函式 upper()，星級評分值則包在函式
round()，然後指定從資料表 movie 拉出資料。

接著在 where 子句呼叫函式 year()，指定函式引數：資料表 movie 的
release_date。然後將函式 year() 回傳的電影上映年份跟 2024 比較
（=），只顯示上映日期在 2024 年的電影。

回傳結果如下：

```
upper(movie_name)  round(star_rating)
-----------------  ------------------
EXCITING THRILLER         5
OK HORROR                 3
```

彙總函式

彙總函式（aggregate function）這種類型的函式是根據資料庫內的多
個值，彙總成單一值然後回傳，常見的彙總函式有 count()、max()、
min()、sum() 和 avg()。本節接下來會利用下方的資料表 continent，
帶讀者了解如何呼叫這些函式：

```
continent_id  continent_name  population
------------  --------------  ----------
1             Asia            4641054775
2             Africa          1340598147
```

```
3                Europe          747636026
4                North America   592072212
5                South America   430759766
6                Australia       43111704
7                Antarctica      0
```

count()

函式 count() 的作用是回傳符合查詢條件的資料列數量,可以協助我們回答跟資料有關的問題,像是「目前擁有多少位顧客?」或是「今年收到多少件客訴?」

下方程式碼使用函式 count(),計算資料表 continent 的資料列數量:

```
select   count(*)
from     continent;
```

呼叫函式 count() 時,在一組小括號間使用「*」號(或稱為萬用字元),可以計算出資料列總數。「*」號表示選擇資料表的所有資料列,包括其中每一行資料列的所有資料欄值。

回傳結果如下:

```
count(*)
--------
       7
```

下方程式碼使用 where 子句,選取出各大洲中所有人口數超過十億的大陸:

```
select   count(*)
from     continent
where    population > 1000000000;
```

回傳結果如下:

```
count(*)
--------
       2
```

這次的查詢結果回傳 2,因為只有兩個大陸 Asia 和 Africa 超過十億人。

max()

函式 max() 的作用是回傳一組值裡面的最大值，可以協助我們回答這類的問題，像是「在過去每年的通貨膨脹率中，最高是哪一年？」或「哪一位業務人員這個月賣出的車子最多？」

此處使用函式 max()，找出資料表中各大洲的最大人口數：

```
select  max(population)
from    continent;
```

回傳結果如下：

```
max(population)
---------------
  4641054775
```

我們在上方程式碼中呼叫函式 max()，讓這個函式回傳人口最多的大陸上居住的人口數。在資料表的各大洲裡，人口數最高的資料列是 Asia，有 4,641,054,775 人。

像 max() 這類的彙總函式放在子查詢裡特別好用。此處我們要先暫時抽離資料表 continent，將注意力轉到下方的資料表 train：

```
train            mile
---------------  ----
The Chief        8000
Flying Scotsman  6500
Golden Arrow     2133
```

我們在下方程式碼裡使用函式 max()，協助我們判斷資料表 train 裡面的火車，哪一台到目前為止旅行的英里數最長：

```
select  *
from    train
where   mile =
(
  select  max(mile)
  from    train
);
```

上方程式碼的內層查詢是用於從資料表的所有火車裡，選取出當中行駛最長的英里數。外層查詢則是根據內層查詢得到的行駛英里數，顯示該火車的所有資料欄值。

回傳結果如下：

```
train_name  mile
----------  ----
The Chief   8000
```

min()

函式 min() 的作用是回傳一組值裡面的最小值，可以協助我們回答這類的問題，像是「該城市裡最便宜的油價是多少？」或「哪一種金屬的熔點最低？」

此處要回到先前的範例資料表 continent，使用函式 min() 找出各大洲裡居民最少的人口數：

```
select min(population)
from   continent;
```

我們在上方程式碼中呼叫函式 min()，讓這個函式回傳資料表中人口數最少的值：

```
min(population)
---------------
              0
```

在這個資料表裡，人口最少的資料列是 Antarctica，人數為 0。

sum()

函式 sum() 的作用是計算一組數字的總和，可以協助我們回答這類的問題，像是「中國總共有多少台自行車？」或「你們今年的銷售總金額是多少？」

下方程式碼使用函式 sum()，取得所有各大洲的總人口數：

```
select sum(population)
from   continent;
```

我們在上方程式碼中呼叫函式 sum()，讓這個函式回傳各大洲總計之後的人口數。

回傳結果如下：

```
max(population)
---------------
   7795232630
```

avg()

函式 avg() 的作用是回傳一組數字的平均值，可以協助我們回答這類的問題，包括「美國 Wisconsin 州的平均降雪量是多少？」或「醫師的平均薪資是多少？」

下方程式碼使用函式 avg()，計算出各大洲的平均人口數：

```
select avg(population)
from   continent;
```

我們在下方程式碼中呼叫函式 avg()，讓這個函式回傳資料表中各大陸人口數的平均值：

```
avg(population)
---------------
1113604661.4286
```

MySQL 會先計算每一個大陸的人口數總和是 7,795,232,630，再將這個結果除以世界七大洲，然後得出平均人口數為 1,113,604,661.4286。

現在我們要在下方程式碼的子查詢裡使用函式 avg()，顯示各大洲中所有人口數少於平均值的大陸：

```
select     *
from       continent
where      population <
(
  select   avg(population)
  from     continent
);
```

上方程式碼的內層查詢會選取所有大陸，計算平均人口數：1,113,604,661.4286 人；外層查詢則是針對資料表 continent 裡人口數少於平均值的大陸，選取這些大陸的所有資料欄。

回傳結果如下：

continent_id	continent_name	population
3	Europe	747636026
4	North America	592072212
5	South America	430759766
6	Australia	43111704
7	Antarctica	0

動手試試看

資料庫 music 底下的資料表 genre_stream 包含以下資料：

Genre	Stream
R&B, Hip Hop	3102456
Rock	1577569
Pop	1298756
Country	764789
Latin	601758
Dance, Electronic	308745

8-3. 請撰寫查詢程式碼，計算這個資料表總共有多少資料列。

8-4. 請撰寫查詢程式碼，計算所有音樂類型的平均流量。

---

group by

group by 子句的作用是告訴 MySQL 我們希望函式回傳的結果如何進行分組，只能用在查詢有搭配彙總函式的情況。為了說明 group by 的運作方式，請先看以下資料表 sale，內容是儲存某家公司的銷售資料：

sale_id	customer_name	salesperson	amount
1	Bill McKenna	Sally	12.34
2	Carlos Souza	Sally	28.28
3	Bill McKenna	Tom	9.72
4	Bill McKenna	Sally	17.54
5	Jane Bird	Tom	34.44

我們可以使用彙總函式 sum() 將銷售金額相加，但我們想計算的是所有銷售項目的總金額、個別顧客的消費總金額、個別銷售人員的總業績，還是計算每位銷售人員賣給每位顧客的總金額呢？

為了顯示個別顧客的消費總金額，我們利用 group by 對資料欄 customer_name 進行分組，如範例清單 8-1 所示。

範例清單 8-1：計算個別顧客的消費總金額

```
select sum(amount)
from   sale
group by customer_name;
```

回傳結果如下：

```
sum(amount)
-----------
      39.60
      28.28
      34.44
```

顧客 Bill McKenna 花費的總金額是 39.60 美元，顧客 Carlos Souza 是 28.28 美元，顧客 Jane Bird 則是花費了 34.44 美元，回傳結果是依照顧客名字的字母順序排列。

另一方面，我們可能也會想了解個別銷售人員的總業績。範例清單 8-2 示範如何利用 group by，對資料欄 salesperson_name 進行分組。

範例清單 8-2：計算個別銷售人員的總業績

```
select sum(amount)
from   sale
group by salesperson_name;
```

結果如下：

```
sum(amount)
-----------
      58.16
      44.16
```

在前一頁的查詢結果裡，Sally 的業績總額是 58.16 美元，Tom 則是 44.16 美元。

sum() 的作用是彙總函式，可以操作任意數量的資料列，再回傳一個值。陳述式 group by 則是告訴 MySQL，我們希望 sum() 操作哪些資料列，所以語法 group by salesperson_name 的作用是針對每一位銷售人員計算其個別的業績總額。

假設我們現在只想看到一個資料列，目的是將資料表中每個 amount 值加總，只顯示總和。在這個情況下就不需要使用 group by，因為我們的目的不是根據任何群組計算個別總合。查詢程式碼如下所示：

```
select  sum(amount)
from    sale;
```

回傳結果如下：

```
sum(amount)
-----------
    102.32
```

group by 子句可以跟所有彙總函式搭配，舉個例子，利用 group by 搭配 count() 可以回傳個別銷售人員的銷售筆數，如範例清單 8-3 所示。

範例清單 8-3：計算每位銷售人員的銷售資料列數

```
select count(*)
from    sale
group by salesperson_name;
```

回傳結果如下：

```
count(*)
--------
   3
   2
```

這個查詢程式碼計算出資料表 sales 裡，Sally 有三列銷售資料，Tom 有兩列銷售資料。

或是利用 avg() 取得平均銷售金額，也就是根據 salesperson_name 進行分組，回傳每位銷售人員的平均銷售業績，如範例清單 8-4 所示。

範例清單 8-4：取得每位銷售人員的平均業績

```
select    avg(amount)
from      sale
group by salesperson_name;
```

回傳結果如下：

```
avg(amount)
-----------
  19.386667
  22.080000
```

前一頁的結果顯示 Sally 每筆銷售的平均業績是 19.386667 美元，Tom 每筆銷售的平均業績則是 22.08 美元。

不過，我們在看這些結果時，無法立即清楚哪一位銷售人員的業績是 19.386667 美元，哪一位是 22.08 美元。因此，為了讓結果更清晰，我們接下來要對查詢程式碼做的修改，是讓結果集顯示更多資訊，所以範例清單 8-5 的程式碼還多選取了銷售人員的名稱。

範例清單 8-5：顯示銷售人員的名字及其平均銷售業績

```
select    salesperson_name,
          avg(amount)
from      sale
group by salesperson_name;
```

查詢程式碼修改過後，回傳結果如下：

```
salesperson_name  avg(amount)
----------------  -----------
Sally               19.386667
Tom                 22.080000
```

雖然平均銷售業績出現的值還是一樣，但現在平均值旁邊那一欄會顯示相對應的銷售人員名字，加入這項額外資訊會讓我們的結果更容易了解。

到目前為止，我們利用彙總函式和 group by 寫了好幾個查詢，讀者可能已經注意到，我們進行分組的依據，通常是跟先前查詢程式碼中選取的資料欄相同。以範例清單 8-5 為例，程式碼選取了資料欄 salesperson_name，然後根據資料欄 salesperson_name 進行分組。

為了幫助讀者判斷要以哪個（哪些）資料欄進行分組，請看查詢程式碼的 *select* 清單，或是關鍵字 select 和 from 之間的部分查詢程式碼。select 清單包含我們想從資料庫的資料表裡選取的項目，而我們想要作為分組的依據幾乎一定會跟這個清單相同。select 清單中唯一不屬於陳述式 group by 的部分，稱為彙總函式。

請看下方範例資料表 theme_park，有六個不同主題樂園的資料，其中包括各樂園所在位置的國家和城市：

```
country  state          city                park
-------  -----------    ------------------  ------------------
USA      Florida        Orlando             Disney World
USA      Florida        Orlando             Universal Studios
USA      Florida        Orlando             SeaWorld
USA      Florida        Tampa               Busch Gardens
Brazil   Santa Catarina Balneario Camboriu  Unipraias Park
Brazil   Santa Catarina Florianopolis       Show Water Park
```

假設我們想要選取國家、州和各個國家／州擁有的主題樂園數，撰寫 SQL 陳述式的開頭程式碼如下所示：

```
select country,
       state,
       count(*)
from   theme_park;
```

可是，這不是完整的查詢程式碼，所以根據配置設定執行查詢之後，會回傳錯誤訊息或是不正確的結果。

我們應該選擇彙總函式以外的所有內容作為分組的依據。在這個查詢裡，已經選擇的資料欄 country 和 state 並不屬於彙總函式，所以我們會用 group by 搭配這些資料欄：

```
select    country,
          state,
          count(*)
from      theme_park
group by  country,
          state;
```

結果如下：

```
country state          count(*)
------  --------------  --------
```

| USA | Florida | 4 |
| Brazil | Santa Catarina | 2 |

可以看到查詢現在會回傳正確的結果。

動手試試看

8-5. 讀者可以在資料庫 vacation 底下找到資料表 theme_park。請撰寫查詢程式碼,選取國家和每個國家的主題樂園數量,不需要顯示州或城市名稱。讀者認為查詢程式碼應該根據哪一個資料欄使用 group by?

字串函式

MySQL 提供好幾個函式,協助我們處理字元字串和執行跟字串有關的工作任務,像是比較、格式化和組合字串,一起來看幾個最好用的字串函式。

concat()

函式 concat() 的作用是將兩個(或以上)的字串串連或合併在一起,以下方資料表 phone_book 為例:

```
first_name  last_name
----------  ----------
Jennifer    Perez
Richard     Johnson
John        Moore
```

我們要撰寫查詢程式碼,同時顯示姓氏和名字並且以空白字元分隔:

```
select  concat(first_name, ' ', last_name)
from    phone_book;
```

回傳結果如下:

```
concat(first_name, ' ', last_name)
----------------------------------
Jennifer Perez
Richard Johnson
John Moore
```

姓氏和名字都已經顯示為同一個字串,兩者以空白隔開。

format()

函式 format() 將數字格式化的方式,是加入英文逗號和顯示需要的小數位數。再看一次先前用過的範例資料表 continent,選取其中的亞洲人口數,如下所示:

```
select   population
from     continent
where    continent_name = 'Asia';
```

回傳結果如下:

```
population
----------
4641054775
```

從這個結果很難一眼分辨出亞洲人口數是 46 億或 464,000,000(4.6 億),為了提高結果的可讀性,我們可以利用英文逗號和函式 format(),將資料欄 population 的數值格式化,如下所示:

```
select format(population, 0)
from    continent;
```

函式 format() 接受兩個引數:要進行格式化的數字以及小數點後要顯示幾位數,上方程式碼呼叫 format() 時搭配了兩個引數:資料欄 population 的值和數字 0。

NOTE 函式 format() 會要求兩個引數,意思是說如果我們不希望回傳的結果在小數點後顯示任何數字,就必須指定 0 作為第二個引數。函式 format() 跟函式 round() 的差異在於,函式 round() 允許第二個引數空白不填,但函式 format() 的第二個引數如果空白,就會得到錯誤。

我們已經將資料欄 population 的數值以英文逗號格式化,現在可以清楚從結果中看出亞洲約有 46 億人:

```
population
------------
4,641,054,775
```

再舉一個例子，現在我們要呼叫函式 format()，將數字 1234567.89
格式化且小數點後具有 5 位數：

```
select format(1234567.89, 5);
```

回傳結果如下：

```
format(1234567.89, 5)
---------------------
    1,234,567.89000
```

在上方程式碼裡，函式 format() 接受數字 1234567.89 作為第一個引
數，這是要進行格式化的數字，然後在數字中加入英文逗號和尾數 0，
如此一來，最後顯示結果時，小數點後才會有五位數。

left()

函式 left() 會從某個值的左方起算，回傳某些數量的字元。請看下方
的範例資料表 taxpayer：

```
last_name    soc_sec_no
---------    ------------
Jagger       478-555-7598
McCartney    478-555-1974
Hendrix      478-555-3555
```

現在我們要從資料表 taxpayer 中選取出姓氏資料欄 last_name 的值及
其前三個字元，為此，我們可以撰寫下方程式碼：

```
select  last_name,
        left(last_name, 3)
from    taxpayer;
```

回傳結果如下：

```
last_name    left(last_name, 3)
---------    ------------------
Jagger       Jag
McCartney    McC
Hendrix      Hen
```

在我們想要忽略字串右方字元的情況下，函式 left() 就很好用。

right()

函式 right() 會從某個值的右方起算，回傳某些數量的字元。此處我們要繼續使用資料表 taxpayer，選取出納稅人社會安全數字的後四碼：

```
select   right(soc_sec_no, 4)
from     taxpayer;
```

回傳結果如下：

```
right(soc_sec_no, 4)
--------------------
            7598
            1974
            3555
```

從上方結果中可以看到函式 right() 選擇最右方的字元，忽略左方的字元。

lower()

函式 lower() 的作用是回傳某個字串的小寫版本。下方範例程式碼是選取納稅人的姓氏，然後以小寫顯示：

```
select   lower(last_name)
from     taxpayer;
```

回傳結果如下：

```
lower(last_name)
----------------
jagger
mccartney
hendrix
```

upper()

函式 upper() 的作用是回傳某個字串的大寫版本。下方範例程式碼是選取納稅人的姓氏，然後以大寫顯示：

```
select   upper(last_name)
from     taxpayer;
```

回傳結果如下：

```
upper(last_name)
----------------
JAGGER
MCCARTNEY
HENDRIX
```

結合函式的力量

將 MySQL 函式結合在一起時，能發揮最大的效用。舉個例子，假設各位讀者現在是在稅務機關工作，你的任務是為納稅人建立新的編號，編號組成規則是納稅人姓氏的前三個字元（使用大寫）串接社會安全數字的後四碼。建立納稅人的新 ID 時，會同時用到函式 concat()、upper()、left() 和 right()，如下所示：

```
select  last_name,
        concat(
          upper(
            left(last_name, 3)
          ),
          right(soc_sec_no, 4)
        ) as new_taxpayer_id
from    taxpayer;
```

回傳結果如下：

```
last_name   new_taxpayer_id
---------   ---------------
Jagger       JAG7598
McCartney    MCC1974
Hendrix      HEN3555
```

上方結果集顯示兩個資料欄：last_name 和 new_taxpayer_id，前者是直接從資料表 taxpayer 中選取，後者則是使用資料欄 last_name 和 soc_sec_no 的部分內容，利用某些內建函式建立而成。

為了獲得 new_taxpayer_id 的值，範例程式碼利用函式 left()，從資料欄 last_name 的值取得前三個字元；呼叫函式 upper()，將這三個字元轉換成大寫；以及利用函式 right()，從資料欄 soc_sec_no 的值取得後四碼數字。然後，將這些值傳送給函式 concat()，結合為一個字串。最後，使用語法 as new_taxpayer_id，為資料欄建立別名為 new_taxpayer_id，這樣第二個資料欄才會顯示這個標題。

substring()

函式 substring() 的作用是回傳字串的部分內容，這個函式接受三個引數：字串、子字串要從哪個字元位置開始，以及子字串要結束在哪個字元位置。

下方查詢程式碼的作用是從字串 gumbo 中取出子字串 gum：

```
select substring('gumbo', 1, 3);
```

回傳結果如下：

```
substring('gumbo', 1, 3)
------------------------
         gum
```

在字串 gumbo 裡，g 是第一個字元，u 是第二個字元，m 是第三個字元。選取從第 1 個字元開始到第 3 個字元為止的子字串，然後回傳這三個字元。

函式 substring() 的第二個引數可以接受負數。如果傳送負數給函式，子字串的起始位置就會從字串末尾計算回來。例如：

```
select substring('gumbo', -3, 2);
```

回傳結果如下：

```
substring('gumbo', -3, 2)
------------------------
          mb
```

在上方範例中，字串 gumbo 有五個字元。我們要求函式 substring() 取出子字串時，起始位置是從字串末尾減去三個字元，也就是字串的第 3 個字元位置。指定給函式的第三個引數是 2，所以子字串會從第 3 個字元開始抓取兩個字元，產生的子字串是 mb。

函式 substring() 的第三個引數是選擇性指定，所以我們也可以只提供前兩個引數：字串和子字串的起始字元位置，函式回傳的子字串會是一組介於起始位置到字串末尾的字元：

```
select substring('MySQL', 3);
```

回傳結果如下：

```
substring('MySQL', 3)
-----------------------
          SQL
```

在這個範例中，函式 substring() 回傳的子字串是從字串 MySQL 的第 3 個字元開始，一直到字串末尾的所有字元，產生的子字串是 SQL。

MySQL 還有為函式 substring() 提供另一種語法，做法是使用關鍵字 from 和 for。以單字 gumbo 為例，我們可以使用下方語法選取出這個單字的前三個字元：

```
select substring('gumbo' from 1 for 3);
```

這個子字串是從第 1 個字元開始，連續取 3 個字元。結果如下所示：

```
substring('gumbo' from 1 for 3)
-------------------------------
              gum
```

上方這個範例回傳的結果跟我們一開始看到的子字串範例一樣，但讀者可能已經發現了，這個語法更一目了然。

NOTE　函式 substring() 有另一個作用相同的函式，名稱是 substr()。不管是呼叫 substring('MySQL', 3) 還是 substr('MySQL', 3)，兩者都會產生一樣的結果。

trim()

函式 trim() 的作用是從字串開頭或末尾刪除任意數量的字元。在我們指定想要移除的字元時，還可以指定是要從字串開頭、末尾或是前後兩頭移除字元。

以字串 **instructions** 為例，我們可以使用函式 trim()，回傳移除「*」號之後的字串，如下所示：

```
select trim(leading  '*' from '**instructions**') as column1,
       trim(trailing '*' from '**instructions**') as column2,
       trim(both     '*' from '**instructions**') as column3,
       trim(         '*' from '**instructions**') as column4;
```

column1（指定 leading）是縮減字串開頭的「*」號，column2（指定 trailing）是縮減字串末尾的「*」號，column3（指定 both）則是同時縮減字串開頭和末尾的「*」號。在沒有指定 leading、trailing 或 both 的情況下（如 column4 所示），MySQL 的預設值是前後兩頭都縮減。

結果如下：

column1	column2	column3	column4
instructions**	**instructions	instructions	instructions

在預設情況下，函式 trim() 會自動移除空白字元；也就是說，如果字串前後有空白字元，使用函式 trim() 時無須指定要刪除的字元就會自動移除：

```
select trim('   asteroid   ');
```

回傳結果是字串 asteroid，而且前後兩頭都沒有空白字元：

```
trim('   asteroid   ')
---------------------
asteroid
```

驗證在預設情況下，函式 trim() 會移除字串前後兩側的空白字元。

ltrim()

函式 ltrim() 的作用是刪除某個字串左側（開頭）的空白字元：

```
select ltrim('   asteroid   ');
```

回傳結果是字串 asteroid，而且字串左側沒有空白字元：

```
ltrim('   asteroid   ')
---------------------
asteroid
```

字串右側的空白字元則不受影響。

rtrim()

函式 rtrim() 的作用是刪除某個字串右側（末尾）的空白字元：

```
select rtrim('   asteroid   ');
```

回傳結果是字串 asteroid，而且字串右側沒有空白字元：

```
rtrim('   asteroid   ')
----------------------
   asteroid
```

字串左側的空白字元則不受影響。

動手試試看

8-6. 美國郵局投遞時會使用像 24701 或 79936 這類的郵遞區號（zip code），郵遞區號裡的每個字元都具有意義。第一個字元是美國國內區碼，第二和第三個字元代表分區中心，第四和第五個字元代表當地支局。

資料庫 mail 底下包含資料表 address，表中有資料欄 zip_code。這個資料表中包含的郵遞區號字元字串有：94103、37188 和 96718。

請撰寫查詢程式碼，從資料欄 zip_code 選取郵遞區號，並且使用函式 substring()，選取郵遞區號的其他部分。查詢程式碼應該要產生以下的輸出結果：

```
zip_code  national_area  sectional_center  associate_post_office
--------  -------------  ----------------  ---------------------
94103          9               41                  03
37188          3               71                  88
96718          9               67                  18
```

日期和時間函式

MySQL 提供日期相關函式，協助我們執行工作任務，像是取得當前的日期和時間、選取日期的部分內容，以及計算兩個日期之間相隔幾天。

本書之前在第 4 章已經介紹過 MySQL 提供的資料型態：date、time 和 datetime，其中 date 具有月、日和年，time 具有小時、分鐘和秒，datetime 則具有兩者全部的資料，因為是由日期和時間組成。我們接

下來要看的 MySQL 函式，會使用這些格式回傳許多函式處理之後的結果。

curdate()

函式 curdate() 的作用是以 date 格式，回傳當前的日期：

```
select curdate();
```

函式回傳結果應該會類似以下內容：

```
curdate()
----------
2024-12-14
```

current_date() 和 current_date 兩者的效果跟 curdate() 一樣，都會產生相同的結果。

curtime()

函式 curtime() 的作用是以 time 格式，回傳當前的時間：

```
select curtime();
```

函式回傳結果應該會類似以下內容：

```
curtime()
---------
09:02:41
```

在上方範例中，當前的時間是早上 9 點 2 分 41 秒。current_time() 和 current_time 兩者的效果跟 curtime() 一樣，都會產生相同的結果。

now()

函式 now() 的作用是以 datetime 格式，回傳當前的日期和時間：

```
select now();
```

函式回傳結果應該會類似以下內容：

```
now()
------------------
2024-12-14 09:02:18
```

current_timestamp() 和 current_timestamp 兩者的效果跟 now() 一樣，
都會產生相同的結果。

date_add()

函式 date_add() 的作用是為 date 值加上某個時間量，對某些日期值
加上（或減去）時間間隔（interval），利用這個值對日期和時間
執行計算。以數字和單位提供時間間隔，例如：5 day、4 hour 或 2
week。請看下方的範例資料表 event：

```
event_id  eclipse_datetime
--------  ------------------
     374  2024-10-25 11:01:20
```

從資料表 event 選取 eclipse_datetime 的日期值，使用函式 date_
add() 搭配 interval，對這個日期加上 5 天、4 小時和 2 週：

```
select   eclipse_datetime,
         date_add(eclipse_datetime, interval 5 day)  as add_5_days,
         date_add(eclipse_datetime, interval 4 hour) as add_4_hours,
         date_add(eclipse_datetime, interval 2 week) as add_2_weeks
from     event
where    event_id = 374;
```

NOTE 時間單位都是採用單數，例如：使用 minute，而非 minutes。其他常用於時間
間隔的單位有 second（秒）、month（月）和 year（年）。

函式回傳結果會類似以下內容：

```
eclipse_datetime     add_5_days           add_4_hours          add_2_weeks
------------------   ------------------   ------------------   ------------------
2024-10-25 11:01:20  2024-10-30 11:01:20  2024-10-25 15:01:20  2024-11-08 11:01:20
```

上方顯示的結果是對日蝕的日期和時間，分別加上時間間隔：5 天、4
小時和 2 週，並且列在指定的資料欄裡。

date_sub()

函式 date_sub() 的作用是從 date 值減去指定的時間間隔。以下方程式碼為例，從資料表 event 的資料欄 eclipse_datetime，減去跟前一個範例相同的時間間隔：

```
select  eclipse_datetime,
        date_sub(eclipse_datetime, interval 5 day)  as sub_5_days,
        date_sub(eclipse_datetime, interval 4 hour) as sub_4_hours,
        date_sub(eclipse_datetime, interval 2 week) as sub_2_weeks
from    event
where   event_id = 374;
```

回傳結果如下：

eclipse_datetime	sub_5_days	sub_4_hours	sub_2_weeks
2024-10-25 11:01:20	2024-10-20 11:01:20	2024-10-25 07:01:20	2024-10-11 11:01:20

上方顯示的結果是對日蝕的日期和時間，分別減去時間間隔：5 天、4 小時和 2 週，並且列在指定的資料欄裡。

extract()

函式 extract() 的作用是從 date 或 datetime 值裡拉出部分指定內容，使用的時間單位跟函式 date_add() 和 date_sub() 相同，像是 day、hour 和 week。下方範例是從資料欄 eclipse_datetime 選取部分內容：

```
select  eclipse_datetime,
        extract(year from eclipse_datetime)   as year,
        extract(month from eclipse_datetime)  as month,
        extract(day from eclipse_datetime)    as day,
        extract(week from eclipse_datetime)   as week,
        extract(second from eclipse_datetime) as second
from    event
where   event_id = 374;
```

函式 extract() 取得資料表 event 的 eclipse_datetime 值，再依照指定資料欄名稱的要求，顯示各個部分的內容。回傳結果如下：

eclipse_datetime	year	month	day	week	second
2024-10-25 11:01:20	2024	10	25	43	20

MySQL 提供其他跟 extract() 目的相同的函式讓我們使用，包括
year()、month()、day()、week()、hour()、minute() 和 second()。
下方查詢程式碼達成的結果跟前一個查詢範例相同：

```
select  eclipse_datetime,
        year(eclipse_datetime)   as year,
        month(eclipse_datetime)  as month,
        day(eclipse_datetime)    as day,
        week(eclipse_datetime)   as week,
        second(eclipse_datetime) as second
from    event
where   event_id = 374;
```

我們還可以使用函式 date() 和 time()，只選取出 datetime 值裡 date
或 time 的部分：

```
select  eclipse_datetime,
        date(eclipse_datetime)   as date,
        time(eclipse_datetime)   as time
from    event
where   event_id = 374;
```

回傳結果如下：

```
eclipse_datetime     date        time
-------------------  ----------  --------
2024-10-25 11:01:20  2024-10-25  11:01:20
```

從上方顯示的結果可以看到，函式 date() 和 time() 提供快速的方法，
讓我們只萃取出 datetime 值的日期或時間。

datediff()

函式 datediff() 的作用是回傳兩個日期之間相隔的天數。舉個例子，
假設我們想要確認 2024 年的新年和五月五日節（Cinco de Mayo）之
間相隔幾天：

```
select datediff('2024-05-05', '2024-01-01');
```

回傳結果是 125 天：

```
datediff('2024-05-05', '2024-01-01')
------------------------------------
                 125
```

傳入函式 datediff() 的引數，如果左側日期相較於右側日期更新，函式會回傳正數；若是右側日期較左側日期新，函式 datediff() 會回傳負數；若兩個日期相同，則會回傳 0。

date_format()

函式 date_format() 的作用是根據我們指定的格式字串，將日期格式化；格式字串的組成包含：我們加入的字元和以百分比開頭的指定符號（specifier）。表 8-1 列出最常見的指定符號。

表 8-1：常見的指定符號

指定符號	說明
%a	以縮寫表示星期幾的名稱（Sun ～ Sat）
%b	以縮寫表示月份名稱（Jan ～ Dec）
%c	以數字表示月份（1 ～ 12）
%D	以數字表示月間第幾天，數字後有加上結尾詞（1st、2nd、3rd……）
%d	以雙位數字表示月間第幾天，遇到單個數字時開頭會補 0（01 ～ 31）
%e	以數字表示月間第幾天（1 ～ 31）
%H	以雙位數字表示小時，遇到單個數字時開頭會補 0（00 ～ 23）
%h	以數字表示小時，採 12 小時制（01 ～ 12）
%i	以數字表示分鐘（00 ～ 59）
%k	以數字表示小時，採 24 小時制 (0 ～ 23)
%l	以數字表示小時，採 12 小時制（1 ～ 12）
%M	以全名表示月份名稱（January ～ December）
%m	以數字表示月份（00 ～ 12）
%p	AM 或 PM
%r	以數字表示時間，採 12 小時制（hh:mm:ss 後面接 AM 或 PM）
%s	以數字表示秒（00 ～ 59）
%T	以數字表示時間，採 24 小時制（hh:mm:ss）
%W	以全名表示星期幾的名稱（Sunday ～ Saturday）
%w	以數字表示星期幾（0：星期日～ 6：星期六）
%Y	以四位數表示年份
%y	以兩位數表示年份

以 2024-02-02 01:02:03 為例,這個 datetime 值表示 2024 年 2 月 2 日上午 1 點 2 分 3 秒,下方程式碼以不同格式對這個 datetime 值進行實驗:

```
select  date_format('2024-02-02 01:02:03', '%r') as format1,
        date_format('2024-02-02 01:02:03', '%m') as format2,
        date_format('2024-02-02 01:02:03', '%M') as format3,
        date_format('2024-02-02 01:02:03', '%Y') as format4,
        date_format('2024-02-02 01:02:03', '%y') as format5,
        date_format('2024-02-02 01:02:03', '%W, %M %D at %T') as format6;
```

回傳結果如下:

format1	format2	format3	format4	format5	format6
01:02:03 AM	02	February	2024	24	Friday, February 2nd at 01:02:03

別名為 format6 的資料欄示範格式指定符號的組合方式,格式字串裡除了以四個指定符號表示日期和時間,還加了英文逗號和單字 at。

str_to_date()

函式 str_to_date() 的作用是根據我們提供的格式,將字串值轉換為日期。使用的指定符號跟前面 date_format() 用過的符號相同,但兩個函式採取的動作相反:date_format() 是將日期轉換為字串,str_to_date() 則是將字串轉換為日期。

str_to_date() 可以根據我們提供的格式,將字串轉換成 date、time 或 datetime:

```
select str_to_date('2024-02-02 01:02:03', '%Y-%m-%d')          as date_format,
       str_to_date('2024-02-02 01:02:03', '%Y-%m-%d %H:%i:%s') as datetime_format,
       str_to_date('01:02:03', '%H:%i:%s')                     as time_format;
```

回傳結果如下:

date_format	datetime_format	time_format
2024-02-02	2024-02-02 01:02:03	01:02:03

最後一個資料欄 time_format,也可以使用跟欄位名稱相同的函式轉換,緊接著就來介紹這個函式。

time_format()

正如函式名稱所指，time_format() 的作用是將時間格式化，使用的指定符號跟函式 date_format() 相同。以下方程式碼為例，示範如何取得目前的時間並且以不同的方法格式化：

```
select  time_format(curtime(), '%H:%i:%s')                          as format1,
        time_format(curtime(), '%h:%i %p')                          as format2,
        time_format(curtime(), '%l:%i %p')                          as format3,
        time_format(curtime(), '%H hours, %i minutes and %s seconds') as format4,
        time_format(curtime(), '%r')                                as format5,
        time_format(curtime(), '%T')                                as format6;
```

函式回傳結果會類似以下內容，以軍用格式表示當前的時間 21:09:55，也就是晚上 9 點 9 分 55 秒：

```
format1    format2   format3  format4                                   format5      format6
--------   --------   -------  --------------------------------------    ----------   -------
21:09:55   09:09 PM   9:09 PM  21 hours, 09 minutes and 55 seconds       09:09:55 PM  21:09:55
```

在上方回傳結果裡，別名為 format2 的資料欄顯示小時數字時開頭有補 0，這是因為使用指定符號 %H，但資料欄 format3 則沒有，因為是使用指定符號 %h；資料欄 1–3 的格式字串裡都有加入冒號字元；資料欄 format4 則有加入單字 hours、英文逗號、單字 minutes、and 和 seconds。

動手試試看

8-7. 澳洲 Brisbane 預定將於 2032 年 7 月 23 日舉辦夏季奧運會。請撰寫查詢程式碼，計算從今天的日期開始算起還有多少天。

數學運算子和函式

MySQL 提供許多函式，協助我們執行計算；還有提供算術運算子，像是加法（+）、減法（-）、乘法（*）、除法（/）和餘數（% 和 mod）。接下來，我們會看幾個查詢範例，說明如何使用這些運算子，然後利用小括號來控制運算順序。後續會使用數學函式來執行各種工

作任務，包括計算某個數值的次方值、標準差、四捨五入和無條件進
入數字。

數學運算子

接下來我們會利用下方資料表 payroll 的資料，執行一些數學計算：

```
employee    salary     deduction   bonus     tax_rate
--------    ---------  ---------   --------   --------
Max Bain    80000.00    5000.00   10000.00     0.24
Lola Joy    60000.00       0.00     800.00     0.18
Zoe Ball   110000.00    2000.00   30000.00     0.35
```

此處帶讀者試用幾個算術運算子，如下所示：

```
select  employee,
        salary - deduction,
        salary + bonus,
        salary * tax_rate,
        salary / 12,
        salary div 12
from    payroll;
```

這個範例使用數學運算子取得員工的薪資所得減去扣除額、再加上獎
金、乘上稅率，最後將年薪除以 12，分別得到每位員工的平均月薪。

結果如下所示：

employee	salary - deduction	salary + bonus	salary * tax_rate	salary / 12	salary div 12
Max Bain	75000.00	90000.00	9199.999570846558	6666.666667	6666
Lola Joy	60000.00	60800.00	10800.000429153442	5000.000000	5000
Zoe Ball	108000.00	140000.00	38499.99934434891	9166.666667	9166

請注意：上方結果中最右邊的兩個資料欄 salary / 12 和 salary div
12，分別使用 / 和 div 運算子，兩者收到的結果不同。這是因為 div
會去掉任何小數，但 / 不會。

餘數運算子

MySQL 提供兩個餘數運算子：百分比符號（%）和 mod。*Mod* 運算子
（modulo）是將一個數字除以另一個數字，然後回傳餘數。假設我們
建立了下方資料表 roulette_winning_number：

```
winning_number
--------------
        21
         8
        13
```

利用 Mod 運算子可以判斷某一個數字是奇數或偶數，做法是將數字除以 2，然後檢查餘數，如下所示：

```
select  winning_number,
        winning_number % 2
from    roulette_winning_number;
```

任何餘數為 1 的數字就是奇數，回傳結果如下：

```
winning_number  winning_number % 2
--------------  ------------------
        21              1
         8              0
        13              1
```

結果顯示為 1 的數字是奇數，顯示為 0 的是偶數。第一列資料 21 % 2，運算結果為 1，因為 21 除以 2 的結果是 10 餘 1。

NOTE modulo 和 modulus 這兩個專業術語經常被搞混。modulo 是函式名稱，用於將某個數字除以另一個數字，得出餘數；modulus 則是指除數。以表達式 21 % 2 為例，2 是除數（modulus），% 則是 Mod 運算子（modulo）。

不管是用 mod 或 %，都會產生相同的結果。除了運算子，還可以作為函式 mod()。下方這些查詢程式碼全都會回傳相同的結果：

```
select winning_number % 2    from roulette_winning_number;
select winning_number mod 2  from roulette_winning_number;
select mod(winning_number, 2) from roulette_winning_number;
```

運算子優先序

數學表達式中若使用超過一個以上的數學運算子，*、/、div、% 和 mod 會優先運算，+ 和 - 則會最後才計算，這項規則稱為運算子優先序（operator precedence）。下方是我們撰寫的查詢程式碼（使用資

料表 payroll），根據員工的薪資所得、獎金和稅率，計算員工要繳納的稅，但這個查詢會回傳錯誤的稅額：

```
select  employee,
        salary,
        bonus,
        tax_rate,
        salary + bonus * tax_rate
from    payroll;
```

回傳結果如下：

```
employee  salary      bonus      tax_rate  salary + bonus * tax_rate
--------  ---------   --------   --------   ------------------------
Max Bain   80000.00  10000.00     0.24                    82400.0000
Lola Joy   60000.00    800.00     0.18                    60144.0000
Zoe Ball  110000.00  30000.00     0.35                   120500.0000
```

在前一頁的結果裡，右邊資料欄表示員工必須繳納的稅額，但金額似乎太高。Max Bain 的薪資為 80,000 美元，獎金為 10,000 美元，被要求繳納 82,400 的稅似乎並不合理。

這個查詢之所以回傳錯誤的值，是因為我們原本預期 MySQL 會優先將 salary 和 bonus 相加，再將相加的結果乘上 tax_rate。然而，MySQL 卻先將 bonus 乘上 tax_rate，再加上 salary。由於乘法的運算子優先序高於加法，所以此處是乘法先發生作用。

為了修正這個問題，我們要利用小括號，告訴 MySQL 將 salary + bonus 視為一組：

```
select  employee,
        salary,
        bonus,
        tax_rate,
        (salary + bonus) * tax_rate
from    payroll;
```

回傳結果如下：

```
employee  salary      bonus      tax_rate  salary + bonus * tax_rate
--------  ---------   --------   --------   ------------------------
Max Bain   80000.00  10000.00     0.24                    21600.0000
Lola Joy   60000.00    800.00     0.18                    10944.0000
Zoe Ball  110000.00  30000.00     0.35                    49000.0000
```

現在查詢程式碼回傳 Max Bain 的稅額變成 21,600 美元，這才是正確值。本書建議讀者執行計算時應該經常使用括號，不只是因為可以控制運算順序，還能讓 SQL 程式碼更易於閱讀和理解。

數學函式

MySQL 提供多個數學函式，協助我們處理數學方面的工作，例如：對數字四捨五入、取得數字的絕對值、處理指數，以及計算餘弦函數、對數和弧度。

abs()

函式 abs() 的作用是取得某個數字的絕對值。任一數字的絕對值一定是正值，舉個例子，5 的絕對值是 5，–5 的絕對值也是 5。

假設我們舉辦了一場比賽，請參賽者猜猜看罐子裡的雷根糖數量。於是，我們撰寫下方的查詢程式碼，看看誰猜的數量最接近實際數字 300：

```
select  guesser,
        guess,
        300         as actual,
        300 - guess as difference
from    jelly_bean;
```

這個程式碼從資料表 jelly_bean 選取猜測者的名字，以及他們猜測的數量值。選取 300，將該資料欄別名設定為 actual，這個別名會以標題名稱出現在結果裡。再將實際值 300 減掉猜測值，設定該資料欄別名為 difference。回傳結果如下：

guesser	guess	actual	difference
Ruth	275	300	25
Henry	350	300	-50
Ike	305	300	-5

資料欄 difference 會顯示猜測值與實際值 300 相差多少，但結果有點難以理解。當猜測值高於實際值 300，資料欄 difference 會出現負數；當猜測值低於實際值 300，資料欄 difference 則會出現正數。就這個比賽來說，我們不在乎猜測值是高於或低於實際值 300，只關心哪個猜測值最接近實際值 300。

我們可以利用函式 abs()，消除資料欄 difference 的負數：

```
select  guesser,
        guess,
        300 as actual,
        abs(300 - guess) as difference
from    jelly_bean;
```

回傳結果如下：

```
guesser  guess actual  difference
-------  ----- ------  ----------
Ruth     275   300             25
Henry    350   300             50
Ike      305   300              5
```

現在我們可以輕鬆看出贏得比賽的人是 Ike，因為他的誤差在資料欄 difference 裡是最小值。

ceiling()

函式 ceiling() 回傳的最小整數會大於或等於引數值。舉個例子，假設我們要付油資 3.29 美元，想要將這個數字無條件進入到下一個整數金額，可以撰寫下列查詢程式碼：

```
select ceiling(3.29);
```

回傳結果如下：

```
ceiling(3.29)
-------------
            4
```

函式 ceiling() 的效果跟 ceil() 一樣，都會產生相同的結果。

floor()

函式 floor() 回傳的最大整數會小於或等於引數值。假設我們現在要改將 3.29 美元這個數字無條件捨去到前一個整數金額，可以撰寫下列查詢程式碼：

```
select floor(3.29);
```

回傳結果如下：

```
floor(3.29)
-----------
     3
```

若傳給函式的引數本身已經是整數，則函式 ceiling( ) 和 floor( ) 都會直接回傳該整數。舉個例子，ceiling(33) 和 floor(33) 的回傳結果都是 33。

pi()

如同我們一開始在本章看過的例子，函式 pi( ) 的作用就是回傳 pi 值。

degrees()

函式 degrees( ) 的作用是將弧度轉換成角度。利用下方查詢程式碼，可以將 pi 轉換成角度：

```
select degrees(pi());
```

回傳結果如下：

```
degrees(pi())
-------------
    180
```

上方程式碼是將函式 pi( ) 包裝在函式 degrees( )，藉此獲得答案。

radians()

函式 radians( ) 的作用是將角度轉換成弧度。利用下方查詢程式碼，可以將 180 度轉換成弧度：

```
select radians(180);
```

結果如下：

```
radians(180)
----------------
3.141592653589793
```

傳入函式的引數值是 180，回傳 pi 值。

exp()

函式 exp() 的作用是回傳以自然對數 e 為基底的指數值，提供給函式的引數值是次方（在此處範例中，次方為 2）：

```
select exp(2);
```

回傳結果如下：

```
7.38905609893065
```

函式回傳 7.38905609893065，是基底數字 e（2.718281828459）的平方。

log()

函式 log() 的作用是根據我們提供的引數，回傳自然對數：

```
select log(2);
```

回傳結果如下：

```
0.6931471805599453
```

MySQL 還提供函式 log10()，作用是回傳以 10 為基底的對數值，函式 log2() 則是回傳以 2 為基底的對數值。

函式 log() 也能接收兩個引數：基底數字和數值本身。以 $\log_2(8)$ 為例，要輸入以下程式碼：

```
select log(2, 8);
```

回傳結果如下：

```
log(2, 8)
--------
    3
```

傳送兩個引數給函式，分別為 2 和 8，函式回傳值為 3。

mod()

如同先前所介紹的，函式 mod() 也可以作為 Mod 函式，將一個數字除以另一個數字，然後回傳餘數。

```
select mod(7, 2);
```

回傳結果如下：

```
mod(7, 2)
--------
      1
```

函式 mod(7,2) 的運算結果為 1，因為 7 除以 2 的結果是 3 餘 1，也可以利用 % 和 mod 運算子來計算餘數。

pow()

函式 pow() 的作用是回傳某個數字的指定次方值。若要計算 5 的 3 次方，查詢程式碼的寫法如下：

```
select pow(5, 3);
```

回傳結果如下：

```
pow(5, 3)
--------
    125
```

函式 pow() 的效果跟 power() 一樣，都會回傳相同的結果。

round()

先前已經介紹過，函式 round() 的作用是將十進位數字四捨五入。以數字 9.87654321 為例，如果要將這個數字四捨五入到小數點後三位，就要利用以下的查詢程式碼：

```
select round(9.87654321, 3);
```

回傳結果如下：

```
round(9.87654321, 3)
-------------------
       9.877
```

如果呼叫函式 round() 時只用一個引數，會對所有小數進行四捨五入：

```
select round(9.87654321);
```

回傳結果如下：

```
round(9.87654321)
-------------------
        10
```

呼叫函式 round() 時如果沒有傳入第二個選擇性引數，就會預設小數點後是 0 位數。

truncate()

函式 truncate() 的作用是以無條件捨去的做法，將某個數字縮短到指定的小數位數。以數字 9.87654321 為例，若要縮短到小數點後三位，可以利用以下查詢：

```
select truncate(9.87654321, 3);
```

回傳結果如下：

```
truncate(9.87654321, 3)
-----------------------
        9.876
```

截短數字時如果要去掉所有小數，可以在呼叫函式 truncate() 時傳入 0 作為第二個引數：

```
select truncate(9.87654321, 0);
```

回傳結果如下：

```
truncate(9.87654321, 0)
-----------------------
         9
```

為了將數字轉換成我們要求的位數，函式 truncate() 會直接移除小數點後的數字。和函式 round() 之間的差異在於，後者移除數字之前會先進行四捨五入。

sin()

函式 sin() 的作用是根據指定的弧度，回傳正弦值。利用下方查詢程式碼可以取得弧度 2 的正弦值：

```
select sin(2);
```

回傳結果如下：

```
sin(2)
------------------
0.9092974268256817
```

將引數 2 傳給函式，函式回傳值為 0.9092974268256817。

cos()

函式 cos() 的作用是根據指定的弧度，回傳餘弦值。利用下方查詢程式碼可以取得弧度為 2 的餘弦值：

```
select cos(2);
```

回傳結果如下：

```
cos(2)
-------------------
-0.4161468365471424
```

將引數 2 傳給函式，函式回傳值為 -0.4161468365471424。

sqrt()

函式 sqrt() 的作用是回傳指定數字的平方根，利用以下程式碼可以取得 16 的平方根：

```
sqrt(16)
--------
   4
```

將引數 16 傳給函式，函式回傳值為 4。

stddev_pop()

函式 stddev_pop() 會以提供給函式的數字，回傳總體標準差。將資料集的所有資料值都納入考量，此時得到的標準差就是總體標準差（population standard deviation）。以下方資料表 test_score 為例，表中包含所有測驗分數：

```
score
-----
  70
  82
  97
```

現在我們要撰寫查詢程式碼，取得所有測驗分數的總體標準差：

```
select  stddev_pop(score)
from    test_score;
```

回傳結果如下：

```
stddev_pop(score)
------------------
11.045361017187261
```

函式 std() 和 stddev() 兩者的效果跟 stddev_pop() 一樣，都會產生相同的結果。

讀者若想取得樣本值的標準差，而非整體資料集的標準差，可以改用函式 stddev_samp()。

tan()

函式 tan() 接受弧度作為引數，然後回傳正切值。以下方查詢程式碼為例，可以取得弧度 3.8 的正弦值：

```
select tan(3.8);
```

回傳結果如下：

```
0.7735560905031258
```

將引數 3.8 傳給函式，函式回傳值為 0.7735560905031258。

動手試試看

8-8. 月球距離地球 252,088 英里，請撰寫查詢程式碼，計算月球距離地球多少公里，並且將計算結果的數字四捨五入到最接近的公里數。將英里轉換成公里，每一英里要乘上 1.60934。

其他便利的函式

本書最後再介紹幾個便利的函式，包括 cast()、coalesce()、distinct()、database()、if() 和 version()。

cast()

函式 cast() 會自動將一個值的資料型態轉換成其他不同的資料型態。呼叫函式 cast()，同時將第一個引數值傳給函式 cast()，後面跟著關鍵字 as，然後指定我們想要轉換的資料型態。

以資料表 online_order 為例，從表中選取資料欄 order_datetime 的 datetime 值：

```
select   order_datetime
from     online_order;
```

下方回傳結果顯示以下的 datetime 值：

```
order_datetime
-------------------
2024-12-08 11:39:09
2024-12-10 10:11:14
```

選取這些值的同時，將資料型態 datetime 轉換成 date，就能去掉時間的部分，做法如下所示：

```
select   cast(order_datetime as date)
from     online_order;
```

結果如下：

```
cast(order_datetime as date)
----------------------------
              2024-12-08
              2024-12-10
```

datetime 值現在只會出現 date 值，也就是日期的部分。

coalesce()

函式 coalesce() 的作用是回傳清單裡第一個非空值，可以在指定空值後再接非空值，函式 coalesce() 還是會回傳非空值：

```
select coalesce(null, null, 42);
```

回傳結果如下：

```
coalesce(null, null, 42)
------------------------
                      42
```

此外，當我們想在結果中顯示某個值以取代 null 時，函式 coalesce() 也能派上用場。以下方查詢程式碼為例，在使用的資料表 candidate 裡，資料欄 employer 有時會儲存求職者目前的雇主名稱，有時則會儲存 null。輸入下方程式碼後，會改成顯示文字 Between Jobs 來取代原本的 null：

```
select employee_name,
       coalesce(employer, 'Between Jobs')
from   candidate;
```

回傳結果如下：

```
employee_name  employer
-------------  ------------
Jim Miller     Acme Corp
Laura Garcia   Globex
Jacob Davis    Between Jobs
```

如此一來，查詢程式碼處理到 Jacob Davis 的資料時，就會顯示 Between Jobs 而非 null，提供更清楚的資訊，對非技術面使用者來說尤其如此，因為他們可能無法理解 null 代表什麼意義。

distinct()

資料表若有重複的值，可以使用函式 distinct() 讓每個值只顯示一次。舉例說明，假設我們想知道顧客來自哪個國家，所以要查詢資料表 customer，寫法如下：

```
select country
from    customer;
```

回傳結果如下：

```
country
-------
India
USA
USA
USA
India
Peru
```

上方查詢回傳了資料表 customer 裡，資料欄 country 的每一列資料值。使用函式 distinct() 之後，出現在結果集裡的每個國家都只會看到一次：

```
select distinct(country)
from    customer;
```

回傳結果現在變成：

```
country
-------
India
USA
Peru
```

函式 distinct() 也能作為運算子，使用時要移除函式名稱後面的小括號，如下所示：

```
select distinct country
from   customer;
```

產生相同的結果集：

```
country
-------
India
USA
Peru
```

函式 distinct() 結合函式 count() 的時候特別好用，能幫我們找出資料集裡有幾個唯一值。下方撰寫的查詢程式碼是計算資料表裡有幾個不同的國家：

```
select count(distinct country)
from   customer;
```

回傳結果如下：

```
count(distinct country)
-----------------------
          3
```

上方程式碼先利用函式 distinct()，辨識出不同的國家，再將這些國家包裝在函式 count() 裡，進而取得國家數。

database()

函式 database() 的作用是告訴我們目前正在使用哪一個資料庫。本書先前在第 2 章已經介紹過，命令 use 的作用是讓我們選擇要使用哪一個資料庫。然而，一整天下來我們可能會在不同的資料庫間移動，忘記當前使用的資料庫。此時就可以像下方的程式碼一樣，呼叫函式 database()：

```
use airport;

select database();
```

回傳結果如下：

```
database()
----------
 airport
```

如果我們以為自己在某個資料庫裡，但實際上卻不是，此時若嘗試查詢某個資料表，MySQL 會提出錯誤，說明該資料表不存在。遇到這種情況，最快的檢查方法就是呼叫 database()。

if()

函式 if() 的作用是根據條件式結果為 true 或 false，回傳不同的值。函式 if() 會接收三個引數：我們要測試的條件式、當條件式結果為 true 的時候要回傳的值，以及當條件式結果為 false 的時候要回傳的值。

一起來撰寫查詢程式碼，列出學生的名字以及他們是否通過考試。下方資料表 test_result 包含以下資料：

```
student_name  grade
------------  -----
Lisa          98
Bart          41
Nelson        11
```

下方程式碼的作用是檢查每位學生是否通過考試，回傳結果會類似以下內容：

```
select  student_name,
        if(grade > 59, 'pass', 'fail')
from    test_result;
```

條件式會檢查學生的 grade 值是否大於 59，如果大於，就回傳文字 pass；如果小於，則回傳文字 fail。回傳結果如下：

```
student_name  if(grade > 59, 'pass', 'fail')
------------  -----------------------------
Lisa                       pass
Bart                       fail
Nelson                     fail
```

後續第 11 章還會介紹 if 陳述式，自訂函式和程序時會用到，跟此處介紹的函式 if() 不同。

MySQL 還支援 case 運算子，讓我們執行比函式 if() 更複雜的邏輯。case 運算子能讓我們測試多個條件，根據第一個滿足的條件式回傳結果。下方查詢程式碼的作用是選取學生名字，然後根據學生的成績加入評語：

```
select  student_name,
case
  when grade < 30 then 'Please retake this exam'
  when grade < 60 then 'Better luck next time'
  else 'Good job'
end
from test_result;
```

使用 case 運算子的時候要搭配關鍵字 end，作為 case 陳述式的結束標記。

遇到任何成績低於 30 分的學生，case 陳述式會回傳 Please retake this exam（請重新測驗），然後將控制權傳到 end 陳述式。

由於 case 陳述式的第一個 when 條件式不會處理成績獲得 30 分以上的學生，所以控制權會跳到下一行。

如果學生成績高於 30 分但低於 60 分，會回傳 Better luck next time（祝下次好運），然後將控制權傳到 end 陳述式。

若學生成績不符合任一個 when 條件式，意味著學生的分數高於 60，控制權會落在關鍵字 else，回傳 Good job（考得很棒），所以 else 子句是用來擷取前兩個條件式不處理的學生成績。回傳結果如下：

```
student_name  case when grade < 30 then 'Please...
------------  ------------------------------------
Lisa          Good job
Bart          Better luck next time
Nelson        Please retake this exam
```

唯有當條件式結果為 true 或 false，函式 if() 才會回傳結果；case 的作用跟函式 if() 不同，允許我們檢查多個條件，根據第一個滿足的條件式回傳結果。

version()

函式 version() 的作用是回傳我們當前使用的 MySQL 版本：

```
select version();
```

回傳結果如下：

```
version
-------
8.0.27
```

上方結果顯示，我的伺服器安裝的 MySQL 版本是 8.0.27，各位讀者的版本或許會跟本書有所不同。

動手試試看

8-9. 資料庫 electricity 底下的資料表 electrician 包含以下資料：

```
electrician       years_experience
-------------     ----------------
Zach Zap                 1
Wanda Wiring             6
Larry Light              21
```

在這家公司，經驗少於 5 年的水電技師，職稱為 Journeyman；經驗介於 5 到 10 年的水電技師職稱為 Apprentice；具有 10 年以上經驗的技師職稱則是 Master Electrician。

下方是我們撰寫的查詢程式碼，目的是顯示每位水電技師的名字和職稱，但回傳錯誤的結果：

```
select   name,
case
  when years_experience < 10 then 'Apprentice'
  when years_experience < 5 then 'Journeyman'
  else 'Master Electrician'
end
from     electrician;
```

回傳結果如下：

```
name              case when years_e...
--------------    ------------------
Zach Zap          Apprentice
Wanda Wiring      Apprentice
Larry Light       Master Electrician
```

Zach Zap 的職稱應該顯示為 Journeyman，而非 Apprentice。請問這個查詢程式碼錯在哪裡？請修改查詢程式碼，以回傳正確的名字和職稱。

重點回顧與小結

讀者在本章已經學到如何呼叫 MySQL 內建函式以及將引數值傳給這些函式，還探索了 MySQL 最好用的函式，若有必要，也知道如何找到那些比較不常用的函式。下一章的學習主軸有：了解如何在 MySQL 資料庫插入、更新和刪除資料。

9

插入、更新和刪除資料

本章學習主軸有：了解如何在資料表插入、更新和刪除資料，然後實際練習如何將某個資料表的資料插入另一個資料表，以及利用查詢來更新或刪除資料表中的資料；建立資料表，每次插入資料列的同時，這個資料表會自動遞增數值，加入資料欄裡。

插入資料

截至目前為止，我們一直都是從資料表查詢資料，但是，資料一開始是怎麼進入資料表裡？一般來說，插入資料時通常是使用 insert 陳述式。

利用 insert 陳述式在資料表加入資料列，稱為填入（populating）資料表，還要指定我們想要插入的資料值，以及資料值要插入到哪一個名稱的資料表和資料欄裡。

下方範例程式碼是將一列資料插入資料表 arena，這個資料表內有各種體育館相關資訊，包含名稱、位置和容納人數：

```
❶ insert into arena
      (
   ❷ arena_id,
     arena_name,
     location,
     seating_capacity
     )
❸ values
     (
     1,
   ❹ 'Madison Square Garden',
     'New York',
     20000
     );
```

首先，指定我們要插入一列資料到資料表 arena ❶，接著指定資料分別存入資料欄 arena_id、arena_name、location 和 seating_capacity ❷。然後在關鍵字 values 底下，以跟資料欄相同的順序列出我們要插入的值 ❸。其中 Madison Square Garden 和 New York 因為是字元字串，所以會用引號括起來 ❹。

執行這個 insert 陳述式後，MySQL 會回傳訊息 1 row(s) affected，讓我們知道有一列資料已經插入資料表。

然後查詢資料表 arena，確認是否如我們所預期的方式插入新的資料列：

```
select * from arena;
```

確認結果如下：

```
arena_id  arena_name            location  seating_capacity
--------  --------------------  --------  ----------------
     1    Madison Square Garden  New York      20000
```

從上方結果可以看到，資料列已經插入，而且如我們預期顯示資料欄及各個欄位的值。

插入空值

在資料欄插入空值時，有兩種做法可以選擇。第一種做法是列出資料欄名稱，使用關鍵字 null 作為插入值。舉個例子，假設我們想在資料表 arena 加入一列資料，但不知道體育館 Dean Smith Center 容納的座位數，此時可以用下列語法撰寫 insert 陳述式：

```
insert into arena
    (
    arena_id,
    arena_name,
    location,
    seating_capacity
    )
values
    (
    2,
    'Dean Smith Center',
    'North Carolina',
    null
    );
```

第二個選項則是完全省略資料欄名稱，替代做法是在撰寫開頭的 insert 陳述式時，資料欄位清單省略資料欄 seating_capacity，欄位值清單則不提供值：

```
insert into arena
    (
    arena_id,
    arena_name,
    location
    )
values
    (
    2,
    'Dean Smith Center',
    'North Carolina'
    );
```

由於沒有插入資料欄 seating_capacity 的值，所以 MySQL 會預設為 null。使用下方查詢程式碼就能看到剛剛插入的資料列：

```
select  *
from    arena
where   arena_id = 2;
```

確認結果如下：

arena_id	arena_name	location	seating_capacity
2	Dean Smith Center	North Carolina	null

不管採用哪種做法，資料欄 seating_capacity 都會設定為 null。

如果建立資料表的時候，資料欄 seating_capacity 已經定義為 not null，則不管使用哪一種方法，都不能插入空值（請見第 2 章）。

動手試試看

9-1. 請建立資料庫 food，在資料庫底下建立資料表 favorite_meal，內含兩個資料欄。資料欄 meal 定義為 varchar(50)，資料欄 price 定義為 numeric(5,2)。然後將下列資料插入資料表：

meal	price
Pizza	7.22
Cheeseburger	8.41
Salad	9.57

執行查詢指令：**select * from favorite_meal**，看看新增的資料列是否有出現在資料表裡。

9-2. 請建立資料庫 education，在資料庫底下建立資料表 college，內含三個資料欄。資料欄 college_name 定義為 varchar(100)，資料欄 location 定義為 varchar(50)，資料欄 undergrad_enrollment 定義為 int。然後將下列資料插入資料表：

college_name	location	undergrad_enrollment
Princeton University	New Jersey	4773
Massachusetts Institute of Technology	Massachusetts	4361
Oxford University	Oxford	11955

執行查詢指令：**select * from college**，看看新增的資料列是否有出現在資料表裡。

一次插入多個資料列

遇到想插入多個資料列的情況，我們除了可以一次插入一列資料，也可以一次插入一組資料列。讓我們先從第一個方法看起。下方程式碼

是示範如何利用單個 insert 陳述式，將三個體育館的資料插入資料表
arena：

```
insert into arena (arena_id, arena_name, location, seating_capacity)
values (3, 'Philippine Arena', 'Bocaue', 55000);

insert into arena (arena_id, arena_name, location, seating_capacity)
values (4, 'Sportpaleis', 'Antwerp', 23359);

insert into arena (arena_id, arena_name, location, seating_capacity)
values (5, 'Bell Centre', 'Montreal', 22114);
```

下方程式碼是將三個資料列結合成一個 insert 陳述式，也能達成相同
的結果：

```
insert into arena (arena_id, arena_name, location, seating_capacity)
values (3, 'Philippine Arena', 'Bocaue', 55000),
       (4, 'Sportpaleis', 'Antwerp', 23359),
       (5, 'Bell Centre', 'Montreal', 22114);
```

一次插入多個資料列時，要以小括號將每一列資料的各個欄位值括起
來，每一組值之間要以英文逗號隔開。MySQL 將三個資料列都插入資
料表後，會回傳訊息 3 row(s) affected，讓我們知道這三列資料都已
經插入。

NOTE 這些 SQL 陳述式的格式跟我們先前看過的範例有些不同，資料欄位名稱清單
（arena_id、arena_name、location 和 seating_capacity）全都寫在同一行。
有些讀者或許偏好像這樣把資料欄位名稱都放在同一行，以節省空間；但有
些讀者或許覺得像之前的範例那樣將每一個資料欄位名稱獨自列一行，更具
可讀性。請視個人偏好使用即可。

插入資料列時省略資料欄名稱

在資料表插入資料時也可以不指定資料欄名稱。既然我們是要插入四
個資料值，而且資料表 arena 也只有四個資料欄位，所以我們可以將
原本有列出資料欄名稱的 insert 陳述式，置換成沒有列出資料欄名稱
的陳述式：

```
insert into arena
values (6, 'Staples Center', 'Los Angeles', 19060);
```

MySQL 能夠判斷哪一個值要插入哪個欄位，因為我們提供欄位值的順序跟資料表的欄位順序相同。

雖然省略資料欄位名稱能節省一些打字的時間，但實務上最好還是列出這些欄位名稱，因為我們也有可能會在未來某個時間點，在資料表 arena 新增第五個欄位。如果沒有列出資料欄位名稱，將來又做了這類變更，就會讓 insert 陳述式出現錯誤，因為變成我們嘗試將四個資料值插入有五個資料欄位的資料表。

插入序數

實務上也可能會遇到需要在資料表的某個資料欄位插入序數，以資料表 arena 為例，假設我們希望資料欄 arena_id 第一列資料的值是 1，資料欄 arena_id 下一列資料的值是 2，再下一列的值是 3，以此類推。MySQL 提供了一個簡單的做法，就是讓我們在定義資料欄時搭配 auto_increment 屬性。auto_increment 屬性搭配主要索引鍵特別好用，表示資料表裡的這個資料欄位是用來識別資料列的唯一性。

一起來看看實際的運作方式。下方指令是從資料表 arena 選取出目前為止的所有內容：

```
select * from arena;
```

回傳結果如下：

```
arena_id  arena_name             location         seating_capacity
--------  ---------------------  --------------   ----------------
       1  Madison Square Garden  New York                    20000
       2  Dean Smith Center      North Carolina               null
       3  Philippine Arena       Bocaue                      55000
       4  Sportpaleis            Antwerp                     23359
       5  Bell Centre            Montreal                    22114
       6  Staples Center         Los Angeles                 19060
```

從上方結果可以看到，每個體育館都有自己的 arena_id，而且這個值會比前一個插入的資料列的值大。

於是，在資料欄 arena_id 插入值時，只要發現資料表內已經存在 arena_id 的最大值，就在插入下一列資料時，對這個值加 1。以下方程式碼為例，插入體育館 Staples Center 的資料列時，直接在程式碼裡寫入 arena_id 為 6，因為前一列資料的 arena_id 是 5：

```
insert into arena (arena_id, arena_name, location, seating_capacity)
values (6, 'Staples Center', 'Los Angeles', 19060);
```

在實際營運的資料庫中，不適合採取這種做法，因為會快速新增很多
資料列。比較好的做法是讓 MySQL 為我們管理這項工作，因此，我
們要在建立資料表的同時，定義具有 auto_increment 屬性的資料欄
arena_id。一起來試試看。

下方程式碼是先刪除掉之前建立的資料表 arena，然後重新建立資料
表，定義具有屬性 auto_increment 的資料欄 arena_id：

```
drop table arena;

create table arena (
    arena_id            int              primary key        auto_increment,
    arena_name          varchar(100),
    location            varchar(100),
    seating_capacity    int
);
```

如此一來，只要我們在資料表插入新的資料列時，就不必再處理插入
資料欄 arena_id 的資料值。我們只要插入其他資料欄的資料即可，之
後每當插入一列新的資料，MySQL 就會幫我們自動遞增資料欄 arena_
id 的值。insert 陳述式的寫法如下：

```
insert into arena (arena_name, location, seating_capacity)
values ('Madison Square Garden', 'New York', 20000);

insert into arena (arena_name, location, seating_capacity)
values ('Dean Smith Center', 'North Carolina', null);

insert into arena (arena_name, location, seating_capacity)
values ('Philippine Arena', 'Bocaue', 55000);

insert into arena (arena_name, location, seating_capacity)
values ('Sportpaleis', 'Antwerp', 23359);

insert into arena (arena_name, location, seating_capacity)
values ('Bell Centre', 'Montreal', 22114);

insert into arena (arena_name, location, seating_capacity)
values ('Staples Center', 'Los Angeles', 19060);
```

上方程式碼沒有將資料欄 arena_id 列在資料欄位清單裡，也沒有在欄位值清單裡提供 arena_id 的值。MySQL 執行上方的 insert 陳述式後，可以利用下方指令看看資料表插入資料列的結果：

```
select * from arena;
```

回傳結果如下：

```
arena_id  arena_name             location         seating_capacity
--------  ---------------------  ---------------  ----------------
       1  Madison Square Garden  New York                    20000
       2  Dean Smith Center      North Carolina               null
       3  Philippine Arena       Bocaue                      55000
       4  Sportpaleis            Antwerp                     23359
       5  Bell Centre            Montreal                    22114
       6  Staples Center         Los Angeles                 19060
```

從上方結果可以看到 MySQL 會自動遞增資料欄 arena_id 的值。

每個資料表只有一個資料欄能在定義時附加屬性 auto_increment，而且這個資料欄必須是主要索引鍵（或是組成主要索引鍵的一部分）。

這種在定義時有附加屬性 auto_increment 的資料欄在插入值時，MySQL 一定會插入更大的數字，但數字之間可能會出現空缺，例如資料表裡 arena_id 的值有可能最後是 22、23，然後接 29。造成這個情況的原因跟資料庫使用的儲存引擎、MySQL 伺服器的配置等等其他因素有關，不過，這些已經超出本書探討的範圍，讀者現在只要知道這種在定義時有附加屬性 auto_increment 的資料欄，一定會產生遞增的數字清單。

利用查詢來插入資料

我們也可以根據查詢回傳的值，在資料表插入資料。舉個例子，假設我們想將資料表 large_building 的資料加到資料表 arena，其中資料表 large_building 建立時具有下方這些資料型態：

```
create table large_building
    (
    building_type      varchar(50),
    building_name      varchar(100),
    building_location  varchar(100),
    building_capacity  int,
    active_flag        bool
);
```

資料表含有下方這份資料：

building_type	building_name	building_location	building_capacity	active_flag
Hotel	Wanda Inn	Cape Cod	125	1
Arena	Yamada Green Dome	Japan	20000	1
Arena	Oracle Arena	Oakland	19596	1

針對這個範例的目的，我們不想要資料表的第一列資料，因為 Wanda Inn 是一家飯店，不是體育館。所以我們要撰寫查詢程式碼，回傳資料表 large_building 裡含有體育館資料的其他資料列，寫法如下：

```
select  building_name,
        building_location,
        building_capacity
from    large_building
where   building_type = 'Arena'
and     active_flag is true;
```

回傳結果如下：

building_name	building_location	building_capacity
Yamada Green Dome	Japan	20000
Oracle Arena	Oakland	19596

insert 陳述式再利用這個查詢結果作為基礎，將這些資料列插入資料表 arena：

```
insert into arena (
        arena_name,
        location,
        seating_capacity
)
select  building_name,
        building_location,
        building_capacity
from    large_building
where   building_type = 'Arena'
and     active_flag is true;
```

MySQL 將查詢回傳的兩列資料，插入資料表 arena。讀者可以查詢資料表 arena，確認新增的資料列：

```
select * from arena;
```

下方查詢結果已經包含新增的資料列：

```
arena_id  arena_name             location         seating_capacity
--------  ---------------------  ---------------  ----------------
       1  Madison Square Garden  New York                    20000
       2  Dean Smith Center      North Carolina               null
       3  Philippine Arena       Bocaue                      55000
       4  Sportpaleis            Antwerp                     23359
       5  Bell Centre            Montreal                    22114
       6  Staples Center         Los Angeles                 19060
       7  Yamada Green Dome      Japan                       20000
       8  Oracle Arena           Oakland                     19596
```

insert 陳述式在資料表 arena 的現有資料裡，加入編號 7 和 8 的體育館。

利用查詢來建立和填入新的資料表

利用語法：create table as，我們只需要一個步驟就能建立和填入資料表。下方程式碼的作用是建立新的資料表 new_arena，同時在資料表插入多個資料列：

```
create table new_arena as
select  building_name,
        building_location,
        building_capacity
from    large_building
where   building_type = 'Arena'
and     active_flag is true;
```

NOTE 關鍵字 as 可以選擇性使用。

這個陳述式會根據先前 large_building 查詢的結果，建立資料表 new_arena。查詢新的資料表：

```
select * from new_arena;
```

查詢結果如下：

```
building_name      building_location  building_capacity
-----------------  -----------------  -----------------
Yamada Green Dome  Japan                          20000
Oracle Arena       Oakland                        19596
```

資料表 new_arena 建立時是使用跟資料表 large_building 相同的資料欄名稱和資料型態。利用關鍵字 desc 描述資料表，藉此確認資料型態：

```
desc new_arena;
```

回傳結果如下：

```
Field               Type          Null  Key  Default  Extra
-----------------   -----------   ----  ---  -------  -----
building_name       varchar(100)  YES        null
building_location   varchar(100)  YES        null
building_capacity   int           YES        null
```

create table 還可以用來製作資料表的副本。例如複製資料表，將新的資料表命名為 arena_ 附加當時的日期，用以儲存資料表 arena 目前的狀態，如下所示：

```
create table arena_20241125 as
select * from arena;
```

從資料表 arena 新增或移除資料欄之前，可能會想確定原始資料有先儲存在第二個資料表。當我們即將對資料表進行重大變動時，這種做法就能派上用場，但實務上不太可能複製非常龐大的資料表。

更新資料

資料表擁有資料後，我們可能會希望這些資料隨時間演進而變動。MySQL 提供 update 陳述式，讓我們更改現有的資料。

體育館改名是令人頭痛的事，即使是資料表裡的體育館也不例外。在這個範例中，我們要利用 update 陳述式，對 arena_id 為 6 的那一列資料，將 arena_name 值從原本的 Staples Center 改成 Crypto.com Arena：

```
update  arena
set     arena_name = 'Crypto.com Arena'
where   arena_id = 6;
```

首先，利用關鍵字 set，設定資料表的資料欄位值。此處範例是將資料欄 arena_name 的值設定為 Crypto.com Arena。

下一步是在 where 子句指定我們要更新哪一（幾）列資料。這個範例更新資料列的依據是選擇資料欄 arena_id 值為 6，但也可以根據其他資料欄來更新同一列資料，例如改以資料欄 arena_name 更新資料列：

```
update   arena
set      arena_name = 'Crypto.com Arena'
where    arena_name = 'Staples Center';
```

或是使用資料欄 location 更新資料列，因為清單裡只有一個體育館在 Los Angeles：

```
update   arena
set      arena_name = 'Crypto.com Arena'
where    location = 'Los Angeles';
```

設計 where 子句時要小心謹慎，這點很重要，因為任何符合指定準則的資料列都會被更新。舉個例子，假設有五個體育場的 location 值（位置）都是 Los Angeles，先前我們寫的 update 陳述式就會將所有五個體育場的名字都改成 Crypto.com Arena，不管是不是我們打算要改的那一個。

更新資料列時，以作為主要索引鍵的資料欄為依據，通常會是最好的做法。先前在建立資料表 arena 的時候，我們已經將資料欄 arena_id 定義為這個資料表的主要索引鍵；也就是說，在這個資料表裡，arena_id 為 6 的資料列只有一列，所以如果使用語法 where arena_id = 6，就能確信陳述式只會更新一列資料。

在 where 子句使用主要索引鍵也是實務上最好的做法，因為作為主要索引鍵的資料欄已經建立索引。在資料表內尋找資料列時，相較於未建立索引的資料欄，已經建立索引的資料欄通常搜尋速度較快。

更新多列資料

利用 where 子句指定符合多個資料列的條件，就能一次更新多列資料。下方程式碼會找出所有 arena_id 值大於 3 的體育館，然後更新體育館能容納的座位數：

```
update    arena
set       seating_capacity = 20000
where     arena_id > 3;
```

MySQL 會將編號 4、5 和 6 的體育館的 seating_capacity 值更新為 20,000。如果將整個 where 子句移除，資料表內的所有資料列都會更新。

```
update    arena
set       seating_capacity = 15000;
```

現在如果執行指令：select * from arena，會看到所有體育館的容納座位數都更新為 15,000：

```
arena_id  arena_name            location          seating_capacity
--------  --------------------  --------------    ----------------
       1  Madison Square Garden  New York                   15000
       2  Dean Smith Center      North Carolina             15000
       3  Philippine Arena       Bocaue                     15000
       4  Sportpaleis            Antwerp                    15000
       5  Bell Centre            Montreal                   15000
       6  Crypto.com Arena       Los Angeles                15000
```

上方這個範例顯然是忘記要使用 where 子句，用以限制要更新的資料列數。

更新多欄資料

只要一個 update 陳述式，就能更新多個資料欄的值，做法是以英文逗號隔開每個資料欄的名稱：

```
update    arena
set       arena_name = 'Crypto.com Arena',
          seating_capacity = 19100
where     arena_id = 6;
```

上方範例針對 arena_id 為 6 的資料列，更新其中兩個資料欄位 arena_name 和 seating_capacity 的值。

動手試試看

9-3. 針對資料庫 food 底下的資料表 favorite_meal，請將所有價格提高 20%
並且更新該欄位的值。

刪除資料

使用 delete 陳述式，可以刪除資料表中的資料。一個 delete 陳述式
可以一次刪除一列、多列或是所有資料列，以 where 子句，指定我們
要刪除哪些資料列。下方範例程式碼是刪除 arena_id 為 2 的資料列：

```
delete from arena
where arena_id = 2;
```

執行這個範例的 delete 陳述式後，使用下方查詢程式碼，從資料表中
選取剩下的資料列：

```
select * from arena;
```

查詢結果如下：

```
arena_id  arena_name            location        seating_capacity
--------  --------------------  --------------  ----------------
       1  Madison Square Garden  New York              15000
       3  Philippine Arena       Bocaue                15000
       4  Sportpaleis            Antwerp               15000
       5  Bell Centre            Montreal              15000
       6  Crypto.com Arena       Los Angeles           15000
```

從上方結果可以看到，原本有 arena_id 為 2 的資料列已經刪除。

先前我們在第 7 章已經學過，如何利用運算子 like 進行簡單的模式
比對。我們可以將這項技巧應用在這裡，用以刪除所有名字裡有單字
「Arena」的體育館：

```
delete from arena
where arena_name like '%Arena%';
```

以下方查詢程式碼，從資料表中選取剩下的資料列：

```
select * from arena;
```

查詢結果如下：

```
arena_id  arena_name              location         seating_capacity
--------  --------------------    --------------   ----------------
    1     Madison Square Garden   New York              15000
    4     Sportpaleis             Antwerp               15000
    5     Bell Centre             Montreal              15000
```

原本名稱為 Philippine Arena 和 Crypto.com Arena 的兩個資料列，已經不在資料表裡了。

如果沒有任何資料列符合我們撰寫的 delete 陳述式和 where 子句的條件，就不會刪除資料列：

```
delete from arena
where arena_id = 459237;
```

上方這個陳述式不會刪除任何資料列，因為沒有任何一列資料裡含有 459237 這個 arena_id。MySQL 不會產生錯誤訊息，但會顯示訊息 0 row(s) affected（沒有任何資料列受到影響）。

使用 delete 陳述式但不加 where 子句時，就會刪除資料表的所有資料列：

```
delete from arena;
```

上方這個陳述式會從資料表刪除所有資料列。

NOTE 跟 update 陳述式一樣，撰寫 delete 陳述式時，必須小心謹慎設計 where 子句。MySQL 會刪除所有 where 子句確認過符合指定條件的資料列，所以請確保 where 子句的正確性。

動手試試看

9-4. 由於莫札瑞拉起司短缺，我們必須從資料庫 food 底下的資料表 favorite_meal，將 Pizza 這個品項移除。請撰寫 delete 陳述式來完成這項工作。

清空和刪除資料表

清空資料表雖然會移除所有資料列，但會保留完整的資料表結構和欄位。跟使用 delete 陳述式但不加 where 子句的效果一樣，不過，執行速度通常更快。

使用命令 truncate table 可以清空資料表，如下所示：

```
truncate table arena;
```

執行上方陳述式後，這個資料表還會存在，只是資料表內已經沒有任何資料列。

讀者如果想要同時刪除資料表和移除資料表的所有資料，可以使用 drop table 命令：

```
drop table arena;
```

現在如果企圖從 arena 資料表選取資料，MySQL 將會顯示訊息，表示該資料表不存在。

重點回顧與小結

讀者在本章已經學到如何在資料表插入、更新和刪除資料，了解如何插入空值，以及快速建立或刪除整個資料表。下一章的學習主軸有：使用檢視表（view，結構類似資料表）以及了解其所帶來的好處。

PART III

資料庫物件

本書第三部分的學習目標是建立資料庫物件,例如,檢視表、函式、程序、觸發器和事件。這些物件會儲存在 MySQL 伺服器上,日後需要使用時可隨時呼叫這些物件。

第 10 章的學習主軸:學習如何建立檢視表,以類似資料表的結構來存取查詢結果。

第 11 章的學習主軸:自訂函式和程序來執行工作任務,例如,取得和更新美國各州的人口數。

第 12 章的學習主軸:自訂觸發器,當我們在資料表插入、更新或刪除資料列時,觸發器會自動採取我們定義的行動。

第 13 章的學習主軸:自訂 MySQL 事件,管理排定的工作任務。

第三部分的這些章節會針對不同類型的物件,分別使用以下的命名慣例:

beer	資料表名稱,這個資料表內含啤酒資料。
v_beer	檢視表名稱,這個資料表內含啤酒資料。
f_get_ipa()	函式名稱,這個函式是用於取得印度淡色艾爾(India pale ales)啤酒清單。
p_get_pilsner()	程序名稱,這程序是用於取得皮爾森(pilsner)啤酒清單。

`tr_beer_ad`	觸發器名稱，當 beer 資料表刪除資料列時，這個觸發器會自動採取行動。因為資料表的英文名稱「table」也是以字母「*t*」開頭，所以本書使用「`tr_`」作為觸發器名稱的前置詞，才不會跟資料表搞混。結尾詞「`_ad`」代表 *after delete*（刪除後），「`_bd`」代表 *before delete*（刪除前），「`_bu`」和「`_au`」分別代表 *before update*（更新前）和 *after update*（更新後），「`_bi`」和「`_ai`」分別代表 *before insert*（插入前）和 *after insert*（插入後），後續第 12 章會學到這些結尾詞代表的意義。
`e_load_beer`	排定的事件名稱，這個事件是將新的啤酒資料載入到 beer 資料表裡。

在先前的章節裡，我們是以描述性名稱為資料表命名，讓其他程式設計人員能快速理解資料表儲存的資料性質。針對資料表以外的資料庫物件，我們還是會繼續使用這個方法，但需要在物件名稱前面加上前置詞，用以簡短描述物件的類型，例如，「`v_`」表示 *view*（檢視表）；有時也會需要在物件名稱後面加上結尾詞，例如，「`_ad`」代表 *after delete*（刪除後）。

雖然這些命名慣例並不是一定要遵守的法律，但是請考慮採用，因為能幫助我們快速理解資料庫物件的用途。

10

建立檢視表

本章學習主軸是：如何建立和使用檢視表。檢
視表（view）是根據我們撰寫的查詢所輸出的虛
擬資料表，可以自訂我們想要顯示的結果集內容。
　　每次從檢視表選取資料時，MySQL 會重新執行我們為
檢視表定義的查詢，然後以類似資料表的結構回傳最新的查
詢結果，檢視表同樣具有資料列和資料欄。

檢視表非常適合用於某些情況，例如，想要簡化複雜的查詢、隱藏具
有敏感性或無關的資料。

建立新的檢視表

使用 create view 語法就能建立檢視表，請見以下的範例資料表
course：

```
course_name                             course_level
--------------------------------------  ------------
Introduction to Python                  beginner
Introduction to HTML                    beginner
React Full-Stack Web Development         advanced
Object-Oriented Design Patterns in Java  advanced
Practical Linux Administration          advanced
Learn JavaScript                        beginner
Advanced Hardware Security              advanced
```

下方程式碼的作用是建立檢視表 v_course_beginner，從資料表 course 選取所有 course_level 值為 beginner 的資料欄：

```
create view v_course_beginner as
select *
from    course
where   level = 'beginner';
```

上方陳述式執行後會建立檢視表，然後儲存在 MySQL 資料庫裡。現在我們隨時都可以使用以下的指令來查詢檢視表 v_course_beginner：

```
select * from v_course_beginner;
```

查詢結果如下：

```
course_name           course_level
--------------------  ------------
Introduction to Python  beginner
Introduction to HTML    beginner
Learn JavaScript        beginner
```

由於我們先前定義檢視表時，是從資料表 course 選取 *（萬用字元），所以檢視表會擁有跟原先資料表相同的資料欄名稱。

檢視表 v_course_beginner 是要給初階班學生使用，所以只會從資料表內選取 course_level 值為 beginner 的課程，隱藏進階課程。

現在我們要建立第二個檢視表給進階班學生使用，只包含進階課程：

```
create view v_course_advanced as
select *
from    courses
where   level = 'advanced';
```

從檢視表 v_course_advanced 選取資料，以顯示進階課程：

```
select * from v_course_advanced;
```

查詢結果如下：

```
course_name                            course_level
-------------------------------------- ------------
React Full-Stack Web Development        advanced
Object-Oriented Design Patterns in Java advanced
Practical Linux Administration          advanced
Advanced Hardware Security              advanced
```

定義檢視表 v_course_advanced 的時候，我們提供給 MySQL 的查詢指令是從資料表 course 選取資料。因此，每次要使用檢視表時，MySQL 就會執行這個查詢指令，也就是說檢視表一定會保持在最新狀態，跟資料表 course 的最新資料列同步。在這個範例中，每次從檢視表 v_course_advanced 選取資料時，任何新加入資料表 course 的進階課程都會顯示。

這種做法不僅能讓我們維護資料表 course 的課程內容，還能為初階班和進階班的學生，分別提供不同的檢視資料。

利用檢視表來隱藏資料欄的值

在前面的資料表 course 範例中，我們建立了檢視表，用於顯示資料表中的某些資料列，同時隱藏其他資料列。除此之外，我們也可以建立檢視表，顯示不同的資料欄。

讓我們來看個例子，了解如何利用檢視表，隱藏具有敏感性資料的資料欄。這個範例有兩個資料表：company 和 complaint，用於追蹤當地公司的客訴情況。

資料表 company 如下所示：

```
company_id company_name        owner          owner_phone_number
---------- ------------------- -------------- ------------------
1          Cattywampus Cellular Sam Shady      784-785-1245
2          Wooden Nickel Bank   Oscar Opossum  719-997-4545
3          Pitiful Pawn Shop    Frank Fishy    917-185-7911
```

下方為資料表 complaint：

```
complaint_id  company_id  complaint_desc
------------  ----------  ------------------------------
1             1           Phone doesn't work
2             1           Wi-Fi is on the blink
3             1           Customer service is bad
4             2           Bank closes too early
5             3           My iguana died
6             3           Police confiscated my purchase
```

首先，我們要撰寫查詢程式碼，選取每家公司的資訊，計算各家公司收到的客訴數量。

```
select    a.company_name,
          a.owner,
          a.owner_phone_number,
          count(*)
from      company a
join      complaint b
on        a.company_id = b.company_id
group by  a.company_name,
          a.owner,
          a.owner_phone_number;
```

查詢結果如下：

```
company_name           owner            owner_phone_number  count(*)
--------------------   --------------   ------------------  --------
Cattywampus Cellular   Sam Shady           784-785-1245        3
Wooden Nickel Bank     Oscar Opossum       719-997-4545        1
Pitiful Pawn Shop      Frank Fishy         917-185-7911        2
```

只要在原本查詢程式碼的第一行加入語法：create view，就可以上方的查詢結果顯示在檢視表 v_complaint：

```
create view v_complaint as
select    a.company_name,
          a.owner,
          a.owner_phone_number,
          count(*)
from      company a
join      complaint b
on        a.company_id = b.company_id
group by  a.company_name,
          a.owner,
          a.owner_phone_number;
```

如此一來，下次想要取得包含客訴數量的公司清單時，我們只要輸入指令：select * from v_complaint，無須再重寫整個查詢程式碼。

我們接著要建立另一個檢視表，用於隱藏公司負責人的資訊。將檢視表命名為 v_complaint_public，讓資料庫內的所有使用者都有權限檢視。這個檢視表會顯示公司名稱和客訴數量，但不會顯示公司負責人的姓名或電話號碼：

```
create view v_complaint_public as
select    a.company_name,
          count(*)
from      company a
join      complaint b
on        a.company_id = b.company_id
group by a.company_name;
```

以下方指令查詢檢視表：

```
select * from v_complaint_public;
```

查詢結果如下：

```
company_name            count(*)
-------------------- --------
Cattywampus Cellular     3
Wooden Nickel Bank       1
Pitiful Pawn Shop        2
```

這個範例是說明如何使用檢視表，隱藏資料欄儲存的資料。雖然資料庫內有公司負責人的聯絡資訊，但只要檢視表 v_complaint_public 不要選取這些資料欄，就不會提供這些資訊。

檢視表建立之後，就可以當成資料表使用，例如將檢視表跟資料表合併查詢、將檢視表跟其他檢視表合併查詢，以及在子查詢裡使用檢視表。

透過檢視表來插入、更新和刪除資料

第 9 章已經學過如何在資料表中插入、更新和刪除資料列。在某些情況下，還可能使用檢視表來修改資料列。以根據資料表 course 建立的檢視表 v_course_beginner 為例，我們可以利用下方的 update 陳述式來更新這個檢視表：

```
update   v_course_beginner
set      course_name = 'Introduction to Python 3.1'
where    course_name = 'Introduction to Python';
```

上方這個 update 陳述式更新的資料欄 course_name，是在檢視表 v_course_beginner 的基底資料表 course 裡。MySQL 之所以能執行這項更新，是因為檢視表和資料表結構相似；檢視表 v_course_beginner 內的每個資料列，資料表 course 裡也會有相同的一列資料。

現在我們要以類似的查詢程式碼來更新檢視表 v_complaint：

```
update   v_complaint
set      owner_phone_number = '578-982-1277'
where    owner = 'Sam Shady';
```

會收到以下錯誤訊息：

```
Error Code: 1288. The target table v_complaint of the UPDATE is not updatable
```

MySQL 不讓我們更新檢視表 v_complaint，因為這個檢視表是利用多個資料表和彙總函式 count() 建立而成，比檢視表 v_course_beginner 更複雜。至於哪些檢視表才允許更新、插入或刪除資料列，由於規則相當複雜，本書建議讀者直接更改基底資料表內的資料，避免將檢視表用在這個用途上。

刪除檢視表

刪除檢視表時要使用命令 drop view：

```
drop view v_course_advanced;
```

檢視表雖然從資料庫移除，但建立檢視表的基礎資料表仍舊存在。

索引搭配檢視表

檢視表雖然無法加入索引值來提高查詢速度，但 MySQL 還是可以使用基底資料表上的任何索引值。以下方查詢為例：

```
select  *
from    v_complaint
where   company_name like 'Cattywampus%';
```

上方查詢程式碼可以利用資料表 company 內資料欄 company_name 的索引值，因為檢視表 v_complaint 是以資料表 company 建立而成。

重點回顧與小結

讀者在本章已經了解檢視表的使用方法，以提供客製化的資料呈現方式。下一章的學習主軸是：學習如何撰寫函式和程序，在其中加入處理邏輯，讓函式和程序能根據資料值來執行某些工作任務。

11

自訂函式與程序

讀者先前在第 8 章已經學到如何呼叫 MySQL 內建函式，本章將學習如何自訂函式，其他學習主軸有：如何撰寫程序，以及探討函式和程序兩者之間的關鍵差異。

使用 if 陳述式、迴圈、Cursor（資料列指標）和 case 陳述式，為函式和程序增加邏輯，根據資料值執行不同的工作任務；最後是練習以函式和程序接受值和回傳值。

函式 vs. 程序

函式（function）和程序（procedure）兩者都是以名稱呼叫程式，由於這些程式已經預先儲存在 MySQL 資料庫裡，所以有時也稱為預存函式和預存程序，統稱為預存常用程序（stored routine）或預存程式（stored program）。撰寫複雜的 SQL 陳述式或是一組具有多個步驟的陳述式時，應該先儲存為函式或程序，日後就能輕鬆地以名稱呼叫。

函式和程序之間的主要差異，在於函式是讓 SQL 陳述式呼叫，而且一定會有回傳值。另一方面，程序則是直接以 call 陳述式呼叫。程序還有一個跟函式不同的地方，就是會將值回傳給程序呼叫者（caller）（請注意：此處的呼叫者可能是某個使用 MySQL Workbench 這類工具的人、以 Python 或 PHP 等其他程式語言撰寫的程式或是其他 MySQL 程序）。程序可能沒有回傳值或是有一個、多個回傳值，但函式接受引數、執行某些工作任務後，則只會回傳一個值。舉個例子，假設我們從 select 陳述式呼叫函式 f_get_state_population()，查詢出紐約州的人口數，然後以紐約州的名稱作為引數傳給函式：

```
select f_get_state_population('New York');
```

傳送引數給函式的方法，是將引數放在一組小括號之間。如果要傳送多個引數，各引數之間須以英文逗號分隔。函式接受引數之後，會執行我們建立函式時定義的一些處理，然後回傳值：

```
f_get_state_population('New York')
----------------------------------
            19299981
```

函式 f_get_state_population() 以文字 New York 作為引數，在資料庫中查詢，找出紐約的人口數，回傳 19299981。

NOTE 自訂函式命名時請考慮以 f_ 開頭，讓函式扮演的角色更清楚，如同本書此處示範的寫法。

以下方程式碼為例，我們還可以在 SQL 陳述式的 where 子句裡呼叫函式，回傳人口數大於紐約州的每個 state_population 值：

```
select   *
from     state_population
where    population > f_get_state_population('New York');
```

這個範例程式碼以 New York 作為引數，呼叫函式 f_get_state_population()。再以函式回傳值 19299981 引發查詢，判斷為以下查詢子句：

```
select   *
from     state_population
where    population > 19299981;
```

這個查詢從資料表 state 回傳的資料，是人口數大於 19,299,981 的每個州的名稱及其人口數：

```
state       population
----------  ----------
California   39613493
Texas        29730311
Florida      21944577
```

另一方面，程序不是從 SQL 查詢呼叫，而是透過 call 陳述式。將程序指定接受的引數傳入程序之後，程序就會執行我們定義的工作任務，執行完畢後再將控制權交回給呼叫者。

以下方程式碼為例，呼叫程序 p_set_state_population()，傳入 New York 作為引數：

```
call p_set_state_population('New York');
```

稍後在範例清單 11-2，會介紹如何建立程序 p_set_state_population() 以及定義程序的工作任務，讀者現在只要知道這個語法是用於呼叫程序。

NOTE　程序命名時請考慮以 p_ 開頭，讓程序扮演的角色更清楚。

程序通常用於執行事務邏輯，做法是透過更新、插入和刪除資料表裡的紀錄資料，程序還可以用來顯示從資料庫產生的資料集。函式則常用於執行比較小型的工作任務，像是從資料庫取得一份資料或是將某個值格式化。同一個功能有時能選擇以程序或函式其中一個方式實作。

跟資料表和檢視表一樣，函式和程序也會儲存在建立時使用的資料庫裡。使用命令 use，就能設定當前要使用的資料庫，隨後定義程序或函式時，就會建立在這個資料庫底下。

到此，我們已經了解如何呼叫函式和程序，接著就一起來看如何自訂我們想要建立的函式和程序。

自訂函式

範例清單 11-1 是示範如何定義函式 f_get_state_population()，接受某個州的名稱作為引數，回傳該州的人口數。

範例清單 11-1：建立函式 f_get_state_population()

```
❶ use population;

❷ drop function if exists f_get_state_population;

delimiter //

❸ create function f_get_state_population(
    state_param     varchar(100)
)
returns int
deterministic reads sql data
begin
    declare population_var int;

    select   population
    into     population_var
    from     state_population
    where    state = state_param;

    return(population_var);
❹ end//

delimiter ;
```

範例清單 11-1 的第一行是使用命令 use，設定當前要使用的資料庫為 population ❶，隨後建立的函式就會儲存在這個資料庫底下。

NOTE 另一個達成這項設定的做法，是在陳述式 create function 裡指定資料庫名稱，寫法是在函式名稱前加上資料庫名稱和英文句點，如下所示：

```
create function population.f_get_state_population(
```

為了簡化起見，本書會繼續使用範例清單 11-1 示範的方法。

萬一我們要建立的函式已經存在某一個版本，所以在建立函式之前，我們要先使用陳述式 drop function。如果我們想要建立的函式已經有舊版存在，MySQL 會發送錯誤訊息：function already exists，而且不會建立函式。同樣地，如果我們想要刪除的函式已經不存在，MySQL 也會發送錯誤訊息。為了避免出現這樣的錯誤，我們要在 drop function 後面加上 if exists ❷，如果要刪除的函式確實存在，才會刪除函式，但如果不存在也不會發送錯誤訊息。

函式本身是定義在 create function ❸ 和 end ❹ 這兩個陳述式之間，接下來幾節會帶讀者完整看一次函式的各個組成部分。

重新定義程式碼分隔符號

函式定義也包含這幾行程式碼：重新定義然後重新設定分隔符號。分隔符號（delimiter）是一個或多個字元，用於將 SQL 陳述式彼此分開，以及作為每個陳述式的結束標記，通常是使用分號作為分隔符號。

範例清單 11-1 先利用陳述式 delimiter //，將 MySQL 分隔符號暫時設定為 //，這是因為函式是由多個 SQL 陳述式組成，而每個陳述式的結尾是分號。以 f_get_state_population() 為例，這個函式的程式碼中有三個分號，分別位於 declare 陳述式、select 陳述式和 return 陳述式的結尾。為了確保 MySQL 建立函式時，一定會以陳述式 create function 起始，以陳述式 end 結束，我們需要某個方法來告訴 MySQL：在起始和結束這兩個陳述式之間，若遇到任何分號，都不要解釋為函式的結束標記，這就是我們重新定義分隔符號的原因。

一起來看看，如果我們沒有重新定義分隔符號，實際上會發生什麼問題。假設我們將範例清單 11-1 程式碼開頭的陳述式 delimiter // 移除或註解掉，再利用 MySQL Workbench 檢視函式程式碼，應該會注意到第 12 和第 19 行出現紅色 X 標記，表示這兩行發生錯誤（請見圖 11-1）。

```
Query 1 x
📁 💾 ⚡ 🔧 🔍 🕐 🔲 ✔ ❌ 🔳    Limit to 1000 rows

 1 ●    use population;
 2
 3      drop function if exists f_get_state_population;
 4
 5      -- delimiter //
 6 ● ⊖  create function f_get_state_population (
 7         state_param     varchar(100)
 8      )
 9      returns int
10      deterministic reads sql data
11    ⊖ begin
12 🔲    declare population_var int;
13
14 ●      select   population
15         into     population_var
16         from     state_population
17         where    state = state_param;
18
19 🔲      return(population_var);
20
21      end//
22
23      delimiter ;
```

圖 11-1：MySQL Workbench 標記第 12 和第 19 行出現錯誤

當我們註解掉第 5 行的 delimiter 陳述式，並且在陳述式前面加上兩
個連字號和一個空白（--）之後，會造成 MySQL Workbench 回報第
12 和第 19 行出現錯誤，因為程式碼裡的分號變成分隔符號字元。因
此，每當 MySQL 遇到分號，就會認為這是 SQL 陳述式的結束符號。
MySQL Workbench 想要協助我們修改這個問題，於是以紅色 X 標記出
錯誤的行數，讓我們知道以分號結尾的陳述式無效。

為了解決這個問題，需要重新定義分隔符號為 //（或 ; 以外的其他
字元），通知 MySQL Workbench 建立函式的陳述式尚未結束，要一
直到第 21 行結尾的 // 才算結束。只要取消第 5 行的註解（移除第 5
行開頭的兩個連字號和一個空白，也就是 --），就會重新插入命令
delimiter //。

函式建立完畢後，第 23 行會將分隔符號重新設定回分號。

NOTE 開發人員常用於重新定義分隔符號的字元有：//、$$，偶而會使用 ;;。

雖然此處範例需要將分隔符號重新定義為 //，因為函式主體內有三個分號，但也有其他情況是不需要重新定義分隔符號，假設我們以下列結構簡化函式的寫法：

```
delimiter //
create function f_get_world_population()
returns bigint
deterministic no sql
begin
    return(7978759141);
end//

delimiter ;
```

以關鍵字 begin 和 end，將函式主體的部分陳述式進行分組。由於此處的函式主體裡只有一個 SQL 陳述式，作用是回傳全世界的人口數，所以這裡可以不需要使用 begin 和 end，而且也不需要重新定義分隔符號，因為函式主體內只有一個分號——位於 return 陳述式的結尾。因此，我們可以移除重新定義和重新設定分隔符號的程式碼，將函式簡化成以下的寫法：

```
create function f_get_world_population()
returns bigint
deterministic no sql
return(7978759141);
```

雖然這種函式寫法更簡潔，但讀者或許還是想保留 begin 和 end 這兩個陳述式，以及重新定義分隔符號的程式碼，因為這樣日後更容易新增第二個 SQL 陳述式，讀者請視個人偏好使用。

加入參數和回傳值

內建函式和自訂函式都可以接受參數。先前在範例清單 11-1，我們建立了函式 f_get_state_population()，定義這個函式會接受一個參數 state_param，其資料型態為 varchar(100)。第 4 章介紹過的資料型態不僅能定義資料表的資料欄，也可以用來定義參數，包括 int、date、decimal 和 text。

NOTE 任何參數命名時請考慮以 _param 結尾，讓參數扮演的角色更清楚。

由於函式會將某個值回傳給函式的呼叫者，我們在範例清單 11-1 中使用的關鍵字 returns，其作用是讓 MySQL 知道函式回傳值的資料型態。在這個範例中，函式會回傳整數，代表一個州的人口數。

參數 vs. 引數

有些開發人員會交互使用「引數」（argument）和「參數」（parameter）這兩個單字，但兩者之間其實存在某些差異。引數是我們傳給函式的值，參數則是函式用來接收這些值的變數。

不過，對我們來說，重點是如何呼叫函式、將值傳送給函式，以及撰寫函式來接收這些值。我們可以撰寫完全不接受值的函式，或是撰寫接受大量值的函式（甚至可以接受數千個值），但一般來說，我們撰寫的函式不太需要接受 10 個以上的參數。

指定函式特性

以範例清單 11-1 為例，一旦我們建立函式，讓函式回傳整數，就是指定函式具有某種特性；此處提到的特性（characteristic）是指函式的屬性（attribute 或 property）。下方範例中使用的特性是 deterministic 和 reads sql：

```
deterministic reads sql data
```

我們可以將多個特性列在同一行，也可以讓每個特性各自列在一行：

```
deterministic
reads sql data
```

建立函式時必須從兩組特性中選擇：deterministic 或 not deterministic；reads sql data、modifies sql data、contains sql 或 no sql。所有函式都至少要從這三個特性中選擇一個，而且一定要選：deterministic、no sql 或 reads sql data；如果沒選，MySQL 會發送錯誤訊息，並且無法建立函式。

選擇特性：deterministic 或 not deterministic

選擇 deterministic 特性，表示在指定相同引數和相同資料庫狀態的情況下，函式的回傳值會一樣。大致上的情況就是這樣，以函式

f_get_state_population() 為例,之所以會是定性(deterministic),是因為每次以 New York 作為引數呼叫 f_get_state_population(),除非資料庫內的值改變,不然這個函式的回傳值一定會是 19299981。

選擇 not deterministic 特性,表示即使在指定相同引數和相同資料庫狀態的情況下,函式不一定會回傳相同的值。舉個例子,假設某個函式的功能是回傳當下的日期,今天呼叫函式產生的回傳值,會跟明天呼叫函式時產生的值不一樣。

若將非定性的函式標記為 deterministic,呼叫函式時可能會得到不正確的結果。如果是將定性的函式標記為 not deterministic,則函式執行時會比一般需求的速度更慢。在沒有指定 deterministic 或 not deterministic 特性的情況下,MySQL 預設值是指定 not deterministic。

MySQL 使用 deterministic 或 not deterministic 特性的目的有二。第一個目的是在執行查詢時,讓 MySQL 查詢最佳化工具判斷最快的方法。指定 deterministic 或 not deterministic 特性,有助於查詢最佳化工具選擇最適合的執行方法。

第二個目的是讓 MySQL 提供的二進位紀錄檔,持續追蹤資料庫內的資料異動情況。這個二進位紀錄檔是用於執行複製資料,流程是將資料從某個 MySQL 資料庫伺服器複製到另一台伺服器上,稱為 *replica*(複寫)。指定 deterministic 或 not deterministic 特性,有助於 MySQL 執行這項複寫流程。

NOTE 資料庫管理人員可以將配置變數 log_bin_trust_function_creators 設定為 ON,如此便能取消將函式標記為 deterministic 或 not deterministic 的要求。

選擇特性:reads sql data、modifies sql data、contains sql 或 no sql

指定 reads sql data 特性,表示函式利用 select 陳述式從資料庫讀取資料,但不會更新、刪除或插入任何資料;另一方面,若指定 modifies sql data 特性,則表示函式會執行更新、刪除或插入資料的動作。程序比函式更常發生這種情況,因為程序比函式更常用於修改資料庫內的資料。

指定 contains sql 特性,表示函式至少具有一個 SQL 陳述式,只不過這個陳述式不會從資料庫讀取或寫入任何資料;指定 no sql 特性,則表示函式內沒有 SQL 陳述式。舉例說明 no sql 特性的使用時機,

假設函式回傳值是直接寫在程式碼裡的數字，在這種情況下，就不會查詢資料庫。再舉一個例子，假設我們撰寫的函式永遠都只會回傳 212，這樣就不需要記住水沸騰時的華氏溫度。

如果沒有指定 reads sql data、modifies sql data、contains sql 或 no sql 其中一個特性，MySQL 的預設值是指定 contains sql。

定義函式主體

列出函式特性後，接下來是定義函式主體，也就是呼叫函式時要執行的程式碼區塊，以 begin 和 end 陳述式標記函式主體的起始與結束。

在範例清單 11-1，我們以關鍵字 declare 宣告變數 population_var；變數是命名物件，用於保存資料值。MySQL 提供的任何一種資料型態都能用於宣告變數，此處範例是使用資料型態 int。本章後續在「定義區域變數和使用者變數」一節裡，會學到不同的變數資料型態。

NOTE 變數命名時，變數名稱請考慮以 _var 結尾，以清楚變數的角色。

接著加入 select 陳述式，從資料庫取出人口數資料，然後寫入變數 population_var。這裡的 select 陳述式跟先前用過的類似，差別在於現在要使用關鍵字 into，將我們從資料庫取出的值寫入變數。

下一步是使用 return 陳述式，回傳 population_var 的值給函式呼叫者。由於函式一定要回傳一個值，所以函式裡必須有 return 陳述式。函式回傳值的資料型態，必須跟函式開頭以 returns 陳述式宣告的資料型態一致。returns 陳述式用於宣告回傳值的資料型態，return 陳述式才會真正回傳某一個值。

最後是 end 陳述式，後面會接 //，因為我們先前將分隔符號重新定義為 //。一旦遇到 end 陳述式，就表示函式主體執行完畢，要將分隔符號重新定義回分號。

動手試試看

11-1. 資料庫 diet 底下的資料表 calorie 包含以下資料：

```
food    calorie_count
------  -------------
banana     110
pizza      700
apple      185
```

請撰寫函式 f_get_calorie_count()，接受食物名稱作為參數，然後回傳該食物的卡路里數。函式使用的參數 food 定義為 varchar(100)，函式特性指定為 deterministic 和 reads sql data。

完成後，可以用類似以下的程式碼呼叫函式，進行測試：

```
select f_get_calorie_count('pizza');
```

自訂程序

跟前面介紹的函式自訂做法類似，程序也能接受參數、包括以 begin 和 end 包起來的程式區塊、可以定義變數，以及重新定義分隔符號。

程序跟函式不同的地方，在於程序不必像函式那樣要回傳一個值，所以不會使用關鍵字 returns 或 return，程序還可以利用關鍵字 select 顯示資料值。此外，建立函式時，MySQL 會要求指定特性，像是 deterministic 或 reads sql data，但程序不必指定。

請見範例清單 11-2，我們建立了程序 p_set_state_population()，接受某個州的名稱作為參數，從資料表 county_population 取得該州每個郡的最新的人口數量值，然後總計各郡的人口數，最後將總人口數寫入資料表 state_population。

範例清單 11-2：建立程序 p_set_state_population()

```
❶ use population;

❷ drop procedure if exists p_set_state_population;

❸ delimiter //

❹ create procedure p_set_state_population(
   ❺ in state_param varchar(100)
   )
   begin
   ❻ delete from state_population
      where state = state_param;

   ❼ insert into state_population
      (
            state,
            population
      )
```

```
        select state,
           ❽ sum(population)
        from    county_population
        where   state = state_param
        group by state;

❾ end//

  delimiter ;
```

撰寫程式碼的第一步是利用命令 use 將當前要使用的資料庫設定為
population，如此一來，我們接下來建立的程序就會存放在資料庫
population 底下 ❶。建立程序之前要先檢查是否已經有舊版存在，如
果存在，就利用命令 drop 刪除舊版程序 ❷。然後重新定義分隔符號為
//，跟建立函式時的做法一樣 ❸。

下一步要開始建立程序 p_set_state_population() ❹。跟函式一樣，
命名參數為 state_param，定義資料型態為 varchar(100)，另外還需
要指定關鍵字 in，目的是將 state_param 設定為輸入參數 ❺，等一下
就會介紹這個部分。

程序還有一個跟函式不同的地方，接收進來的參數值可以作為輸入值，
也可以作為輸出值，傳回去給程序呼叫者，還能接受多個輸入和輸出
參數（本章稍後會深入探討輸出參數）。撰寫程序時，為參數指定資
料型態時使用的關鍵字有：in 代表 input（輸入）、out 代表 output
（輸出）或是 inout 代表參數兼具兩種性質。函式不必指定這項規格，
因為函式參數會永遠假定為輸入參數。如果程序參數沒有指定 in、out
或 inout，MySQL 的預設值是指定為 in。

接下來要開始在陳述式 begin 和 end 之間撰寫程序主體。在這個主體
程式碼裡，我們會先刪除資料表 state_population 裡現有的資料列
（如果還有資料存在）❻，才會繼續在資料表 state_population 裡插
入新的資料列 ❼。如果沒有先刪除已經存在的資料列，資料表會留下
每次執行程序產生的一列資料。我們希望每次將目前的資訊寫入資料
表 state_population 之前，都是從一份乾淨的資料表開始。

從該州所屬的資料表 county_population，將各郡的人口數加總，會得
到該州的總人口數 ❽。

跟先前函式的做法一樣，程序定義完成後，要將分隔符號重新定義為
分號 ❾。

利用 select 語法來顯示變數值

建立程序和函式時會利用 select...into 這個語法，將資料庫的值寫入變數。但是跟函式不同之處，在於程序還可以省略關鍵字「into」，只用 select 陳述式就可以顯示值。

一起來看範例清單 11-3，我們的目的是建立程序 p_set_and_show_state_population()，取得該州的人口數，寫入到變數裡，然後顯示訊息給程序呼叫者。

範例清單 11-3：建立程序 p_set_and_show_state_population()

```
use population;

drop procedure if exists p_set_and_show_state_population;

delimiter //

create procedure p_set_and_show_state_population(
    in state_param varchar(100)
)
begin
❶ declare population_var int;

    delete from state_population
    where state = state_param;

❷ select sum(population)
    into    population_var
    from    county_population
    where   state = state_param;

❸ insert into state_population
    (
        state,
        population
    )
    values
    (
        state_param,
        population_var
    );

❹ select concat(
            'Setting the population for ',
            state_param,
            ' to ',
            population_var
        );
```

```
end//

delimiter ;
```

我們在這個程序的主體裡，宣告變數 population_var 為整數 ❶，再利用陳述式 select...into，將某個州的各郡人口數總和插入到變數裡 ❷，然後將參數 state_param 的值和變數 population_var 的值，插入到資料表 state_population ❸。

呼叫這個程序時，不僅會從資料表 state_population 設定紐約州的正確人口數，還會顯示含有更多資訊的訊息：

```
call p_set_and_show_state_population('New York');
```

訊息顯示如下：

```
Setting the population for New York to 20201249
```

此處是利用 select 陳述式顯示訊息，其中訊息是以函式 concat() 串接這些內容而成：文字「Setting the population for」、state_param 的值、單字「to」和 population_var 的值 ❹。

定義區域變數和使用者變數

前面範例看到的變數 population_var 是區域變數，所謂的區域變數（local variable）是在程序和函式中定義的變數，宣告時會使用命令 declare 搭配資料型態：

```
declare population_var int;
```

區域變數只能在本身定義所在程序或函式執行期間，才能使用變數或發揮作用。由於我們定義變數 population_var 時已經指定資料型態為 int，日後也只能接受整數值。

我們還能定義使用者變數（user variable），這種變數是以 at（@）符號開頭，單次 Session 存在的整個期間都能使用；只要跟 MySQL 伺服器連接，使用者變數就能在作用範圍內使用。例如假使我們從 MySQL Workbench 建立使用者變數，直到我們關閉工具之前，這個使用者變數都能使用。

建立區域變數時必須指定資料型態，但建立使用者變數時則不需要。

讀者或許曾經在某個函式或程序裡看過下方這樣的程式碼，同時使用區域變數和使用者變數：

```
declare local_var int;
set local_var = 2;
set @user_var = local_var + 3;
```

宣告使用者變數 @user_var 時，不能定義資料型態，像是 int、char 或 bool，但因為變數設定為整數值（local_var 值 +3），所以 MySQL 會自動幫我們將變數的資料型態設定為 int。

趣玩使用者變數

在資料庫 weird_math 底下建立函式 f_math_trick()：

```
use weird_math;

drop function if exists f_math_trick;

delimiter //

create function f_math_trick(
    input_param    int
)
returns int
no sql
begin
    set @a = input_param;
    set @b = @a * 3;
    set @c = @b + 6;
    set @d = @c / 3;
    set @e = @d - @a;

    return(@e);
end//

delimiter ;
```

這個函式會接受一個整數型態的參數，然後回傳整數值。函式主體中設定了數個使用者變數—@a、@b、@c、@d 和 @e，根據輸入函式的引數值來執行數學的計算。函式接受參數 input_param 的值，再利用使用者變數乘上 3、加上 6、除以 3，然後減掉參數值，函式最後回傳的值是使用者變數 @e。

自訂程序搭配邏輯陳述式

我們也可以在程序裡，使用類似其他程式語言（像是 Python、Java 或
PHP）的程式設計邏輯。例如以 if 和 case 這類的條件陳述式控制執
行流程，在特定條件下執行部分程式碼；還可以使用迴圈，重複執行
部分程式碼。

if 陳述式

if 陳述式屬於決策型陳述式，若條件為 true（真），則執行特定行數
的程式碼。下方程式碼為範例清單 11-4，作用是建立程序 p_compare_
population()，將 state_population 和 county_population 兩個資料表
的人口數進行比較。若兩邊的人口值一致，就回傳某個訊息；如果不
一致，則回傳另一個訊息。

範例清單 11-4：程序 p_compare_population()

```
use population;

drop procedure if exists p_compare_population;
```

```
delimiter //

create procedure p_compare_population(
    in state_param varchar(100)
)
begin
    declare state_population_var int;
    declare county_population_var int;

    select   population
❶ into      state_population_var
    from     state_population
    where    state = state_param;

    select sum(population)
❷ into      county_population_var
    from     county_population
    where    state = state_param;

❸ if (state_population_var = county_population_var) then
        select 'The population values match';
❹ else
        select 'The population values are different';
    end if;

end//

delimiter ;
```

範例清單 11-4 的第一個 select 陳述式是從資料表 state_population
取得該州的人口數，然後寫入變數 state_population_var ❶；接著是以
第二個 select 陳述式，從資料表 county_population 取得該州各郡的
人口數總和，然後寫入變數 county_population_var ❷。下一步是以語
法 if...then，比較兩個變數。如果（if）兩邊的值一致 ❸，則（then）
執行指定行數的程式碼，顯示訊息：The population values match；
否則（else）❹ 就執行下一行程式碼，顯示訊息：The population
values are different。然後使用 end if 作為 if 陳述式的結束標記。

以下方的 call 陳述式呼叫程序：

```
call p_compare_population('New York');
```

呼叫結果如下：

```
The population values are different
```

根據程序呼叫結果，顯示兩邊資料表的值不一致，或許包含各郡人口
數的資料表有更新資料，但資料表 state_population 內的資料尚未
更新。

MySQL 還有提供關鍵字 elseif，讓我們能檢查更多條件式。下方程式
碼利用這個關鍵字，將範例清單 11-4 的 if 陳述式擴展成可以顯示三
個訊息的其中一個：

```
if (state_population_var = county_population_var) then
    select 'The population values match';
elseif (state_population_var > county_population_var) then
    select 'State population is more than the sum of county population';
else
    select 'The sum of county population is more than the state population';
end if;
```

第一個條件式是檢查 state_population_var 的值是否等於 county_
population_var 的值，若條件為 true（真），程式碼會顯示文字 The
population values match，控制流會跳到 end if 陳述式。

如果不滿足第一個條件，程式碼會檢查 elseif 的條件式，判斷 state_
population_var 的值是否大於 county_population_var。若條件為 true
（真），程式碼會顯示文字 State population is more than the sum
of county population，控制流會跳到 end if 陳述式。

若前兩個條件式都不滿足，控制流會跳到 else 陳述式，程式碼會
顯示文字 The sum of county population is more than the state
population，控制流會跳到 end if 陳述式。

case 陳述式

case 陳述式是一種撰寫複雜條件陳述式的寫法，以範例清單 11-5 為
例，定義程序時使用 case 陳述式，判斷某個州的人口數是否超過
3000 萬、介於 1000 到 3000 萬人之間或少於 1000 萬。

範例清單 11-5：程序 p_population_group()

```
use population;

drop procedure if exists p_population_group;

delimiter //

create procedure p_population_group(
    in state_param varchar(100)
```

```
)
begin
    declare state_population_var int;

    select  population
    into    state_population_var
    from    state_population
    where   state = state_param;

    case
    ❶ when state_population_var > 30000000 then select 'Over 30 Million';
    ❷ when state_population_var > 10000000 then select 'Between 10M and 30M';
    ❸ else select 'Under 10 Million';
    end case;

end//

delimiter ;
```

範例程序中撰寫的 case 陳述式是以 case 起始，end case 結束，具有兩個 when 條件式（類似 if 陳述式）和一個 when 陳述式。

若條件 state_population_var > 30000000 為 true（真），程序顯示文字 Over 30 Million❶，控制流會跳到 end case 陳述式。

若條件 state_population_var > 10000000 為 true（真），程序顯示文字 Between 10M and 30M❷，控制流會跳到 end case 陳述式。

若前兩個 when 條件式都不滿足，會執行 else 陳述式，程序會顯示文字 Under 10 Million❸，控制流會跳到 end case 陳述式。

請以下方範例呼叫程序，找找看這些州會落在哪個條件群裡：

```
call p_population_group('California');
Over 30 Million

call p_population_group('New York');
Between 10M and 30M

call p_population_group('Rhode Island');
Under 10 Million
```

呼叫程序之後會從資料庫檢索該州的人口數，case 陳述式會根據人口數，顯示該州正確的人口分組。

迴圈

在程序建立迴圈（loop），能重複執行部分程式碼。MySQL 允許我們建立簡單的迴圈、repeat 迴圈和 while 迴圈。此處的範例程序是使用簡單迴圈，重複顯示文字 Looping Again：

```
drop procedure if exists p_endless_loop;

delimiter //
create procedure p_endless_loop()
begin
loop
  select 'Looping Again';
end loop;
end;
//
delimiter ;
```

現在呼叫程序：

```
call p_endless_loop();
```

這個範例程序的程式碼，是以命令 loop 和 end loop 標記迴圈的起始和結束，重複執行兩個標記之間的命令。

這個程序會一次又一次地重複顯示文字 Looping Again，理論上會永遠不停執行。這種情況稱為無限迴圈（endless loop），讀者應該避免。建立了迴圈，卻沒有提供停止迴圈的方法，真的很糟！

如果你在 SQL Workbench 執行這個程序，每跑一次迴圈，就會開啟不同的結果分頁來顯示文字 Looping Again。幸好，MySQL 最終會感覺到開啟了太多結果分頁，提出選項問我們是否要停止執行程序（請見圖 11-2）。

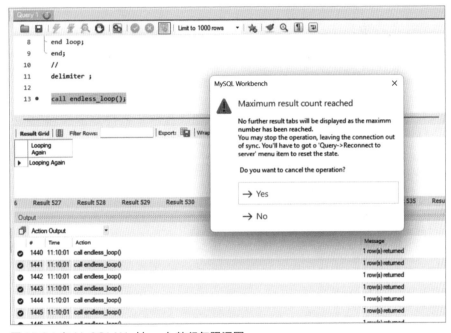

圖 11-2：在 MySQL Workbench 執行無限迴圈

為了避免產生無限迴圈，我們設計迴圈時，必須在某些條件已經滿足時就結束迴圈。下方這個程序使用更合理簡單的迴圈，循環 10 次之後就會結束：

```
drop procedure if exists p_more_sensible_loop;

delimiter //
create procedure p_more_sensible_loop()
begin
❶ set @cnt = 0;
❷ msl: loop
```

```
      select 'Looping Again';
❸ set @cnt = @cnt + 1;
❹ if @cnt = 10 then
   ❺ leave msl;
   end if;
end loop msl;
end;
//
delimiter ;
```

在上方這個程序裡，我們定義了一個使用者變數 @cnt（cnt 是英文計數器 *counter* 的縮寫），將變數初始值設定為 0 ❶。在 loop 陳述式前面加上 msl:，目的是將迴圈名稱標記為 msl（more sensible loop，意即更合理的迴圈）❷。每跑一次迴圈，變數 @cnt 的值就會加 1 ❸。設定 @cnt 的值一定要到達 10，迴圈才會結束 ❹。一旦達到設定的執行次數，會以命令 leave 搭配我們想要離開的迴圈名稱 msl，退出迴圈 ❺。

當我們呼叫這個重新設計過的程序，會變成執行 loop 和 end loop 陳述式之間的程式碼 10 次，每次都會顯示文字 Looping Again。在程式碼已經執行 10 次之後，迴圈就會停止，控制流會跳到 end loop 陳述式的下一行，程序將控制權交回給程序呼叫者。

我們還可以利用語法 repeat...until，撰寫 repeat 迴圈的程式碼，寫法如下：

```
drop procedure if exists p_repeat_until_loop;

delimiter //
create procedure p_repeat_until_loop()
begin
set @cnt = 0;
repeat
   select 'Looping Again';
   set @cnt = @cnt + 1;
until @cnt = 10
end repeat;
end;
//
delimiter ;
```

迴圈主體程式碼是放在 repeat 和 end repeat 之間，重複執行兩個陳述式之間的命令，直到 @cnt 的值等於 10，然後控制流會跳到 end 陳述式。until 陳述式放在迴圈末尾，所以迴圈命令至少會執行一次，因為在跑第一次迴圈之前，不會檢查條件式 until @cnt = 10。

此外，還可以利用 while 和 end while 陳述式，撰寫 while 迴圈的程式碼：

```
drop procedure if exists p_while_loop;

delimiter //
create procedure p_while_loop()
begin
set @cnt = 0;
while @cnt < 10 do
    select 'Looping Again';
    set @cnt = @cnt + 1;
end while;
end;
//
delimiter ;
```

必須滿足 while 命令指定的條件式，才會執行迴圈的命令。如果滿足條件式 @cnt < 10，程序會執行（do）迴圈裡的命令。執行到 end while 陳述式時，控制流會回到 while 命令，再次檢查 @cnt 的值是否仍然小於 10。一旦計數器的值不再小於 10，控制流就會跳到 end 命令，結束迴圈。

當我們需要一次又一次地重複執行相似的工作任務，迴圈是重複功能時非常便利的方法。而且，別忘了提供退出迴圈的方法，這樣才能避免寫出無限迴圈，如果需要迴圈至少執行一次，請使用語法 repeat...until。

利用 select 陳述式來顯示程序查詢的結果

我們既然可以在程序中使用 select 陳述式，就可以撰寫程序來查詢資料庫的資料以及顯示結果。如果日後還需要重新執行，可以將我們撰寫的查詢儲存為程序，留待以後需要時就能隨意呼叫程序。

舉個例子，假設我們撰寫了一個查詢程式，目的是取出某一個州所有郡的人口數，以英文逗號格式化這些資料值，並且依照各郡人口數多寡，從最大到最少依序排列。將我們想執行的這些工作內容儲存為程序，命名為 p_get_county_population()，寫法如下：

```
use population;

drop procedure if exists p_get_county_population;
```

```
delimiter //

create procedure p_get_county_population(
    in state_param varchar(100)
)
begin
    select county,
            format(population, 0)
    from    county_population
    where   state = state_param
    order by population desc;
end//

delimiter ;
```

程序準備好之後，每次需要這項資訊時就可以呼叫程序：

```
call p_get_county_population('New York');
```

下方查詢結果以適當的格式，分別顯示紐約州所有 62 個郡的人口數：

```
Kings           2,736,074
Queens          2,405,464
New York        1,694,251
Suffolk         1,525,920
Bronx           1,472,654
Nassau          1,395,774
Westchester     1,004,457
Erie              954,236
--snip--
```

下次想要檢視這項資料的最新版本時，只要再次呼叫這個程序。

動手試試看

11-3. 請建立資料庫 diet，然後在這個資料庫下建立程序 p_get_food()，這個程序不需要接受參數。程序的作用是從資料表 calorie 取出資料，顯示資料欄 food 和 calorie_count 的內容。依照結果排序，將資料欄 calorie_count 的最高值排在第一列，最低值排在最後一列。

程序撰寫完成後，可以用以下的程式碼呼叫程序，進行測試：

```
call p_get_food();
```

除了可以在程序中使用 select 陳述式，顯示查詢結果，我們還可以使用 output 參數，將值回傳給程序呼叫者。

資料列指標的用法

SQL 雖然非常擅長一次更新或刪除多列資料，而且處理速度很快，但我們偶而也會需要循環處理資料集，一次只處理一列資料，此時就可以利用 Cursor（資料列指標）。

Cursor（資料列指標）屬於資料庫物件，用於從資料庫選取資料列，然後保存在記憶體裡，讓我們能一口氣循環處理這些資料列。使用 Cursor（資料列指標）的流程是先宣告 Cursor，接著開啟 Cursor，從中取得每一列資料，然後關閉 Cursor，這些使用步驟如圖 11-3 所示。

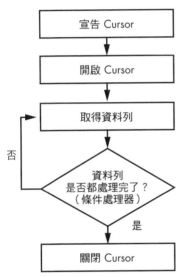

圖 11-3：Cursor 的使用步驟

接下來我們要建立程序 p_split_big_ny_counties()，說明如何使用 Cursor（資料列指標）。這個程序會用到資料表 county_population，資料表內有某個州的各郡人口數。以紐約州為例，總共有 62 個郡，人口數最多的幾個郡，如下所示：

county	population
Kings	2,736,074
Queens	2,405,464
New York	1,694,251
Suffolk	1,525,920

```
Bronx          1,472,654
Nassau         1,395,774
Westchester    1,004,457
```

假想我們是在紐約州政府裏任職的資料庫開發人員，現在我們收到一項要求：將人數超過兩百萬的郡拆成兩個人數較少的郡，每個郡的人數約為原來郡人口數的一半。

以 Kings 郡為例，目前人口數為 2,736,074 人。現在我們收到要求準備建立兩個郡：一個是 Kings-1 郡，有 1,368,037 人；另一個是 Kings-2 郡，有 1,368,037 人。還必須刪除 Kings 郡原來的資料列，人口數是 2,736,074。為了完成這項工作任務，我們要撰寫範例清單 11-6 的程序，如下所示。

範例清單 11-6：建立程序 p_split_big_ny_counties()

```
drop procedure if exists p_split_big_ny_counties;

delimiter //

create procedure p_split_big_ny_counties()
begin
❶ declare  v_state       varchar(100);
   declare  v_county      varchar(100);
   declare  v_population  int;

❷ declare done bool default false;

❸ declare county_cursor cursor for
      select   state,
               county,
               population
      from     county_population
      where    state = 'New York'
      and      population > 2000000;

❹ declare continue handler for not found set done = true;

❺ open county_cursor;

❻ fetch_loop: loop
      fetch county_cursor into v_state, v_county, v_population;

   ❼ if done then
         leave fetch_loop;
      end if;

   ❽ set @cnt = 1;
```

```
❾ split_loop: loop

    insert into county_population
    (
      state,
      county,
      population
    )
    values
    (
      v_state,
      concat(v_county, '-', @cnt),
      round(v_population/2)
    );

    set @cnt = @cnt + 1;

    if @cnt > 2 then
      leave split_loop;
    end if;

  end loop split_loop;

  -- delete the original county
❿ delete from county_population where county = v_county;

  end loop fetch_loop;

  close county_cursor;
end;
//

delimiter ;
```

這個範例程序是利用 Cursor（資料列指標），從資料表 county_population 中選取出原始州名、郡名及其人口數的值，再從 Cursor 取出資料列，一次只取出一列，每一列資料都會循環執行一次 fetch_loop，直到所有資料列處理完畢，接著就讓我們一起來跑一次完整的程序。

首先，宣告變數 v_state、v_county 和 v_population，隨後會針對人口數超過兩百萬的郡，將其 state、county 和 population 值儲存在這些變數裡 ❶。還會宣告變數 done，確認 cursor 何時已經無法取得更多資料列，並且將變數 done 定義為布林型態，設定預設值為 false ❷。

接著宣告資料列指標 county_cursor，以其 select 陳述式，從資料表 county_population 取出所有人口數超過兩百萬的郡：此處範例為 Kings 郡和 Queens 郡 ❸。

再來是宣告條件處理器，當 Cursor 沒有更多資料列可以讀取時，會自動將變數 done 設定為 true❹。條件處理器（condition handler）的作用是定義 MySQL 如何回應程序執行中出現的情況，此處範例的條件處理器是處理情況 not found，若 fetch 陳述式已經無法再找到資料列，程序會執行陳述式 set done = true，將變數 done 的值從 false 改為 true，讓我們知道已經無法取得更多資料列。

宣告條件處理器時，可以選擇情況處理完畢後要繼續執行程序（continue）還是退出（exit），範例清單 11-6 是選擇 continue。

下一步是開啟先前已經宣告的 county_cursor，準備使用資料列指標❺。建立迴圈 fetch_loop，目的是取出和遍巡處理 county_cursor 的每一列資料，一次處理一列❻。建立完畢後，開始從這個資料列指標取出一列資料，將其中的州名、郡名和人口值儲存到變數 v_state、v_county 和 v_population。

檢查變數 done 的值❼，如果這個 Cursor 裡的所有資料列都已經取出，就會退出 fetch_loop，控制流跳到 end loop 陳述式的下一行。然後關閉 Cursor，退出這個程序。

如果尚未取完 Cursor 裡的所有資料列，就會將使用者變數 @cnt 的值設定為 1❽。然後再輸入一個迴圈 split_loop，執行工作任務：將我們取出的郡一分為二❾。

NOTE 讀者請特別留意，這個程序具有巢狀迴圈：外層迴圈 fetch_loop 是負責從指定的資料表讀取各郡的原始資料，內層迴圈 split_loop 則是負責將各個郡拆成兩個人口數較少的郡。

進入迴圈 split_loop 之後，首先是將一列資料插入到資料表 county_population，插入的資料值有某個郡的名稱（名稱後會附加 -1 或 -2）以及人口數（該郡原本人口數的一半）。郡名的結尾詞是 -1 還是 -2，由使用者變數 @cnt 控制。變數 @cnt 的初始值是 1，每循環一次 split_loop 迴圈，就會對 @cnt 的值加 1，最後再將原始郡名、破折號和變數 @cnt 的值串接在一起。將原始人口數的值（儲存在變數 v_population）除以 2，就能得到減半的人口數。

我們可以從程序呼叫其他函式，例如使用函式 concat()，為郡名附加結尾詞；或是使用函式 round()，確保 population 的新值不會有小數部分。因為如果該郡原本的人口數是奇數，我們不希望新的郡的人口數減半之後，會得到像 1368036.5 這樣的數字。

當變數 @cnt 的值超過 2，表示我們已經完成將這個郡一分為二的工作，因此會離開（leave）迴圈 split_loop，控制流則跳到陳述式 end loop split_loop 的下一行，然後刪除該郡原本存在資料庫裡的資料列 ❿。

控制流抵達 fetch_loop 的結尾，表示這個郡的處理工作已經結束。控制流會回到迴圈 fetch_loop 的開頭，取出下一個郡的資料列，然後開始處理。

現在我們要以下方指令呼叫程序：

```
call p_split_big_ny_counties();
```

然後撰寫下方查詢指令，從資料庫裡查看紐約州人口數最多的幾個郡：

```
select *
from   county_population
order by population desc;
```

查詢結果如下：

```
state      county        population
--------   -----------   ----------
New York   New York       1694251
New York   Suffolk        1525920
New York   Bronx          1472654
New York   Nassau         1395774
New York   Kings-1        1368037
New York   Kings-2        1368037
New York   Queens-1       1202732
New York   Queens-2       1202732
New York   Westchester    1004457
--snip--
```

我們撰寫的程序正常運作！現在我們有新的郡 Kings-1、Kings-2、Queens-1 和 Queens-2，這幾個郡的人口數是原本 Kings 郡和 Queens 郡的一半。Kings 郡和 Queens 郡原先的資料列已經從資料表移除，現在沒有任何一個郡的人口數超過兩百萬。

NOTE Cursor（資料列指標）的執行速度通常會比 SQL 設定的一般處理方式還來得慢，所以如果是在可以選擇使用也可以選擇不用 Cursor 的情況下，通常會建議最好不要使用 Cursor。不過，有時就是會遇到必須分別處理每一列資料的情況。

宣告程序輸出的參數

截至目前為止，我們在程序中使用的參數都屬於輸入，但程序也允許輸出參數，回傳某個值給程序呼叫者。本章先前的內容提過，這個呼叫者可能是某個使用 MySQL Workbench 這類工具的人、以 Python 或 PHP 等其他程式語言撰寫的程式或是其他 MySQL 程序。

如果程序呼叫者是終端使用者，只需要看到某些值但不需要拿這些值做任何進一步的處理，此時可以利用 select 陳述式來顯示值；然而，如果程序呼叫者需要使用這些值，我們可以把值當作輸出參數，從程序回傳這些值。

下方範例程式碼為程序 p_return_state_population()，這個程序會以輸出參數，將某個州的人口數回傳給程序呼叫者：

```
use population;

drop procedure if exists p_return_state_population;

delimiter //

create procedure p_return_state_population(
❶ in   state_param         varchar(100),
❷ out current_pop_param    int
)
begin
❸ select population
   into   current_pop_param
   from   state_population
   where  state = state_param;
end//

delimiter ;
```

上方程序宣告輸出參數（in）state_param，定義其資料型態為 varchar(100)，表示最長字串可為 100 字元 ❶。接著定義輸出參數（out）current_pop_param，資料型態為 int ❷。然後取出該州的人口數，儲存到輸出參數 current_pop_param，這個參數值就會自動回傳給呼叫者，因為我們已經指定參數型態為 out ❸。

現在我們要利用 call 陳述式呼叫程序，傳送 New York 作為輸入參數，並且宣告我們希望程序的輸出參數要回傳給新的使用者變數 @pop_ny：

```
call p_return_state_population('New York', @pop_ny);
```

傳送引數給程序時，引數在小括號內的順序，要跟我們建立程序時定義的順序一致，根據程序定義可接受兩個參數：state_param 和 current_pop_param。此處範例呼叫程序時，提供了 New York 作為輸入參數 state_param 的引數值；提供變數名稱 @pop_ny，這個變數隨後會接收程序定義的輸出參數 current_pop_param 的值。

參照下方指令撰寫 select 陳述式，就能顯示變數 @pop_ny 的值，檢視程序的呼叫結果：

```
select @pop_ny;
```

呼叫結果如下：

```
20201249
```

由此可見，紐約州人口數已經存入使用者變數 @pop_ny。

撰寫程序來呼叫其他程序

程序也可以呼叫其他程序，例如，下方程式碼建立的程序 p_population_caller() 會呼叫程序 p_return_state_population()，取得變數 @pop_ny 的值，利用這個程序進行一些其他的處理：

```
use population;

drop procedure if exists p_population_caller;

delimiter //

create procedure p_population_caller()
begin
  call p_return_state_population('New York', @pop_ny);
  call p_return_state_population('New Jersey', @pop_nj);

  set @pop_ny_and_nj = @pop_ny + @pop_nj;

  select concat(
     'The population of the NY and NJ area is ',
     @pop_ny_and_nj);

end//

delimiter ;
```

在這個範例中，程序 p_population_caller() 呼叫了另一個程序 p_return_state_population() 兩次：一次是輸入參數值 New York，將值回傳給變數 @pop_ny；另一次是輸入參數值 New Jersey，將值回傳給變數 @pop_nj。

建立新的使用者變數 @pop_ny_and_nj，儲存 New York 和 New Jersey 的人口總和（將 @pop_ny 和 @pop_nj 這兩個變數相加），然後顯示變數 @pop_ny_and_nj 的值。

使用 call 陳述式，執行我們撰寫的呼叫者程序：

```
call p_population_caller();
```

執行結果如下：

```
The population of the NY and NJ area is 29468379
```

根據呼叫者程序執行的結果，顯示人口總和為 29,468,379，這是將 New York 州 20,201,249 人和 New Jersey 州 9,267,130 人加總的結果。

列出資料庫的預存常用程序

讀者若想列出資料庫裡有哪些預存函式和程序，可以查詢 information_schema 資料庫裡的 routines 資料表。

```
select routine_type,
       routine_name
from   information_schema.routines
where  routine_schema = 'population';
```

查詢結果如下：

```
routine_type    routine_name
------------    ------------------------------
FUNCTION        f_get_state_population
PROCEDURE       p_compare_population
PROCEDURE       p_endless_loop
PROCEDURE       p_get_county_population
PROCEDURE       p_more_sensible_loop
PROCEDURE       p_population_caller
PROCEDURE       p_repeat_until_loop
PROCEDURE       p_return_state_population
PROCEDURE       p_set_and_show_state_population
```

```
PROCEDURE        p_set_state_population
PROCEDURE        p_split_big_ny_counties
PROCEDURE        p_while_loop
```

讀者可以看到這個查詢回傳了 population 資料庫裡，當前存在的函式和程序清單。

重點回顧與小結

讀者在本章已經學到如何建立程序和函式，然後進行呼叫；學習使用 if 陳述式、case 陳述式，以及利用迴圈來重複執行功能；還了解到使用 Cursor（資料列指標）一次處理一個資料列的好處。

下一章的學習主軸是：建立觸發器，根據事件（例如，插入或刪除資料列）自動觸發和執行我們要處理的工作任務。

12

建立觸發器

本章學習主軸是：建立觸發器，也就是在資料表中插入、更新或刪除資料列前後，會自動觸發或執行的資料庫物件，用以執行我們已經定義好的功能。每一個觸發器都會跟一個資料表有關聯。

觸發器最常用來追蹤資料表的異動情況，或是在資料儲存到資料庫之前，先行提升資料的品質。

跟函式和程序一樣，我們建立的觸發器也會預存在資料庫裡。

利用觸發器稽核資料

首先，我們要使用觸發器來追蹤資料庫的資料表異動情況。為此，我們要建立第二個稽核表（audit table），記錄哪一個使用者修改了哪一部分的資料，並且儲存資料異動的日期和時間。

請看下方資料表 payable，這個資料表是在某家公司的資料庫 accounting 底下。

```
payable_id  company            amount  service
----------- -------            ------- -----------------------
          1  Acme HVAC          123.32  Repair of Air Conditioner
          2  Initech Printers  1459.00  Printer Repair
          3  Hooli Cleaning     398.55  Janitorial Services
```

請輸入以下程式碼，建立稽核表來追蹤資料表 payable 做過的任何異動：

```
create table payable_audit
  (
    audit_datetime  datetime,
    audit_user      varchar(100),
    audit_change    varchar(500)
  );
```

下一步是建立觸發器，當資料表 payable 發生異動時，就會將異動紀錄儲存到資料表 payable_audit。發生異動的日期和時間會儲存到資料欄 audit_datetime，執行異動的使用者會儲存到資料欄 audit_user，說明實際異動內容的文字則會儲存到資料欄 audit_change。

接著設定觸發器要在資料列發生異動之前或之後觸發。下一節即將建立的第一組觸發器是 *After* 型觸發器，有三種觸發器可以設定，會在資料表 payable 發生資料異動後觸發。

AI 型觸發器

AI 型觸發器（after insert trigger）是在插入資料列之後觸發，指程式碼中以 _ai 結尾的觸發器。範例清單 12-1 是示範如何為資料表 payable 建立 AI 型觸發器。

範例清單 12-1：建立 AI 型觸發器

```
use accounting;

drop trigger if exists tr_payable_ai;

delimiter //

❶ create trigger tr_payable_ai
  ❷ after insert on payable
  ❸ for each row
```

```
begin
❹ insert into payable_audit
  (
    audit_datetime,
    audit_user,
    audit_change
  )
  values
  (
    now(),
    user(),
    concat(
      'New row for payable_id ',
    ❺ new.payable_id,
      '. Company: ',
      new.company,
      '. Amount: ',
      new.amount,
      '. Service: ',
      new.service
    )
  );
end//

delimiter ;
```

在這個範例程式碼中，我們先建立了一個觸發器 tr_payable_ai ❶。接著指定關鍵字 after，表示觸發器何時觸發 ❷。這個範例是在資料表 payable 插入資料列之後，觸發 AI 型觸發器，並且將資料列的稽核資訊寫入資料表 payable_audit。

NOTE 為觸發器命名時，我發現一個很好用的規則。以前置詞 tr_ 開頭，後面接我們要追蹤的資料表名稱，最後加上縮寫，表示觸發器何時觸發；這些縮寫包含 _bi（before insert）、_ai（after insert）、_bu（before update）、_au（after update）、_bd（before delete）和 _ad（after delete）。讀者將在本章學到這些觸發器各自代表的意義。

在這個觸發器裡，每當有一列資料 ❸ 插入資料表 payable，MySQL 就會執行關鍵字 begin 和 end 之間的陳述式。所有觸發器都會包含語法 for each row。

利用 insert 陳述式插入一列資料到資料表 payable_audit，會呼叫三個函式：now() 是取得目前的日期和時間；user() 是取得插入資料列的使用者名稱；concat() 則是建立字串，說明插入資料表 payable 的資料內容 ❹。

撰寫觸發器時會用到關鍵字 new，作用是存取新插入資料表的值 ❺。像這個範例是引用 new.payable_id，取得新的 payable_id 值；引用 new.company，取得新的 company 值。

現在觸發器已經就位，我們要嘗試將一列資料插入資料表 payable，看看是否有自動追蹤新的資料列，並且將稽核資訊寫入資料表 payable_audit：

```
insert into payable
  (
    payable_id,
    company,
    amount,
    service
  )
values
  (
    4,
    'Sirius Painting',
    451.45,
    'Painting the lobby'
  );

select * from payable_audit;
```

根據下方結果，顯示我們前面撰寫的觸發器已經能正常運作。在資料表 payable 插入新的資料列時，會使觸發器 tr_payable_ai 自動觸發，進而在稽核表 payable_audit 插入一列資料：

```
audit_datetime        audit_user        audit_change
-------------------   --------------    ----------------------------------------
2024-04-26 10:43:14   rick@localhost    New row for payable_id 4.
                                        Company: Sirius Painting. Amount: 451.45.
                                        Service: Painting the lobby
```

上方資料欄 audit_datetime 是顯示我們插入資料列的日期和時間，資料欄 audit_user 顯示插入資料列的使用者和主機（*host*，指安裝 MySQL 資料庫的伺服器），資料欄 audit_change 則包含我們以函式 concat() 建立的內容，用以說明新插入的資料列。

資料庫 jail 底下有資料表 alcatraz_prisoner，包含以下資料：

```
prisoner_id  prisoner_name
-----------  -------------
         85  Al Capone
        594  Robert Stroud
       1476  John Anglin
```

12-1. 請在資料庫 jail 底下建立稽核表 alcatraz_prisoner_audit，以這些資料欄位建立資料表：audit_datetime、audit_user 和 audit_change。

12-2. 請撰寫 AI 型觸發器，命名為 tr_alcatraz_prisoner_ai，追蹤新插入資料表 alcatraz_prisoner 和資料表 alcatraz_prisoner_audit 的資料列。

讀者可以插入新的資料列到資料表 alcatraz_prisoner，藉此測試觸發器，如下所示：

```
insert into alcatraz_prisoner
  (
    prisoner_id,
    prisoner_name
  )
values
  (
    117,
    'Machine Gun Kelly'
  );
```

利用下方指令，從資料表 alcatraz_prisoner_audit 選取資料，確認資料表是否已經有追蹤到新的資料列：

```
select * from alcatraz_prisoner_audit;
```

各位讀者有看到 Machine Gun Kelly 插入資料列的稽核訊息嗎？

AD 型觸發器

接下來要撰寫的是 AD 型觸發器（after delete trigger），程式碼中指定結尾詞為 _ad，當資料表 payable 刪除任何資料列時，會在資料表 payable_audit 寫入紀錄（請見範例清單 12-2）。

範例清單 12-2：建立 AD 型觸發器

```
use accounting;

drop trigger if exists tr_payable_ad;

delimiter //

create trigger tr_payable_ad
  after delete on payable
  for each row
begin
  insert into payable_audit
    (
      audit_date,
      audit_user,
      audit_change
    )
  values
    (
      now(),
      user(),
      concat(
      'Deleted row for payable_id ',
    ❶ old.payable_id,
      '. Company: ',
      old.company,
      '. Amount: ',
      old.amount,
      '. Service: ',
      old.service
    )
  );
end//

delimiter ;
```

刪除型觸發器（delete）看起來很類似插入型觸發器（insert），兩者只有些微差異，換個方式來說，前者會以關鍵字 old ❶ 取代後者使用的關鍵字 new。因為是在刪除資料列時才會觸發這個觸發器，所以資料欄只有 old 值。

現在 AD 型觸發器已經就位，我們要從資料表 payable 刪除一列資料，看看刪除紀錄是否有自動寫入資料表 payable_audit：

```
delete from payable where company = 'Sirius Painting';
```

結果如下：

```
audit_datetime       audit_user       audit_change
-------------------  --------------   ----------------------------------------
2024-04-26 10:43:14  rick@localhost   New row for payable_id 4.
                                      Company: Sirius Painting. Amount: 451.45.
                                      Service: Painting the lobby
2024-04-26 10:47:47  rick@localhost   Deleted row for payable_id 4.
                                      Company: Sirius Painting. Amount: 451.45.
                                      Service: Painting the lobby
```

觸發器正常運作！資料表 payable_audit 仍舊有先前在資料表 payable
插入資料列的紀錄，但現在還多了追蹤到刪除資料列的紀錄。

不管是插入或刪除資料列，這些異動紀錄都會寫入到同一個資料表
payable_audit。資料欄 audit_change 的值會有部分文字包含 New row
或 Deleted row，幫助我們釐清該筆紀錄是採取什麼行動。

AU 型觸發器

請輸入範例清單 12-3 的程式碼，撰寫 *AU* 型觸發器（after update
trigger），程式碼中指定結尾詞為 _au，當資料表 payable 更新任何資
料列時，會在資料表 payable_audit 寫入紀錄。

範例清單 12-3：建立 AU 型觸發器

```
use accounting;

drop trigger if exists tr_payable_au;

delimiter //

create trigger tr_payable_au
  after update on payable
  for each row
begin
❶ set @change_msg =
      concat(
             'Updated row for payable_id ',
             old.payable_id
      );

❷ if (old.company != new.company) then
     set @change_msg =
         concat(
              @change_msg,
              '. Company changed from ',
              old.company,
```

```
                   ' to ',
                   new.company
           );
    end if;

    if (old.amount != new.amount) then
      set @change_msg =
          concat(
              @change_msg,
              '. Amount changed from ',
              old.amount,
              ' to ',
              new.amount
          );
    end if;

    if (old.service != new.service) then
      set @change_msg =
          concat(
              @change_msg,
              '. Service changed from ',
              old.service,
              ' to ',
              new.service
          );
    end if;

❸ insert into payable_audit
        (
        audit_datetime,
        audit_user,
        audit_change
      )
    values
      (
        now(),
        user(),
        @change_msg
    );

end//

delimiter ;
```

範例程式碼宣告這個 AU 型觸發器會在資料表 payable 發生更新之後
觸發。資料表更新資料列時，可以更新其中一個或多個資料欄。設計
AU 型觸發器時，我們可以只顯示資料表 payable 裡資料欄位有異動的
值。舉個例子，假設我們完全沒有修改資料欄 service 的值，資料表
payable_audit 就不會含有跟資料欄 service 有關的任何文字。

建立使用者變數 @change_msg ❶，用於建立字串，保存異動訊息（*change message*），列出每個更新過的資料欄。檢查資料表 payable 的每個資料欄是否發生異動，如果資料欄 company 的新舊值不同，會將文字 Company changed from *old value* to *new value* 加到變數 @change_msg ❷。然後對資料欄 amount 和 service 做相同的操作，調整相對應的訊息文字。這些工作都完成之後，就將 @change_msg 值插入資料表 payable_audit 的資料欄 audit_change ❸。

AU 型觸發器現在已經就位，我們要確認看看，當使用者更新資料表 payable 的資料列時，會發生什麼：

```
update payable
set    amount = 100000,
       company = 'House of Larry'
where  payable_id = 3;
```

下方結果裡仍舊有資料表 payable_audit 的前兩列資料，現在又多了一列新資料，顯示有追蹤到 update 陳述式：

```
audit_datetime       audit_user      audit_change
-------------------  --------------  ----------------------------------------
2024-04-26 10:43:14  rick@localhost  New row for payable_id 4.
                                     Company: Sirius Painting. Amount: 451.45.
                                     Service: Painting the lobby
2024-04-26 10:47:47  rick@localhost  Deleted row for payable_id 4.
                                     Company: Sirius Painting. Amount: 451.45.
                                     Service: Painting the lobby
2024-04-26 10:49:20  larry@localhost Updated row for payable_id 3. Company
                                     changed from Hooli Cleaning to House of
                                     Larry. Amount changed from 4398.55 to
                                     100000.00
```

根據紀錄，似乎有一名使用者 larry@localhost 更新了一列資料，將付款金額（amount）改為 10 萬美元，改成付款給 House of Larry 這家公司（company）。嗯⋯⋯

利用觸發器影響資料

我們也可以撰寫另一種觸發器，在資料表的資料列發生異動之前就先觸發，用於更改已經寫入資料表的資料，或是防止資料表插入或刪除資料列。有助於在資料存入資料庫之前，先行提升資料品質。

下方程式碼是在資料庫 bank 底下建立資料表 credit，用於儲存顧客資訊及其信用評分：

```
create table credit
  (
    customer_id    int,
    customer_name  varchar(100),
    credit_score   int
  );
```

跟 After 型觸發器一樣，Before 型觸發器也有三種，分別是在插入、刪除或更新資料列之前觸發。

BI 型觸發器

BI 型觸發器（before insert trigger）是在新的資料列插入之前觸發，命名時指定結尾詞為 _bi。範例清單 12-4 是示範如何撰寫 BI 型觸發器，以確保插入資料表 credit 的信用評分值不會超出 300 ~ 850 的範圍（信用評分可以存在的最低值和最高值）。

範例清單 12-4：建立 BI 型觸發器

```
use bank;

delimiter //

❶ create trigger tr_credit_bi
❷ before insert on credit
  for each row
begin
❸ if (new.credit_score < 300) then
    set new.credit_score = 300;
  end if;

❹ if (new.credit_score > 850) then
    set new.credit_score = 850;
  end if;

end//

delimiter ;
```

在上方的範例程式碼裡，首先是將觸發器命名為 tr_credit_bi❶，然後定義為 BI 型觸發器（before insert）❷，如此一來，就會在資料列插入資料表 credit 之前觸發。由於這是插入型觸發器，所以我們

可以利用關鍵字 new，檢查 new.credit_score 的值（想要插入資料表 credit 的值）是否小於 300。如果小於 300，就將這個值確實設定為 300 ❸。以類似的做法檢查信用評分，如果超過 850，就將值設定為剛好 850 ❹。

現在我們要插入一些資料到資料表 credit，看看觸發器會產生什麼效果：

```
insert into credit
  (
    customer_id,
    customer_name,
    credit_score
  )
values
  (1, 'Milton Megabucks',   987),
  (2, 'Patty Po',           145),
  (3, 'Vinny Middle-Class', 702);
```

現在我們要利用下方指令，檢視資料表 credit 的資料：

```
select * from credit;
```

查詢結果如下：

```
customer_id  customer_name        credit_score
-----------  -------------------  ------------
          1  Milton Megabucks          850
          2  Patty Po                  300
          3  Vinny Middle-Class        702
```

觸發器正常運作，Milton Megabucks 的信用評分從 987 變更為 850，Patti Po 的信用評分則是從 145 變更為 300，這些異動都是發生在這些值插入資料表 credit 之前。

BU 型觸發器

BU 型觸發器（before update trigger）是在資料表更新之前觸發，命名時指定結尾詞為 _bu。先前我們寫過的觸發器，是避免 insert 陳述式在設定信用評分值時超出 300 ～ 850 的範圍，但我們也可以透過 update 陳述式，更新超出這個範圍以外的信用評分值。範例清單 12-5 是示範如何建立 BU 型觸發器（before update）來解決這個問題。

範例清單 12-5：建立 BU 型觸發器

```
use bank;

delimiter //

create trigger tr_credit_bu
  before update on credit
  for each row
begin
  if (new.credit_score < 300) then
    set new.credit_score = 300;
  end if;

  if (new.credit_score > 850) then
    set new.credit_score = 850;
  end if;

end//

delimiter ;
```

以下方程式碼更新一列資料，測試我們剛寫好的觸發器：

```
update credit
set    credit_score = 1111
where  customer_id = 3;
```

現在我們要利用下方指令，檢視資料表 credit 的資料：

```
select * from credit;
```

查詢結果如下：

```
customer_id  customer_name        credit_score
-----------  ------------------   ------------
          1  Milton Megabucks          850
          2  Patty Po                  300
          3  Vinny Middle-Class        850
```

觸發器正常運作，而且不會讓我們將 Vinny Middle-Class 的信用評分
更新為 1111，相反地，還會在資料表更新資料列之前，將這個信用評
分值設定為 850。

資料庫 exam 底下有資料表 grade，包含以下資料：

```
student_name   score
------------   -----
    Billy        79
    Jane         87
    Paul         93
```

老師的評分方針是學生分數低於 50 分時，就給 50 分。所有問題都答對的學生，包括加分題的部分，最高分數不能超過 100 分。

12-3. 請撰寫更新型觸發器，命名為 tr_grade_bu，將 50 以下的分數更改為 50，超過 100 的分數則更改為 100。

讀者可以利用以下這樣的陳述式，更新資料表的分數，藉此測試觸發器：

```
update grade set score = 38   where student_name = 'Billy';
update grade set score = 107  where student_name = 'Jane';
update grade set score = 95   where student_name = 'Paul';
```

現在檢查資料表 grade 的值：

```
select * from grade;
```

應該會看到下方的結果：

```
student_name   score
------------   -----
    Billy        50
    Jane        100
    Paul         95
```

觸發器會將 Billy 的分數設定為 50，Jane 的分數設定為 100，Paul 的分數設定為 95。

BD 型觸發器

最後是 *BD* 型觸發器（before delete trigger），這是在資料表刪除資料列之前觸發，命名時指定結尾詞為 _bd。在允許資料列刪除之前，可以利用 BD 型觸發器作為檢查。

舉個例子，假設銀行經理要求我們撰寫觸發器，目的是防止資料表 credit 刪除任何信用評分超過 750 的顧客。此時，我們可以撰寫 BD 型觸發器來達成這個目的，請見範例清單 12-6。

範例清單 12-6：建立 BD 型觸發器

```
use bank;

delimiter //

create trigger tr_credit_bd
  before delete on credit
  for each row
begin
❶ if (old.credit_score > 750) then
    signal sqlstate '45000'
    set message_text = 'Cannot delete scores over 750';
  end if;
end//

delimiter ;
```

如果在即將刪除的資料列裡，信用評分超過 750，觸發器會回傳錯誤 ❶。為了處理回傳的錯誤，此處範例是使用 signal 陳述式，後面接關鍵字 sqlstate 和代碼。*sqlstate* 代碼是一個由五個字元組成的代碼，用於識別特定錯誤或警告。由於這是我們自創的錯誤情況，所以此處使用 45000，代表這是使用者自行定義的錯誤。然後定義 message_text，顯示錯誤訊息。

現在我們要利用下方指令，從資料表 credit 刪除某些資料列，藉此測試觸發器：

```
delete from credit where customer_id = 1;
```

因為編號 1 的顧客信用評分是 850，所以回傳結果為：

```
Error Code: 1644. Cannot delete scores over 750
```

觸發器正常運作，避免資料列被刪除，因為這一列資料的信用評分超過 750。

下方指令要刪除的資料列是編號 2 的顧客，這名顧客的信用評分是 300：

```
delete from credit where customer_id = 2;
```

執行指令後會回傳訊息，通知我們該行資料列已經刪除：

```
1 row(s) affected.
```

正如我們所預期的，觸發器運作正常。顧客 2 的資料列之所以允許刪除，是因為顧客的信用評分沒有超過 750；但會防止我們刪除顧客 1，因為顧客的信用評分超過 750。

重點回顧與小結

讀者在本章已經學到如何建立觸發器，以自動觸發和執行我們定義的工作任務。了解 Before 型和 After 型觸發器兩者之間的差異，學習各自擁有的三種類型觸發器。利用觸發器追蹤資料表的異動情況，避免特定資料列被刪除，以及控制資料值在允許範圍內。

下一章的學習主軸是：學習如何利用 MySQL 事件來排定工作任務。

13

建立事件

本章學習主軸就是建立事件（event），也稱為
已排定事件，這些事件是根據一組時程觸發的資
料庫物件，會執行我們在建立事件時定義的功能。

我們可以排定事件要執行一次或每隔一段時間執行（像是每天、每週
或每年），例如，建立事件，觸發每週處理一次薪資；也可以利用事
件排程在非尖峰時段處理耗時的工作，例如，根據當天進來的訂單，
更新帳單資料表。有時將事件安排在非尖峰時段執行，是因為該項功
能需要在特定時間發生，例如，遇到日光節約時間開始時，要在凌晨
二點對資料庫進行異動。

事件排程器

MySQL 具有事件排程器（event scheduler），用於管理排程和執行事
件。事件排程器可以設定為開啟或關閉，但預設狀態應該是開啟。讀
者若想確認排程器是否為開啟狀態，請執行以下命令：

```
show variables like 'event_scheduler';
```

若排程器是在開啟狀態下，讀者應該會看到以下的結果：

```
Variable_name      Value
---------------    -----
event_scheduler    ON
```

若上方結果中的 Value 值顯示為 OFF，表示我們（或資料庫管理人員）需要使用下列命令才能開啟排程器：

```
set global event_scheduler = on;
```

如果 Value 值是回傳 DISABLED，表示 MySQL 伺服器啟動的時候，排程器是在停用的狀態下。有時這麼做是為了讓排程器暫停執行，雖然我們還是可以安排事件，但要等到排程器再次啟用才會觸發已經排定的事件。當事件排程器是在停用的狀態下，若想啟用排程器就需要由資料庫管理人員更改其所管理的配置檔案。

建立事件（沒有結束日期）

程式碼清單 13-1 建立的事件，是從資料庫 bank 的資料表 payable_audit 移除舊的資料列。

程式碼 13-1：建立每月觸發的事件

```
use bank;

drop event if exists e_cleanup_payable_audit;

delimiter //

❶ create event e_cleanup_payable_audit
  ❷ on schedule every 1 month
  ❸ starts '2024-01-01 10:00'
❹ do
  begin
  ❺ delete from payable_audit
    where audit_datetime < date_sub(now(), interval 1 year);
  end //

delimiter ;
```

在資料庫 bank 建立事件時，首先要利用 use 命令，設定目前使用的資料庫為 bank。為了建立新事件，要先刪除（drop）這個事件的舊版（如果存在）。接著，建立事件 e_cleanup_payable_audit ❶，設定每個月執行一次排程。

為事件命名時，名稱請考慮以 e_ 開頭，可以清楚表示目的。

每個事件的開頭都是關鍵字 on schedule，針對只會執行一次的事件，後面要接關鍵字 at 和時間戳記（日期和時間），指定事件應該在什麼時間觸發。對於重複發生的事件，關鍵字 on schedule 後面要接單字 every，以及每次觸發的時間間隔，例如 every 1 hour、every 2 week 或 every 3 year，前一頁的範例是指定 every 1 month ❷（時間間隔會以單數形態表示，例如 3 year，而非 3 years）。此外，重複發生的事件還要定義 starts（起始）和 ends（結束）的日期和時間。

就這個範例事件來說，我們將 starts 定義為 2024-01-01 10:00 ❸，表示 2024 年 1 月 1 日早上 10 點會開始觸發事件，而且每個月會在同一時間觸發。此處沒有使用關鍵字 ends，所以這個事件會每個月定期觸發，理論上會永遠發生，直到我們以命令 drop event 刪除事件為止。

下一步是以命令 do ❹ 定義事件動作，在事件主體加入 SQL 陳述式，用以執行功能。事件主體以 begin 起頭，以 end 結束。此處要執行的動作，是從資料表 payable_audit 刪除一年前的資料列 ❺。這裡雖然只使用了一行陳述式，但事件主體裡面是可以放多個 SQL 陳述式。

命令 show events 的作用是顯示當前資料庫內已經排定的事件清單，如圖 13-1 所示。

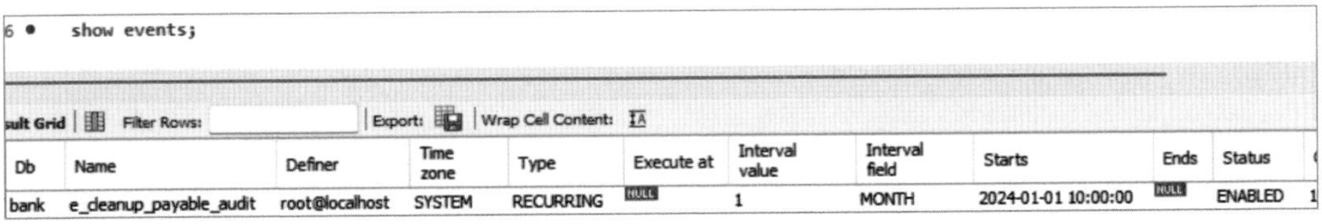

```
6 ●    show events;
```

Db	Name	Definer	Time zone	Type	Execute at	Interval value	Interval field	Starts	Ends	Status
bank	e_cleanup_payable_audit	root@localhost	SYSTEM	RECURRING	NULL	1	MONTH	2024-01-01 10:00:00	NULL	ENABLED

圖 13-1：MySQL Workbench 顯示命令 show events 的執行結果

定義事件的使用者帳號會列為定義者（Definer），讓我們稽核追蹤是誰排定了哪些事件。

如果只要顯示特定資料庫的事件（即使不是當前使用的資料庫），可以使用命令 show events in *database*。這個範例使用的命令是 show events in bank。

利用下方查詢指令，可以取得所有資料庫的全部事件清單：

```
select * from information_schema.events;
```

針對這個目的，MySQL 在資料庫 information_schema 底下有提供資料表 events，讓我們查詢。

建立事件（有結束日期）

針對有限制執行時間的事件，就需要使用關鍵字 ends。比如說，我們想要建立一個事件，會在 2024 年 1 月 1 日早上 9 點到晚上 5 點，每隔一小時執行一次：

```
on schedule every 1 hour
starts '2024-01-01 9:00'
ends '2024-01-01 17:00'
```

如果是要在下一個小時內，排定事件每隔五分鐘執行一次，可以輸入以下程式碼：

```
on schedule every 5 minute
starts current_timestamp
ends current_timestamp + interval 1 hour
```

上方程式碼會立即啟動事件，然後每隔五分鐘觸發一次，直到一小時後才停止觸發。

有時我們只需要在特定日期和時間觸發一次事件，舉個例子，假設我們需要等到午夜之後，對資料庫 bank 進行某些一次性帳戶更新，如此才能以另一個流程先計算利率。此時可以下列程式碼定義事件：

```
use bank;

drop event if exists e_account_update;

delimiter //

create event e_account_update
```

```
on schedule at '2024-03-10 00:01'
do
begin
  call p_account_update();
end //

delimiter ;
```

根據上方程式碼，事件 e_account_update 排定在 2024 年 3 月 10 日凌晨過後 1 分鐘執行。

NOTE 事件可以呼叫程序。我們可以將上方範例程式碼中用於更新帳戶的功能，從事件移到程序 p_account_update()，如此一來，不僅可以從排定的事件中呼叫，也可以直接呼叫程序，立即執行這個功能。

當我們需要將時鐘改變為日光節約時間，會發現這項技巧很適合用於安排一次性事件。假設 2024 年 3 月 10 日當天，時鐘要調快一小時；2024 年 11 月 6 日當天日光節約時間結束，時鐘要調慢一小時。許多資料庫的資料會需要因此而進行更動。

下方範例程式碼是為了因應日光節約時間開始，安排在 2024 年 3 月 10 日執行一次性事件，對資料庫進行更動。當天凌晨 2 點，系統時鐘會調整為凌晨 3 點。排定事件在時鐘調整時間前 1 分鐘執行：

```
use bank;

drop event if exists e_change_to_dst;

delimiter //

create event e_change_to_dst
on schedule
at '2024-03-10 1:59'
do
begin
  -- Make any changes to your application needed for DST
  update current_time_zone
  set    time_zone = 'EDT';
end //

delimiter ;
```

只要安排事件幫我們執行這項工作，就不必為了要調整時間，而一直保持清醒到凌晨 1 點 59 分。

檢查錯誤事件

如果要檢查事件執行之後發生的錯誤，請查詢資料庫 performance_schema 底下的資料表 error_log。

資料庫 performance_schema 的作用是負責監控 MySQL 的效能，資料表 error_log 是用於存放事件的診斷訊息，像是錯誤、警告以及啟動或停止 MySQL 伺服器的通知。

舉例說明，假設我們要從資料欄 data 裡尋找含有 Event Scheduler 的值，藉此檢查所有事件是否發生錯誤：

```
select *
from    performance_schema.error_log
where   data like '%Event Scheduler%';
```

上方程式碼是從資料表的資料欄 data 裡，找出欄位值部分內容含有文字 Event Scheduler 的所有資料列。請回想第 7 章的內容，運算子 like 的作用是讓我們檢查某一個字串是否符合某個模式。此處使用萬用字元 % 檢查資料欄的值，找出以任何字元開頭，包含文字 Event Scheduler，以任何字元結尾的值。

如果要找特定事件發生的錯誤訊息，就要搜尋事件名稱。舉例說明，假設事件 e_account_update 呼叫程序 p_account_update()，但這個程序其實不存在。此時，我們可以利用下方程式碼來找出事件 e_account_update 的錯誤訊息：

```
select  *
from    performance_schema.error_log
where   data like '%e_account_update%';
```

這個查詢回傳了一列資料，其中資料欄 logged 顯示事件觸發的日期和時間，資料欄 data 則是顯示錯誤訊息（請見圖 13-2）。

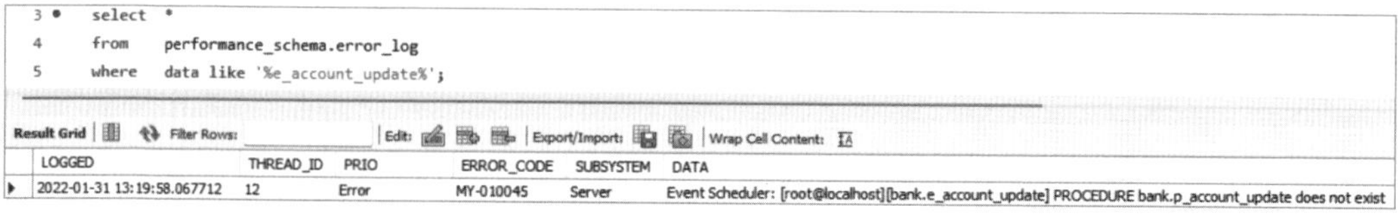

圖 13-2：MySQL Workbench 顯示事件的錯誤訊息

這個錯誤訊息是告訴我們，資料庫 bank 執行事件 e_account_update 之所以失敗的原因，是因為程序 p_account_update 不存在。

使用命令 alter 可以停止執行事件：

```
alter event e_cleanup_payable_audit disable;
```

直到我們以下方程式碼重啟事件，才會再次觸發：

```
alter event e_cleanup_payable_audit enable;
```

當我們不需要再執行某個事件，可以使用命令 drop event，從資料庫刪除事件。

動手試試看

13-1. 請在資料庫 eventful 底下建立重複發生的事件，事件名稱為 e_write_timestamp，執行事件當下開始觸發，五分鐘後停止觸發。這個事件會利用以下命令，每隔一分鐘將當前的時間戳記寫入資料表 event_message 的資料欄 message：

```
insert into event_message (message)
values (current_timestamp);
```

13-2. 檢查這個事件是否存在任何錯誤。

13-3. 在下一個五分鐘，利用命令「select * from event_message;」，檢查資料表 event_message 的內容。確認每分鐘是否都有新的時間戳記插入資料表裡？

重點回顧與小結

讀者在本章已經學到如何排定事件，以及事件要觸發一次還是反覆發生；學習如何檢查事件排程器發生的錯誤，以及停止和刪除事件。下一章的學習主軸是利用各項技巧與訣竅，提高 MySQL 的生產力和樂趣。

PART IV

進階主題

本書第四部分的學習目標是學習如何將資料載入到檔案裡或是從檔案載入資料，從程式腳本檔案載入 MySQL 命令並且加以執行，避免落入常見的陷阱以及在其他程式語言裡使用 MySQL。

第 14 章的學習主軸：介紹一些實用的技巧與訣竅，避免一些常見的問題，以及了解如何將資料載入到檔案裡或是從檔案載入資料，還會花點時間了解如何使用交易機制和 MySQL 命令列客戶端。

第 15 章的學習主軸：在其他程式語言裡使用 MySQL，例如，PHP、Python 和 Java。

14

實用的技巧與訣竅

本章學習主軸有：帶領讀者回顧常見的陷阱，了解如何避免落入這些陷阱，進而建立對 MySQL 技能的自信；花點時間了解如何使用交易機制和 MySQL 命令列客戶端，以及學習如何將資料載入到檔案裡或是從檔案載入資料。

常見的錯誤

MySQL 能以非常快的速度處理多組資訊，轉眼間就能更新數千個資料列。MySQL 提供的能力雖然強大，但也意味著可能會衍生更大的錯誤，例如，對錯誤的資料庫或伺服器，執行 SQL 或是部分的 SQL 陳述式。

在錯誤的資料庫進行操作

在 MySQL 這類的關聯式資料庫環境裡工作，我們必須意識到自己正在使用哪一個資料庫。令人驚訝的是，在錯誤的資料庫執行 SQL 陳述式是很常見的情況。一起來看幾個做法，以避免發生這種情況。

舉例說明，假設我們收到要求，需要建立一個新的資料庫 distribution，以及建立資料表 employee。

我們可能會使用以下這些 SQL 命令：

```
create database distribution;

create table employee
  (
    employee_id    int              primary key,
    employee_name  varchar(100),
    tee_shirt_size varchar(3)
  );
```

讀者如果是使用 MySQL Workbench 執行命令，應該會在稍微下方的分頁介面裡，看到兩個綠色的檢核標記，這個標記是告訴我們成功建立資料庫和資料表（請見圖 14-1）。

圖 14-1：利用 MySQL Workbench 在資料庫 distribution 底下建立資料表 employee（各位讀者還沒建立嗎？）

一切看起來都很順利，所以我們宣告工作完成，繼續移往下一個工作任務。然而，我們卻開始接到電話，對方說資料表尚未建立。究竟發生了什麼錯誤？

原因在於，我們雖然建立了資料庫 distribution，但在我們繼續建立資料表之前，卻沒有將目前使用的資料庫設定為 distribution。於是，新建的資料表 employee 會建立在當前正在使用的資料庫，而不是我們所期望的資料庫 distribution 底下。所以，在建立資料表之前，應該加入命令 use，如下所示：

```
create database distribution;

use distribution;

create table employee
  (
    employee_id     int               primary key,
    employee_name   varchar(100),
    tee_shirt_size  varchar(3)
  );
```

若想避免在錯誤的資料庫建立資料表，有一種做法是在建立資料表的時候，徹底限制資料表名稱；也就是指定資料表要建立在哪一個名稱的資料庫底下，這樣即使我們目前沒有在那個資料庫環境裡，資料表也會建立在那個資料庫底下。

下方指令是指定我們要將資料表 employee 建立在資料庫 distribution 底下：

```
create table distribution.employee
```

另一種避免資料表建立在錯誤資料庫的做法，是在建立資料表之前，檢查目前工作環境是哪個資料庫，指令如下：

```
select database();
```

如果回傳結果不是資料庫 distribution，正好讓我們警覺到自己沒有使用命令 use，忘記將當前的工作環境設定為正確的資料庫。

若要修正這個錯誤，首先要找出資料表 employee 被建立到哪一個資料庫底下，然後刪除掉那個資料表，重新將資料表 employee 建立在資料庫 distribution 底下。

執行下方查詢程式碼，可以判斷是哪一個資料庫或哪些資料庫底下有資料表 employee：

```
select table_schema,
       create_time
from   information_schema.tables
where  table_name = 'employee';
```

上方程式碼是先查詢資料庫 information_schema 底下的資料表 tables，從中選取資料欄 create_time，確認近期是否有建立資料表。輸出結果如下：

```
TABLE_SCHEMA   CREATE_TIME
------------   --------------------
      bank     2024-02-05 14:35:00
```

實際上是有可能在多個資料庫底下，建立名稱都是 employee 的不同資料表。如果遇到這樣的情況，查詢結果會回傳多個資料列，但在這個例子裡，只有資料庫 bank 底下有資料表 employee，所以這個資料庫就是我們建錯資料表的地方。

我們還可以再多做一個檢查，確認這個資料表 employee 裡面有幾列資料：

```
use bank;

select count(*) from employee;

count(*)
--------
     0
```

根據回傳結果，這個資料表沒有任何資料列，正如我們對建錯資料表的預期。這樣我們就可以確信資料庫 bank 底下的資料表 employee，就是我們不小心建錯地方的資料表，現在我們可以執行下方這些命令來更正錯誤：

```
use bank;

-- 刪除在資料庫 bank 底下建錯的資料表 employee
drop table employee;

use distribution;

-- 在資料庫 distribution 底下建立資料表 employee
create table employee
  (
```

```
    employee_id     int               primary key,
    employee_name   varchar(100),
    tee_shirt_size  varchar(3)
);
```

執行上方這些命令後,原本在資料庫 bank 底下的資料表 employee,現在已經移除;而且資料表 employee 重新在資料庫 distribution 底下建立。

我們還可以利用下方的命令 alter table,將資料表從某個資料庫移動到另一個資料庫:

```
alter table bank.employee rename distribution.employee;
```

不過,本書會建議讀者最好還是刪除資料表,然後重新建立,不要以移動的方式來更動資料表,尤其是在資料表具有觸發器和外部索引鍵的情況下,這些都有可能會跟資料庫有關聯,致使資料庫在移動之後,繼續指向錯誤的資料庫。

使用錯誤的伺服器

我們有時會對錯誤的 MySQL 伺服器,執行 SQL 陳述式。一般公司通常會針對生產和開發分別建置不同的伺服器。生產環境(production)是終端使用者實際存取的環境,所以我們希望小心謹慎處理資料;開發環境(development)則是給開發人員使用,用於測試新程式碼的地方。因為只有開發人員才能看到這個環境底下的資料,所以 SQL 陳述式釋出到營運環境之前,一定要先在這裡進行測試。

開發人員通常會開啟雙視窗:一個連到生產伺服器,另一個連到開發伺服器。因此,要是一個不小心,就可能會在錯誤的視窗中修改程式碼。

讀者如果是使用 MySQL Workbench,請考慮將連線命名為 *Production* 和 *Development*,如此一來,視窗分頁名稱便會清楚指出哪一個環境是哪一個連線(請見圖 14-2)。

圖 14-2：MySQL Workbench 的分頁名稱分別顯示為 Development 和 Production

在 MySQL Workbench 的 工 作 介 面 中， 點 選 **Database** ▶ **Manage Connections**，會開啟設定連線命名的視窗「Setup New Connection」，在視窗中輸入我們想要自訂的連線名稱，例如指定為工作環境的名稱 Development 或 Production。

NOTE 為了避免可能發生的錯誤，請考慮只在我們要更動的內容經過測試之後，才開啟生產環境的連線，一旦完成工作，就關閉連線視窗。

其他工具也有提供類似的方法，讓我們能清楚標示生產和開發環境。有些工具能改變背景顏色，所以我們可以考慮將生產環境的視窗畫面設定為紅色，藉此提醒自己在這個環境下工作要小心謹慎。

留下不完整的 where 子句

資料表插入、更新或刪除資料時，關鍵在於 where 子句是否完整。如果不完整就會面臨風險，可能會意外更動到預期之外的資料列。

現在請想像自己是一家二手車商，我們將手上庫存的車輛資料儲存在資料表 inventory。以下列指令確認資料表的內容：

```
select * from inventory;
```

結果如下：

```
vin                 mfg          model      color
----------          ----------   --------   ------
1ADCQ67RFGG234561   Ford         Mustang    red
2XBCE65WFGJ338565   Toyota       RAV4       orange
3WBXT62EFGS439561   Volkswagen   Golf       black
4XBCX68RFWE532566   Ford         Focus      green
5AXDY62EFWH639564   Ford         Explorer   yellow
```

```
6DBCZ69UFGQ731562   Ford     Escort   white
7XBCX21RFWE532571   Ford     Focus    black
8AXCL60RWGP839567   Toyota   Prius    gray
9XBCX11RFWE532523   Ford     Focus    red
```

此時，我們看著停車場上的一台 Ford Focus，發現這台車被列為綠色，但實際上的顏色比較接近藍色，所以我們決定要更新這台車記錄在資料庫裡的顏色（請見範例清單 14-1）。

範例清單 14-1：update 陳述式搭配規則不完整的 where 子句

```
update inventory
set    color = 'blue'
where  mfg = 'Ford'
and    model = 'Focus';
```

讀者若有執行上方的 update 陳述式，看到 MySQL 回傳的訊息 3 row(s) affected，應該會很驚訝。我們只打算更新一列資料，但似乎更動到三列資料。

於是，我們執行下方的查詢指令，看看資料表究竟發生了什麼異動：

```
select *
from    inventory
where   mfg = 'Ford'
and     model = 'Focus';
```

查詢結果如下：

```
4XBCX68RFWE532566   Ford   Focus   blue
7XBCX21RFWE532571   Ford   Focus   blue
9XBCX11RFWE532523   Ford   Focus   blue
```

看來原因是出在 update 陳述式裡的 where 子句遺漏規則，所以誤將資料表裡的每一台 Ford Focus 的顏色都更新為 blue（藍色）。

範例清單 14-1 的 update 陳述式應該改為：

```
update inventory
set    color = 'blue'
where  mfg = 'Ford'
and    model = 'Focus'
and    color = 'green';
```

範例清單 14-1 遺漏了最後一行程式碼，多加了這項規則，update 陳述式就只會將綠色的（green）Ford Focus 改為藍色。由於停車場上只有一台綠色的 Ford Focus，所以只有一台正確的車子會更新顏色。

更有效率的更新方法，是在 where 子句裡使用 VIN 碼（Vehicle Identification Number，車輛識別號碼）：

```
update inventory
set    color = 'blue'
where  vin = '4XBCX68RFWE532566';
```

由於每台車子的 VIN 碼都不一樣，所以利用這種寫法就能保證 update 陳述式只會更新一台車子。

這些 update 陳述式不論使用哪一個，都能提供足夠的判斷規則，識別出我們想要更改的那一列資料，而且只會更新那一列資料。

在插入、更新或刪除資料列之前，可以先執行簡單的合理性測試（sanity check），使用跟前面相同的 where 子句，從資料表選取（select）資料。舉個例子，假設我們打算執行範例清單 14-1 的 update 陳述式，就要先執行下方的 select 陳述式：

```
select *
from   inventory
where  mfg = 'Ford'
and    model = 'Focus';
```

執行結果如下：

```
vin                mfg          model      color
----------         ----------   --------   ------
4XBCX68RFWE532566  Ford         Focus      green
7XBCX21RFWE532571  Ford         Focus      black
9XBCX11RFWE532523  Ford         Focus      red
```

查詢結果會產生我們準備更新的資料列清單，如果這三列資料我們都想更新，隨後可以執行 update 陳述式搭配使用相同的 where 子句。但在這個例子裡，我們只打算更新一列資料，所以從結果確認到 select 陳述式的 where 子句比對出太多資料列時，反而得以避免更新多列資料。

只執行一部分的 SQL 陳述式

MySQL Workbench 介面裡有三個閃電圖示，分別以不同的方式執行
SQL 陳述式，表 14-1 列出每個圖示會採取的行動。

表 14-1：MySQL Workbench 的閃電圖示

普通閃電 ⚡	執行我們選取的陳述式，如果沒有選取，就會執行全部的陳述式。
游標閃電 ⚡	執行鍵盤游標所在處之後的陳述式。
放大鏡閃電 🔍	針對游標之後的陳述式，執行 EXPLAIN 計畫。

MySQL Workbench 的使用者在日常工作中，大多只會用到普通和游
標這兩個閃電圖示的功能。放大鏡閃電這個圖示的功能不常使用，因
為是最佳化工具，用於解釋 MySQL 在執行我們的查詢時會採取哪些
步驟。

如果我們使用普通閃電圖示的功能時，沒有注意到部分 SQL 陳述式已
經特別標示出來，就會在無意間執行標示出來的部分陳述式。舉個例
子，假設我們想從資料表 inventory 刪除 Toyota Prius。於是，我們撰
寫下方的 delete 陳述式，根據 Prius 的 VIN 碼來刪除這台車子的資料：

```
delete from inventory
where vin = '8AXCL6ORWGP839567';
```

接著利用 MySQL Workbench 來執行 delete 陳述式（請見圖 14-3）。

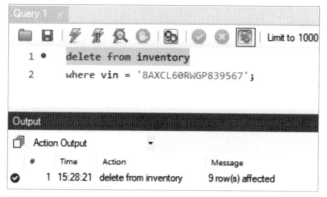

圖 14-3：使用 MySQL Workbench 誤刪資料表的所有資料列

當我們點擊普通閃電圖示，MySQL 跳出訊息告訴我們，資料表的所有資料列都已經刪除。究竟發生了什麼？

這是因為在我們執行 delete 陳述式之前，誤將 SQL 命令的第一行標示起來，傳達給 MySQL 我們要刪除資料表的所有資料列，而非只刪除指定的那一列資料。

交易機制

將執行陳述式作為交易的一部分，藉此降低發生錯誤的機率。交易（transaction）包含一個或多個 SQL 陳述式，可以提交（永久）或回溯（取消）一組陳述式。例如在更新資料表 inventory 之前，使用命令 start transaction 啟動交易，再進行提交或回溯。

```
start transaction;

update inventory
set    color = 'blue'
where  mfg = 'Ford'
and    model = 'Focus';
```

命令 begin 是命令 start transaction 的別名，兩者都可以使用。以資料定義語言（DDL）撰寫的陳述式，例如 create function、drop procedure 或 alter table，則不應該在交易機制裡使用。這類陳述式無法回溯，執行之後會自動將交易產生的異動提交。

讀者如果有執行前一頁的 update 陳述式，就會看到 MySQL 回傳訊息 3 row(s) affected，但我們本來以為只會異動一列資料，此時就可以回溯交易：

```
rollback;
```

回溯 update 陳述式執行的操作，取消資料異動，資料表的資料列依舊沒有改變。異動過的資料如果要永久生效，就需要完成交易，提交異動的內容：

```
commit;
```

以資料操作語言（DML）撰寫的陳述式，例如 insert、update 或 delete，非常適合跟交易功能搭配使用。

動手試試看

資料庫 zoo 底下有資料表 travel，包含以下資料：

```
zoo_name                 country
-----------------------  ---------
Beijing Zoo              China
Berlin Zoological Garden Germany
Bronx Zoo                USA
Ueno Zoo                 Japan
Singapore Zoo            Singapore
Chester Zoo              England
San Diego Zoo            USA
Toronto Zoo              Canada
Korkeasaari Zoo          Finland
Henry Doorly Zoo         USA
```

14-1. 請使用 MySQL Workbench，一口氣全部執行下方這些命令：

```
use travel;

start transaction;

update zoo
set    zoo_name = 'SD Zoo'
where  country = 'USA';

rollback;

select * from zoo;
```

這個 update 陳述式有生效嗎？還是回溯了？

14-2. 請執行下方所有的程式碼，跟前面的命令相同，但先前使用的 rollback，現在改用 commit。這次 update 陳述式有生效嗎？

```
use travel;

start transaction;

update zoo
set    zoo_name = 'SD Zoo'
where  country = 'USA';

commit;

select * from zoo;
```

這個 update 陳述式只更新了 San Diego Zoo 嗎？各位讀者覺得這個 update 陳述式應該要回溯還是提交？

MySQL 會讓資料表保持在鎖住的狀態，直到我們提交或回溯 update 陳述式為止。舉個例子，假設我們要執行下方這些命令：

```
start transaction;

update inventory
set    color = 'blue'
where  mfg = 'Ford'
and    model = 'Focus';
```

資料表 inventory 會持續鎖住，讓其他人無法對資料進行異動，直到我們提交或回溯異動為止。如果我們啟動交易之後就去吃午餐，沒有進行提交或回溯的動作，就放著不管，等我們午餐結束回來後，可能會看到一些憤怒的資料庫使用者。

支援現有系統

讀者或許發現到自己正在支援一套早就開發好的 MySQL 系統，要了解一套現有的系統，利用 MySQL Workbench 瀏覽整個資料庫物件，是很好的開始（請見圖 14-4）。

利用 MySQL 的 Navigator 分頁探索現有系統，可以了解很多資訊。像是這個系統裡是否有多個資料庫，但每個資料庫內只有少數資料表？

或者是資料庫只有一到兩個，但每個資料庫內有大量的資料表？應該遵循怎樣的命名慣例？是否存在許多預存程序，或者是將大部分的商業邏輯交給 MySQL 外部程式處理，例如 PHP 或 Python 這類程式語言撰寫的程式？多數資料表是否已經設定了主要索引鍵和外部索引鍵？是否使用了許多觸發器？

查看系統內的程序、函式和觸發器使用了哪些分隔符號？確認現有的資料庫物件，日後若需要在系統新增程式碼，命名時要依照現有系統的使用慣例。

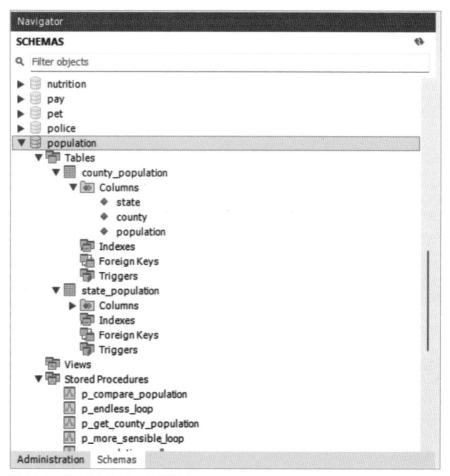

圖 14-4：探索現有的 MySQL 資料庫

支援現有系統時，理解應用程式有哪些問題和術語有時反而是最困難的部分。一開始最好先詢問：「哪幾個資料表最重要？」然後集中注意力先了解這幾個資料表。從這些資料表選取資料內容，了解資料表

的主要索引鍵值如何作為資料列的唯一識別碼。檢查這些資料表上有哪些觸發器，仔細查看觸發器的程式碼，了解資料表發生異動時，會自動發生什麼動作。

MySQL Workbench 也有提供漂亮的圖形呈現方式，描述 MySQL 物件之間的掛接關係。以圖 14-4 為例，從圖中可以看到資料庫有哪些資料表、預存程序和函式，資料表內有哪些資料欄、索引、外部索引鍵和觸發器。

MySQL 命令列客戶端的用法

MySQL 命令列客戶端（mysql）是讓我們從電腦上的命令列介面執行 MySQL 命令，通常也稱為控制台（console）、命令列提示字元（command prompt）或終端機（terminal）。當我們想對 MySQL 資料庫執行 SQL 陳述式，但不需要像 MySQL Workbench 這類的圖形化使用者介面工具時，命令列客戶端就能派上用場。

在個人電腦上的命令列輸入 mysql，啟動 MySQL 命令列客戶端工具，並且提供其他資訊，如下所示：

```
mysql --host localhost --database investment --user rick --password=icu2
```

我們還可以選擇使用單個字母搭配單個破折號，例如以 -h 取代 --host、-D 取代 --database，以 -u 和 -p 分別取代 --user 和 --password=。

--host 的作用是指定 MySQL 伺服器的主機位置，在本書範例中，由於 MySQL 伺服器是安裝在個人電腦上，所以此處是提供的指定值是 localhost。如果連線伺服器是安裝在其他電腦上，我們可以指定主機網域名稱，像是 --host www.nostarch.com，或提供 IP 位址。

接著在 --database 後面輸入我們想要連線的資料庫名稱，在 --user 之後輸入 MySQL 使用者 ID，--password= 後面則是輸入 MySQL 密碼。

NOTE 如果個人電腦無法辨識命令 mysql，請嘗試加入 mysql 所在位置目錄的路徑。當個人電腦的作業系統是 Windows，我們可以利用作業系統屬性對話框「Environment Variables」，在環境變數 PATH 加入目錄。如果作業系統是 Mac，通常是改變檔案 .bash_profile 裡的變數 $PATH。讀者若想了解更多資訊，請參見 MySQL 線上參考手冊（https://dev.mysql.com/doc/refman/8.0/en/），搜尋「Customizing the Path for MySQL Tools」（在 MySQL 工具自訂路徑）。

讀者輸入命令後應該會看到下方的警告訊息：

```
[Warning] Using a password on the command line interface can be insecure.
```

這是因為我們以純文字提供資料庫密碼，任何從我們身後經過的人都可能會看到密碼，所以這不是很好的做法。更安全的方法是讓 mysql 提示我們，如果在命令列使用 -p 但不指定密碼，命令列工具會提示我們輸入密碼。輸入密碼字母時，會顯示「＊」號：

```
mysql -h localhost -D investment -u rick -p
Enter password: ****
```

另一個做法是使用 MySQL 配置工具，安全儲存憑證：

```
> mysql_config_editor set --host=localhost --user=investment --password
Enter password: ****
```

以選項 --host 和 --user 指定主機和使用者，選項 --password 則是輸入密碼。

如果有先儲存憑證，就可以利用選項 print --all 顯示所有憑證：

```
mysql_config_editor print --all
```

密碼會顯示為「＊」號：

```
[client]
user = "investment"
password = ****
host = "localhost"
```

現在我們要在命令列輸入 mysql（MySQL 命令列客戶端），但不輸入使用者名稱、密碼或主機：

```
mysql -D investment
```

換句話說，登入 MySQL 時可以只提供資料庫名稱。讀者或許心裡會覺得疑惑，為什麼要使用像 mysql 這類的文字型工具，我們明明有更複雜的圖形化工具可以使用，例如 MySQL Workbench。尤其是當我們想要執行的 SQL 陳述式是儲存在程式腳本檔案裡，mysql 工具就特別好

用。程式腳本檔案（script file）是一組 SQL 命令，儲存在電腦上的檔案裡。舉個例子，假設我們建立了檔案 *max_and_min_indexes.sql*，內含下方的 SQL 陳述式，作用是取得市場指數的最小值和最大值：

```
use investment;

select *
from    market_index
where   market_value =
(
  select  min(market_value)
  from    market_index
);

select *
from    market_index
where   market_value =
(
  select  max(market_value)
  from    market_index
);
```

從命令列使用 mysql 執行 SQL 程式腳本：

```
mysql -h localhost -D investment -u rick -picu2 < min_and_max.sql > min_and_max.txt
```

我們在前一個命令列中輸入的指令有用到符號 <，所以 mysql 會從程式腳本 *min_and_max.sql* 取得輸入內容，符號 > 則是將程式腳本輸出的內容寫入檔案 *min_and_max.txt*。如果要提供密碼（在這個例子中是 icu2），-p 後不能加空格。雖然奇怪，但 -picu2 可以正常運作，-p icu2 卻不行。

執行命令之後，檔案 *min_and_max.txt* 的輸出內容如下：

```
market_index      market_value
S&P               500 4351.77
market_index                  market_value
Dow Jones Industrial Average  34150.66
```

mysql 工具會在檔案裡的資料欄之間寫入 Tab 分隔符號。

NOTE 在命令列輸入 ql --help，可以看到完整的選項清單。

從檔案載入資料

實務上通常是以檔案形式取得資料，例如接受其他組織提供的資料。命令 load data 的作用是從檔案讀取資料，然後寫入資料表。

為了測試將檔案資料載入到資料表，此處範例是在個人電腦上建立資料檔案 *market_indexes.txt*，放在目錄 *C:\Users\rick\market* 底下。檔案內容如下：

```
Dow Jones Industrial Average    34150.66
Nasdaq                          13552.93
S&P 500                          4351.77
```

這個檔案內有三個金融市場指數的名稱和目前的指數值，檔案裡的各個欄位是以 *Tab* 分隔，也就是以 Tab 字元作為分隔符號。

在 MySQL 環境下將檔案載入資料表，程式碼如下：

```
use investment;

load data local
infile 'C:/Users/rick/market/market_indexes.txt'
into table market_index;
```

上方程式碼中使用命令 load data，搭配指定 local，用意是告訴 MySQL 在本機電腦上尋找資料檔案，而非在安裝 MySQL 的伺服器上。在預設情況下，執行 load data 載入檔案時會以 Tab 字元分隔欄位內容。

加在關鍵字 infile 後面的資訊，是指定輸入檔案的名稱，也就是我們想要載入的檔案，此處範例是使用 Windows 系統電腦上的檔案路徑。指定 Windows 系統底下的檔案位置目錄要使用斜線，若使用反斜線會產生錯誤；在 Mac 或 Linux 環境下載入檔案，一樣是使用斜線。

利用下列命令檢視資料表剛剛載入的資料內容：

```
select * from market_index;
```

回傳結果如下：

```
market_index                    market_value
----------------------------    ------------
Dow Jones Industrial Average      34150.66
```

```
Nasdaq                            13552.93
S&P 500                            4351.77
```

檔案裡有兩個欄位，所以資料表也會有兩個資料欄；資料表的第一個資料欄是載入檔案左邊的欄位內容，第二個資料欄則是載入右邊的欄位內容。

另一個常見的資料檔案格式是以英文逗號分隔資料值（comma-separated value），簡稱 CSV 檔案。載入資料檔案 *market_indexes.csv*，檔案內容如下：

```
Dow Jones Industrial Average, 34150.66
Nasdaq, 13552.93
S&P 500, 4351.77
```

載入這個 CSV 檔案時，要加入語法「fields terminated by ","」，用意是宣告這個檔案裡的分隔符號是英文逗號。因此，MySQL 會利用資料檔案裡的英文逗號，辨認每個欄位的起始與結束。

```
load data local
infile 'C:/Users/rick/market/market_indexes.csv'
into table market_index
fields terminated by ",";
```

偶而會遇到需要載入像以下這樣含有標題列的資料檔案：

```
Financial Index, Current Value
Dow Jones Industrial Average, 34150.66
Nasdaq, 13552.93
S&P 500, 4351.77
```

載入檔案時（load data），使用關鍵字 ignore 可以跳過標題列：

```
load data local
infile 'C:/Users/rick/market/market_indexes.csv'
into table market_index
fields terminated by ","
ignore 1 lines;
```

在這個範例中，資料檔案中只有一列標題，所以使用語法 ignore 1 lines，避免資料表載入第一行。資料表最後載入了三列資料，但忽略資料檔案裡的標題 Financial Index 和 Current Value。

將資料載入到檔案

藉由發送資料檔案，我們可以提供資料給其他部門或組織。從資料庫將資料寫入檔案，做法是使用語法 select...into outfile。在執行查詢之後，選取查詢結果的內容寫入檔案裡，而非將結果顯示在螢幕畫面上。

設定輸出格式時，可以指定要用哪些分隔符號。建立 CSV 檔案，含有資料表 market_index 的值，程式碼如下：

```
select * from market_index
into outfile 'C:/ProgramData/MySQL/MySQL Server 8.0/Uploads/market_index.csv'
fields terminated by ',' optionally enclosed by '"';
```

上方程式碼從資料表 market_index 選取所有的值，然後寫入檔案 *market_index.csv*（位 於 電 腦 主 機 目 錄 *C:/ProgramData/MySQL/MySQL Server 8.0/Uploads*）。

利用語法「fields terminated by ','」，設定在輸出檔案時使用英文逗號作為分隔符號。

「optionally enclosed by '"'」這一行則是告訴 MySQL，遇到任何資料型態為 string 的資料欄，欄位值要括在引號裡。

產生出來的檔案 *market_index.csv*，如下所示：

```
"Dow Jones Industrial Average",34150.66
"Nasdaq",13552.93
"S&P 500",4351.77
```

語法 select...into outfile 只能在執行 MySQL 的伺服器上建立檔案，無法在本機電腦上產生檔案。

啟用「載入資料」的設定方式

根據 MySQL 環境的配置方式，執行命令 load data local 時，可能會產生像以下這樣的錯誤：

```
Error Code: 3948. Loading local data is disabled; this must be enabled on
both the client and server sides
```

各位讀者或是你們配合的資料庫管理人員在配置 MySQL 的環境時，可以設定系統變數 local_infile 為 ON，表示允許載入本機檔案。讀者只要利用以下命令，就可以看到 local_infile 目前的設定值：

```
show global variables like 'local_infile';
```

此處範例的查詢結果顯示，設定值為 OFF：

```
Variable_name    Value
-------------    -----
local_infile     OFF
```

如果設定為 OFF，就不能從客戶端電腦上載入檔案，只要利用以下命令，就可以設定為 ON：

```
set global local_infile = on;
```

讀者如果是在高度安全性的環境下工作，資料庫管理者可能不允許使用者載入本機檔案，此時就無法選擇將設定值變更為 ON。

若想載入主機上的檔案（也就是從安裝 MySQL 的伺服器），就要檢查設定值 secure_file_priv，這是用來控制我們可以從伺服器上的哪個目錄載入檔案。利用以下命令可以確認這個設定值：

```
show global variables like 'secure_file_priv';
```

如果回傳值是目錄，就是伺服器唯一允許使用者匯入或匯出檔案的目錄。

```
Variable_name      Value
---------------    ----------------------------------------------
secure_file_priv   C:\ProgramData\MySQL\MySQL Server 8.0\Uploads\
```

在這個例子裡，使用命令 load data，一定會從伺服器上的這個目錄載入檔案：*C:\ProgramData\MySQL\MySQL Server 8.0\Uploads*。此外，利用語法 select...into outfile 寫入檔案時，也會受到這個設定值的影響，除了設定的目錄，使用者無法寫入伺服器上任何其他目錄下的檔案。

secure_file_priv 值如果設定為 null，表示我們在該伺服器上完全無法從檔案讀取資料或是將資料寫入檔案。如果設定為空白（' '），表示我們可以在伺服器上的任意目錄下，讀取檔案資料或是將資料寫入檔案。

MySQL Shell

利用 MySQL 命令列客戶端（mysql）執行 SQL 命令，經過數十年來的考驗，已經是相當可靠的用法，但近來比較新的 MySQL 命令列客戶端工具是 MySQL Shell（mysqlsh），可以執行 SQL、Python 或 JavaScript 命令。

本章先前已經介紹過以語法 mysql 執行程式腳本 *min_and_max.sql*：

```
mysql -h localhost -D investment -u rick -picu2 < min_and_max.sql > min_and_max.txt
```

視個人偏好，讀者也可以選擇使用 MySQL Shell，利用下方命令執行同一個程式腳本：

```
mysqlsh --sql -h localhost -D investment -u rick -picu2 < min_and_max.sql > min_and_max.txt
```

兩者語法非常相似，差別在於後者是呼叫 mysqlsh，取代前者的 mysql。此外，由於 mysqlsh 可以執行 SQL、Python 或 JavaScript 模式，所以需要指定 --sql，表示程式腳本要在 SQL 模式下執行（預設模式為 JavaScript）。

MySQL Shell 還搭載了一個便利的實用工具 *parallel table import*（import-table），可以將龐大的資料檔案載入到資料表，速度比 load data 更快。

```
mysqlsh ❶ --mysql -h localhost -u rick -picu2 ❷ -- util import-table c:\Users
\rick\market_indexes.txt --schema=investment --table=market_index
```

使用工具程式 import-table 時，需要呼叫 mysqlsh 搭配語法 --mysql ❶，典型的用法是以 MySQL 通訊協定連線，在客戶端和 MySQL 伺服器之間進行通訊。

執行實用工具 parallel table import 是使用語法 -- util，然後指定我們想要使用的工具程式名稱，此處範例是 import-table ❷。接著提供我們想要載入的檔案名稱 *c:\Users\rick\market_indexes.txt*、資料庫名稱 investment，以及資料載入後要放進的資料表 market_index。

要使用 mysql 還是 mysqlsh，端視讀者個人選擇。然而，隨著 mysqlsh 漸趨成熟，將有越來越多的開發人員脫離 mysql，轉而擁抱 mysqlsh。如果遇到要載入龐大的資料而且使用 load data 的執行速度太慢，此時改用 mysqlsh 搭配工具 parallel table import，將大幅提升執行速度。

讀者若想進一步了解 MySQL Shell，請參閱此處連結（*https://dev.mysql.com/doc/mysql-shell/8.0/en/*）。

重點回顧與小結

讀者在本章已經了解到幾個技巧與訣竅，包括如何避免發生常見的錯誤、使用交易、支援現有系統以及將資料載入到檔案裡或是從檔案載入資料。

下一章的學習主軸是：從其他程式語言呼叫 MySQL，例如 PHP、Python 和 Java。

15

從其他程式語言呼叫 MYSQL

本章學習主軸有：以其他程式語言撰寫電腦程式
來使用 MySQL，焦點會放在三個開放原始碼的程
式語言——PHP、Python 和 Java。利用每一個程式
語言撰寫程式，從資料表選取資料、將資料列插入資
料表以及呼叫預存程序。

不論用哪一個程式語言，都能以相同的通用步驟來呼叫 MySQL。首
先，以 MySQL 資料庫憑證（包括 MySQL 伺服器的主機名稱、資料庫
名稱、使用者 ID 和密碼），跟 MySQL 資料庫建立連線。然後使用該
連線，對指定的資料庫執行 SQL 陳述式。

將 SQL 陳述式內建於程式之中，後續執行程式時，就會對指定的資料
庫執行 SQL。如果需要傳送參數值給 SQL 陳述式，就要使用前置陳
述式（prepared statement）；前置陳述式是可以重複使用的 SQL 陳述
式，利用佔位符號暫時代表參數，再將參數值綁定前置陳述式，以實
際值置換佔位符號。

如果是從資料庫取出資料，還可以遍巡處理查詢結果，執行一些處置，例如顯示結果。完成所有工作之後，就關閉 MySQL 連線。

接著一起來看幾個例子，了解 MySQL 如何與 PHP、Python 和 Java 搭配使用。

PHP

PHP 是 採 遞 迴 縮 寫 命 名，原 文 是 PHP：超 文 字 處 理 器（PHP：Hypertext Preprocessor），屬於開放原始碼程式語言，主要用於網頁開發，至今已有數百萬個網站是以 PHP 開發而成。

NOTE PHP 的安裝指示，請參見官方網站（https://www.php.net/manual/en/install.php）。

PHP 經常與 MySQL 一起搭配使用，兩者都是組成 *LAMP* 堆疊的一部分；LAMP 堆疊（LAMP stack）是當前熱門的軟體開發架構，由 Linux、Apache、MySQL 和 PHP 組成（其中 P 也可以指 Python 程式語言，跟另一個不常用的程式語言 Perl）。許多採用這個架構的網站是以 Linux 作為作業系統，以 Apache 作為網頁伺服器（負責接收請求和發送回應），以 MySQL 作為關聯式資料庫，進行程式設計時則是利用 PHP 語言。

在 PHP 程式中使用 MySQL，需要安裝 PHP 擴充套件，才能在 PHP 程式中使用沒有納入核心語言的功能。由於不是所有 PHP 應用程式都需要使用 MySQL，所以這個功能是以擴充套件的形式提供，讓有需要的程式載入。有兩個擴充套件可供選擇：*PHP 資料物件*（PHP Data Objects，簡稱 PDO）和 *MySQLi*。在配置檔案 *php.ini* 裡指定我們想要載入哪一個擴充套件，寫法如下：

```
extension=pdo_mysql
extension=mysqli
```

就資料庫連線和從 PHP 程式執行 SQL 陳述式，PDO 和 MySQLi 這兩個擴充套件提供的做法不同，但兩者都屬於物件導向。（MySQLi 還能為程序性語言提供 SQL 擴展，本章後續會在「MySQLi（程序導向版）」一節裡，帶讀者了解這個主題的內容。）物件導向程式設計（Object-oriented programming，簡稱 OOP）是依賴物件包含的資料，以方法的形式執行程式碼；方法（method）相當於以程序性程式語言

撰寫的函式，含有一組指令，我們可以呼叫方法來採取一些行動，例如執行查詢或是預存程序。

如果要使用 PHP 支援的 MySQL 擴充套件（物件導向版），必須在 PHP 程式碼建立 PDO 或 MySQLi 物件，再以符號 -> 呼叫物件所擁有的方法。

接下來會分別介紹各個擴充套件，首先從 PHP 資料物件開始。

PHP 資料物件

PDO 擴充套件可以搭配許多關聯式資料庫管理系統一起使用，包括 MySQL、Oracle、Microsoft SQL Server 和 PostgreSQL。

從資料表選取資料

範例清單 15-1 是撰寫 PHP 程式 *display_mountains_pdo.php*，目的是利用 PDO 從資料庫 topography 的 MySQL 資料表 mountain 選取資料。

範例清單 15-1：利用 PDO 顯示資料表 mountain 的資料
　　　　　　　（display_mountains_pdo.php）

```
<?php

❶ $conn = new PDO(
     'mysql:host=localhost;dbname=topography',
     'top_app',
     'pQ3fgR5u5'
   );

❷ $sql = 'select mountain_name, location, height from mountain';

❸ $stmt = $conn->query($sql);

   while ($row = $stmt->fetch(❹ PDO::FETCH_ASSOC)) {
     ❺ echo(
          $row['mountain_name'] . ' | ' .
          $row['location'] . ' | ' .
          $row['height'] . '<br />'
        );
   }
   $conn = ❻ null;
?>
```

程式開頭為起始標籤 `<?php`，結尾是結束標籤 `?>`。標籤是告訴網頁伺服器，放在兩個標籤內的程式碼要轉譯為 PHP。

從 PHP 程式內使用 MySQL，必須對 MySQL 資料庫建立連線，做法是建立新的 PDO 物件❶，同時傳送資料庫憑證。在此處舉的範例中，主機名稱是 localhost，資料庫名稱是 topography，資料庫使用者 ID 是 top_app，MySQL 資料庫密碼則是 pQ3fgR5u5。

如果需要，還可以指定通訊埠（port），加在設定主機和資料庫名稱那一行的末尾，如下所示：

```
'mysql:host=localhost;dbname=topography;port=3306',
```

如果沒有提供通訊埠，預設值是 3306，一般跟 MySQL 伺服器連線時，通常會使用這個編號。讀者若發現 MySQL 伺服器實體執行時，配置到其他通訊埠，請詢問資料庫管理者，協助檢查配置檔案裡設定的通訊埠編號。

此處範例是將連線資料儲存在變數 $conn（PHP 變數名稱前會加上美元符號「$」），現在這個變數代表 PHP 程式和 MySQL 資料庫之間的連線。

下一步是建立 PHP 變數 $sql，儲存 SQL 陳述式❷。

呼叫 PDO 的方法 query()，傳送我們想要執行的 SQL 陳述式。在物件導向程式設計裡，符號 -> 通常是用來呼叫物件的實體方法，例如 $conn->query()。然後將陳述式及其產生的結果，儲存在陣列變數 $stmt❸。

NOTE 符號「->」的作用是存取物件的實體方法和變數，雙冒號語法「::」的作用則正好相反，是用於存取物件，例如任何靜態變數。這個語法通常稱為範圍解析運算子（scope resolution operator），有時也稱為 paamayim nekudotayim，在希伯來文中，這個詞是指雙冒號。

陣列（array）這種資料型態的變數是用來儲存一組資料值，利用索引值（index）辨認群組裡的某一個值。使用 PDO 的方法 fetch()，以某個模式（用以控制資料如何回傳），從 $stmt 取出每一列資料。此處使用的模式是 PDO::FETCH_ASSOC❹，回傳的陣列是以資料庫底下資料表的資料欄名稱作為索引值，例如 $row['mountain_name']、$row['location'] 和 $row['height']。如果選擇使用模式 PDO::FETCH_NUM，回傳的陣列會以資料欄數字作為索引值（從 0 開始），例如 $row[0]、$row[1] 和 $row[2]。其他模式請參見 PHP 線上手冊（*https://php.net*）。

接著是以 while 迴圈逐一處理從陣列中取出的每一列資料，利用命令 echo() ❺ 顯示每個資料欄，以「|」字元分隔每個欄位值。echo() 陳述式末尾的 HTML 標籤
，是在瀏覽器的每一行之後建立換行符號。

最後是將連線變數設定為 null，關閉資料庫連線 ❻。

切換到頁面 *http://localhost/display_mountains_pdo.php*，查看 PHP 程式的執行結果，請見圖 15-1。

圖 15-1：display_mountains_pdo.php 的執行結果

結果顯示我們已經透過 PDO 成功使用 MySQL，從資料表 mountain 選取資料，然後回傳每個資料欄的值，並且以「|」字元分隔。

將資料列插入資料表

現在我們要建立另一個新的 PHP 程式 *add_mountain_pdo.php*，目的是利用 PDO 在資料表 mountain 插入新的資料列。

範例清單 15-2 將示範如何使用前置陳述式，本章先前已經提過，這種做法是利用佔位符號暫時表示 SQL 陳述式裡的值，再以 PHP 變數提供的實際值取代佔位符號。在實務上，利用前置陳述式是比較安全的做法，有助於避免發生 SQL 夾帶式攻擊（injection attack），許多駭客常用這個方法，對資料庫執行帶有惡意的 SQL 程式碼。

範例清單 15-2：利用 PDO 在資料表 mountain 裡插入新的資料列（add_mountain_pdo.php）

```php
<?php

❶ $conn = new PDO(
    'mysql:host=localhost;dbname=topography',
    'top_app',
    'pQ3fgR5u5'
);

$new_mountain = 'K2';
```

```
$new_location = 'Asia';
$new_height = 28252;

$stmt = $conn->❷prepare(
    'insert into mountain (mountain_name, location, height)
        values (❸:mountain, :location, :height)'
);

❹ $stmt->bindParam(':mountain', $new_mountain, PDO::PARAM_STR);
$stmt->bindParam(':location', $new_location, PDO::PARAM_STR);
$stmt->bindParam(':height',   $new_height,   PDO::PARAM_INT);

$stmt->❺execute();

$conn = null;
?>
```

跟範例清單 15-1 一樣，首先也是對 MySQL 資料庫建立連線❶。然後建立三個 PHP 變數：$new_mountain、$new_location 和 $new_height，分別儲存山岳的名稱、位置和高度，這些是我們想要插入資料表 mountain 的資料。

接著使用連線變數提供的方法 prepare()❷，建立前置陳述式；這個陳述式會以已經命名的佔位符號表示變數值。然後撰寫 SQL 陳述式 insert，但此處是以佔位符號取代我們想要插入的實際值❸。我們命名的佔位符號有 :mountain、:location 和 :height，佔位符號前面要加上冒號。

NOTE PDO 也允許我們以「?」取代要命名的佔位符號，寫法如下：

```
$stmt = $conn->prepare(
    'insert into mountain (mountain_name, location, height)
        values (?, ?, ?)'
);
```

不過，本書建議讀者還是使用有命名的佔位符號，盡量不要用問號，因為這樣能提升程式碼的可讀性。

下一步是利用方法 bindParam()❹，將佔位符號替換成實際值；bindParam() 的作用是將佔位符號連結或綁定變數。第一個佔位符號是綁定變數 $new_mountain，這個變數會將 :mountain 替換成實際值 K2；第二個佔位符號是綁定變數 $new_location，這個變數是將 :location 替換成實際值 Asia；第三個佔位符號是綁定變數 $new_height，這個變數則是將 :height 替換成實際值 28252。

再來是指定變數的資料型態，山岳名字和位置是字串，所以使用
PDO::PARAM_STR；高度是整數，所以使用 PDO::PARAM_INT。

一切就緒後，呼叫陳述式的方法 execute()❺執行陳述式，新增的資
料列就會插入資料表 mountain。

呼叫預存程序

下一個要撰寫的 PHP 程式是 *find_mountains_by_loc_pdo.php*，目的是呼
叫 MySQL 預存程序 p_get_mountain_by_loc()。

將我們想要搜尋的位置作為參數提供給預存程序，此處舉的例子是要
搜尋亞洲（Asia）的山岳。我們寫的 PHP 程式會呼叫預存程序，回傳
資料表 mountain 中位於亞洲的山岳數量（請見範例清單 15-3）。

範例清單 15-3：利用 PDO 呼叫 MySQL 預存程序
（find_mountains_by_loc_pdo.php）

```php
<?php

$conn = new PDO(
    'mysql:host=localhost;dbname=topography',
    'top_app',
    'pQ3fgR5u5'
);

$location = 'Asia';

$stmt = $conn->prepare('❶call p_get_mountain_by_loc(❷:location)');
$stmt->❸bindParam(':location', $location, PDO::PARAM_STR);

$stmt->❹execute();

❺ while ($row = $stmt->fetch(PDO::FETCH_ASSOC)) {
    echo(
        $row['mountain_name'] . ' | ' .
        $row['height'] . '<br />'
    );
}
$conn = null;
?>
```

在上方範例程式中，前置陳述式裡使用了 call 陳述式 ❶，呼叫預存程
序。然後產生我們命名的佔位符號 :location ❷，利用方法 bindParam ❸
將 :location 替換成變數 $location 的值，此處為 Asia。

接著是執行預存程序 ❹，使用 while 陳述式 ❺，選取預存程序回傳的資料列。然後以命令 echo，將選取的資料列顯示給使用者，最後是結束連線。搜尋結果如圖 15-2 所示。

圖 15-2：find_mountains_by_loc_pdo.php 的搜尋結果

我們還可以在這些範例程式中加入更多功能，例如讓使用者自行選擇他們想要查看的位置，而不是直接在 PHP 程式裡寫死 Asia。甚至是在資料庫連線或呼叫預存程序時檢查錯誤，在發生問題時，顯示詳細的錯誤訊息給使用者。

直接在程式碼裡硬寫憑證

各位讀者不管使用哪一個程式語言，都不應該將資料庫憑證直接寫死在程式碼裡。

基於示範的目的，在使用的程式碼中加入主機、資料庫名稱、使用者 ID 和密碼是沒關係：

```
$conn = new PDO(
    'mysql:host=localhost;dbname=topography',
    'top_app',
    'pQ3fgR5u5'
);
```

但在現實環境中，我們不應該在應用程式裡以純文字顯示這類具有敏感性的資訊。相反地，資料庫連線資訊通常會儲存在某個配置檔案裡，從這個配置檔案載入檔案權限設定，藉此控制誰可以存取資訊。

MySQLi（物件導向版）

MySQLi 是改良版的 MySQL 擴充套件（MySQL Improved extension），是 PHP 舊版擴充套件 MySQL 的升級版。本節接下來的內容將學習如何使用物件導向版的 MySQLi。

從資料表選取資料

範例清單 15-4 是利用物件導向版的 MySQLi 撰寫 PHP 程式，從資料表 mountain 選取資料。

範例清單 15-4：利用物件導向版的 MySQLi 顯示資料表 mountain 的資料
（display_mountains_mysqli_oo.php）

```php
<?php

$conn = ❶ new mysqli(
        'localhost',
        'top_app',
        'pQ3fgR5u5',
        'topography'
);

$sql = 'select mountain_name, location, height from mountain';

$result = $conn->❷query($sql);

while ($row = ❸ $result->fetch_assoc()) {
  echo(
    $row['mountain_name'] . ' | ' .
    $row['location'] . ' | ' .
    $row['height'] . '<br />'
  );
}
❹ $conn->close();
?>
```

首先是產生 mysqli 物件 ❶，建立對 MySQL 的連線，以及傳送主機、使用者 ID、密碼和資料庫。接著使用連線方法 query() 執行查詢 ❷，將查詢結果儲存到 PHP 變數 $result。

對查詢結果產生的資料列進行遍巡處理，呼叫方法 $result fetch_assoc() ❸，以引用資料欄作為索引值，例如 $row['mountain_name']。印出這些資料欄的值，然後使用方法 close() 關閉連線 ❹。

執行結果如圖 15-3 所示。

```
←  →  C  ⌂    ⓘ localhost/display_mountains_mysqli_oo.php

Mount Everest | Asia | 29029
Aconcagua | South America | 22841
Denali | North America | 20310
Mount Kilimanjaro | Africa | 19341
K2 | Asia | 28252
```

圖 15-3：display_mountains_mysqli_oo.php 的執行結果

將資料列插入資料表

現在我們要繼續建立 PHP 程式，利用物件導向版的 MySQLi，在資料表 mountain 插入資料列（請見圖 15-5）。

範例清單 15-5：利用物件導向版的 MySQLi 在資料表 mountain 插入資料列
（add_mountain_mysqli_oo.php）

```php
<?php

$conn = new mysqli(
        'localhost',
        'top_app',
        'pQ3fgR5u5',
        'topography'
);

$new_mountain = 'Makalu';
$new_location = 'Asia';
$new_height = 27766;

❶ $stmt = $conn->prepare(
    'insert into mountain (mountain_name, location, height)
    values (?, ?, ?)'
);

❷ $stmt->bind_param('ssi',$new_mountain,$new_location,$new_height);
$stmt->execute();
$conn->close();
?>
```

上方程式碼建立連線之後，使用前置陳述式時是以問號作為佔位符號 ❶。接著使用方法 bind_param() ❷，將問號佔位符號替換成實際值。

NOTE PDO 允許使用命名的佔位符號，但 MySQLi 要求使用問號作為佔位符號。

使用 MySQLi 的時候，我們能以字串形式提供綁定變數的資料型態。在上方程式碼裡，傳送給 bind_param() 的第一個參數值是 ssi，表示第一和第二個佔位符號要以字串值（s）取代，第三個佔位符號則是以整數值（i）取代。還可以選擇使用 d，表示綁定變數具有資料型態 double（雙精度浮點數）；或是選擇使用 b，如果綁定變數具有的資料型態是 blob（大型二進位物件）。

最後是以 execute() 執行前置陳述式，然後關閉連線。執行上方範例程式，會在資料表 mountain 插入新的山岳 Makalu。

呼叫預存程序

範例清單 15-6 示範的 PHP 程式，是利用物件導向版的 MySQLi 執行預存程序。

範例清單 15-6：利用物件導向版的 MySQLi 呼叫 MySQL 預存程序
（find_mountains_by_loc_mysqli_oo.php）

```php
<?php

$conn = new mysqli(
        'localhost',
        'top_app',
        'pQ3fgR5u5',
        'topography'
);

$location = 'Asia';

$stmt = $conn->prepare('call p_get_mountain_by_loc(?)');
❶ $stmt->bind_param('s', $location);
$stmt->execute();

$result = $stmt->get_result();

while ($row = $result->fetch_assoc()) {
  echo(
    $row['mountain_name'] . ' | ' .
    $row['height'] . '<br />'
  );
}

$conn->close();
?>
```

在前面的範例程式碼中，我們利用前置陳述式呼叫預存程序 p_get_mountain_by_loc()，其中問號佔位符號表示我們想要搜尋的山岳位置。此處綁定的位置變數是 Asia，之後會用來取代問號。將第一個參數 s 發送給方法 bind_param()，表示位置的資料型態是字串 ❶。

執行陳述式並且循環處理結果產生的所有資料列後，會顯示資料表裡亞洲山岳的名稱和高度。

執行結果如圖 15-4 所示。

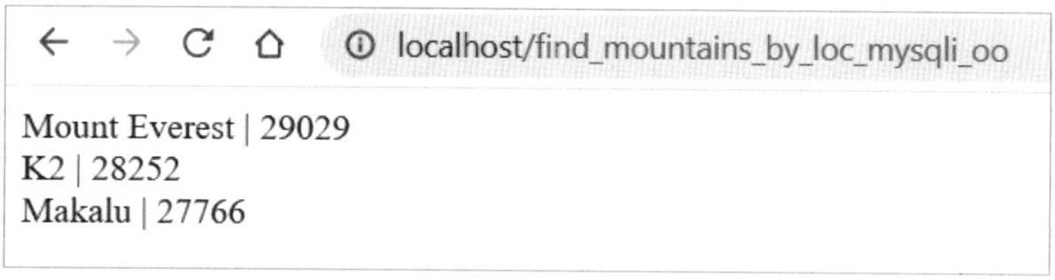

```
←  →  C  ⌂  ⓘ localhost/find_mountains_by_loc_mysqli_oo

Mount Everest | 29029
K2 | 28252
Makalu | 27766
```

圖 15-4：find_mountains_by_loc_mysqli_oo.php 的執行結果

MySQLi（程序導向版）

MySQLi 還能為程序性語言提供 SQL 擴展。程序導向版的 MySQLi 看起來很類似物件導向版，但不是使用語法 -> 來呼叫方法（像是 $conn->close()），而是使用名稱開頭帶有文字 mysqli_ 的函式，例如 mysqli_connect()、mysqli_query() 和 mysqli_close()。

程序性程式語言（procedural programming）是將資料和程序視為兩個不同的實體。採用由上而下的方法，撰寫程式碼時是依照開始到結束的順序給予指示，呼叫的程序（或函式）內含有處理特定工作任務的程式碼。

該使用 MYSQLI 還是 PDO？

讀者的工作若是維護現有的 PHP 應用程式，請繼續使用程式庫已經採用的擴充套件。然而，如果是要建立新的系統，應該採用哪一個擴充套件？

讀者若希望應用程式日後能從 MySQL 移植到其他資料庫系統，例如 Oracle、PostgreSQL 或 Microsoft SQL Server，選擇 PDO 會比較適合。MySQLi 只能在 MySQL 環境下使用，PDO 除了 MySQL，還可以在其他資料庫系統下運作，因此，更容易將應用程式移植到其他資料庫系統。讀者如果要使用不同的資料庫系統支援不同的 PHP 應用程式，可以學習使用 PDO 搭配 MySQL，再針對其他系統使用相同的方法。

> PDO 還允許我們使用命名的佔位符號來取代問號，這種做法能讓我們更清楚程式碼的內容。

從資料表選取資料

範例清單 15-7 是利用程序導向版的 MySQLi 撰寫 PHP 程式，從資料表 mountain 選取資料。

範例清單 15-7：利用程序導向版的 MySQLi 顯示資料表 mountain 的資料
（display_mountains_mysqli_procedural.php）

```php
<?php

$conn = mysqli_connect(
        'localhost',
        'top_app',
        'pQ3fgR5u5',
        'topography'
);

$sql = 'select mountain_name, location, height from mountain';

$result = mysqli_query($conn, $sql);

while ($row = mysqli_fetch_assoc($result)) {
  echo(
    $row['mountain_name'] . ' | ' .
    $row['location'] . ' | ' .
    $row['height'] . '<br />'
  );
}
mysqli_close($conn);
?>
```

在前一頁的程式碼裡，我們是使用 MySQLi 提供的函式 mysqli_connect() 和資料庫憑證，連接資料庫。定義變數 $sql，儲存 SQL 陳述式。接著使用 MySQLi 提供的函式 mysqli_query()，透過我們建立的連線執行查詢，將查詢結果儲存在變數 $result。

然後利用函式 mysql_fetch_assoc() 取得查詢結果，這樣就能使用跟資料庫資料欄名稱一樣的索引值來引用產生的變數 $row，例如 $row['mountain_name']。

使用命令 echo 印出執行結果，並且在每個值之間加入分隔符號「|」，HTML 標籤
 的作用是在瀏覽器的每一行之後建立換行符號。

最後是使用函式 mysqli_close()，關閉資料庫連線。

執行結果如圖 15-5 所示。

```
←  →  C  ⌂    ⓘ localhost/display_mountains_mysqli_procedural.php

Mount Everest | Asia | 29029
Aconcagua | South America | 22841
Denali | North America | 20310
Mount Kilimanjaro | Africa | 19341
K2 | Asia | 28252
Makalu | Asia | 27766
```

圖 15-5：display_mountains_mysqli_procedural.php 的執行結果

將資料列插入資料表

現在我們要繼續建立 PHP 程式，利用程序導向版的 MySQLi，在資料表 mountain 插入資料列（請見圖 15-8）。

範例清單 15-8：利用程序導向版 MySQLi 在資料表 mountain 裡插入新的資料列（add_mountain_mysqli_procedural.php）

```php
<?php

$conn = mysqli_connect(
        'localhost',
        'top_app',
        'pQ3fgR5u5',
        'topography'
);

$new_mountain = 'Lhotse';
$new_location = 'Asia';
$new_height = 27940;

$stmt = mysqli_prepare(
    $conn,
    'insert into mountain (mountain_name, location, height)
    values (?, ?, ?)'
);

mysqli_stmt_bind_param(
    $stmt,
    'ssi',
    $new_mountain,
```

```
    $new_location,
    $new_height
);

mysqli_stmt_execute($stmt);
mysqli_close($conn);
?>
```

執行上方範例程式，會在資料表 mountain 插入新的山岳 Lhotse。這個程式的邏輯跟先前看過的邏輯一樣：利用資料庫憑證建立連線、使用前置陳述式搭配「?」佔位符號、綁定變數值以取代佔位符號、執行陳述式，最後是關閉連線。

呼叫預存程序

下方 PHP 程式碼的目的是使用程序導向版 MySQLi，執行預存程序，請見範例清單 15-9。

範例清單 15-9：利用程序導向版 MySQLi 呼叫 MySQL 預存程序
　　　　　　　（find_mountains_by_loc_mysqli_procedural.php）

```
<?php

$conn = mysqli_connect(
        'localhost',
        'top_app',
        'pQ3fgR5u5',
        'topography'
);

$location = 'Asia';

$stmt = mysqli_prepare($conn, 'call p_get_mountain_by_loc(?)');
mysqli_stmt_bind_param($stmt, 's', $location);
mysqli_stmt_execute($stmt);
$result = mysqli_stmt_get_result($stmt);

while ($row = mysqli_fetch_assoc($result)) {
  echo(
    $row['mountain_name'] . ' | ' .
    $row['height'] . '<br />'
  );
}
mysqli_close($conn);
?>
```

在這個範例程式中，我們使用前置陳述式呼叫程序，以「?」佔位符號表示預存程序的參數。綁定 PHP 變數 $location，指定資料型態為字

串（s）。然後執行陳述式，取得查詢結果產生的資料列並且進行遍巡處理，再印出資料表 mountain 裡每一列亞洲山岳資料的名稱和高度，最後是關閉連線。

執行結果如圖 15-6 所示。

圖 15-6：`find_mountains_by_loc_mysqli_procedural.php` 的執行結果

Python

Python 屬於開放原始碼程式語言，擁有簡潔易懂的語法。非常值得讀者投入時間去學習，因為 Python 可以應用在許多不同類型的程式設計範疇，從資料科學和數學到遊樂器遊戲、網頁開發，甚至是人工智慧！

NOTE Python 的安裝指示，請參見官方網站 Python.org（https://wiki.python.org/moin/BeginnersGuide/Download/）。

Python 的語法很獨特，因為這個程式語言相當重視縮排。其他程式語言則是利用大括號構成程式碼區塊，如同以下的 PHP 程式碼：

```
if ($temp > 70) {
    echo "It's hot in here. Turning down the temperature.";
    $new_temp = $temp - 2;
    setTemp($new_temp);
}
```

由於 PHP 的程式碼區塊是以 { 起始，以 } 結尾，所以程式碼區塊內各行程式碼的縮排方式並不會產生影響，只是為了提高可讀性。因此，下方 PHP 程式碼一樣能正常執行：

```
if ($temp > 70) {
    echo "It's hot in here. Turning down the temperature.";
$new_temp = $temp - 2;
setTemp($new_temp);
}
```

相反地，Python 辨認程式區塊時不使用大括號，而是依賴縮排：

```
if temp > 70:
    print("It's hot in here. Turning down the temperature.");
    new_temp = temp - 2
    set_temp(new_temp)
```

在這個範例中，溫度超過 70 度時會印出訊息：It's hot in here，然後將溫度調低 2 度。

可是，Python 程式碼的縮排方式如果改變了，程式做的事也會跟著不同：

```
if temp > 70:
    print("It's hot in here. Turning down the temperature.")
new_temp = temp - 2
set_temp(new_temp)
```

這個程式碼雖然跟先前的程式碼一樣，只會在溫度超過 70 度的時候印出訊息：It's hot in here，但現在不管怎樣都一定會將溫度調低 2 度，這或許不是我們預期的情況。

NOTE 從 Python 程式碼使用 MySQL，要使用 MySQL Connector/Python，這是讓 Python 跟 MySQL 溝通的驅動程式。

從資料表選取資料

範例清單 15-10 是撰寫 Python 程式 *display_mountains.py*，從資料表 mountain 選取資料，然後顯示結果。

範例清單 15-10：利用程 Python 顯示資料表 mountain 的資料
　　　　　　　　　　（display_mountains.py）

```
import mysql.connector

❶ conn = mysql.connector.connect(
    user='top_app',
    password='pQ3fgR5u5',
    host='localhost',
    database='topography')

❷ cursor = conn.cursor()

cursor.execute('select mountain_name, location, height from mountain')
```

```
❸ for (mountain, location, height) in cursor:
      print(mountain, location, height)

  conn.close()
```

上方程式碼中的第一行是以 `mysql.connector` 匯入驅動程式 MySQL Connector/Python，然後以資料庫憑證呼叫方法 `connect()`，跟 MySQL 資料庫建立連線❶，再將建立好的連線儲存為 Python 變數 `conn`。

利用資料庫連線建立 Cursor（資料列指標），儲存為變數 `cursor`❷，然後使用方法 `cursor execute()` 執行 SQL 查詢，從資料表 `mountain` 選取資料。下一行是 for 迴圈，這種類型的迴圈是讓我們循環或遍巡處理一組值。這個範例使用 for 迴圈❸遍巡處理 Cursor（資料列指標）的所有資料列，隨我們的需求印出每個山岳的名稱、位置和高度。迴圈會繼續執行，直到變數 `cursor` 裡已經沒有資料列需要循環處理為止。

最後是使用 `conn.close()`，關閉資料庫連線。

切換到作業系統的命令列提示字元，執行 Python 程式，就可以檢視執行結果：

```
> python display_mountains.py
Mount Everest Asia 29029
Aconcagua South America 22841
Denali North America 20310
Mount Kilimanjaro Africa 19341
K2 Asia 28252
Makalu Asia 27766
Lhotse Asia 27940
```

這個 Python 程式從資料表 `mountain` 選取了所有資料列，顯示資料表內的資料。

在這個範例中，資料庫憑證是放在 Python 程式裡，但這種敏感性資訊通常是放在 Python 檔案 *config.py*，跟其餘程式碼分開。

將資料列插入資料表

現在我們要繼續建立 Python 程式 *add_mountain.py*，在資料表 `mountain` 插入資料列（請見圖 15-11）。

範例清單 15-11：利用 Python 在資料表 mountain 裡插入資料列
（add_mountain.py）

```
import mysql.connector

conn = mysql.connector.connect(
    user='top_app',
    password='pQ3fgR5u5',
    host='localhost',
    database='topography')

cursor = conn.cursor(prepared=True)
❶ sql = "insert into mountain(mountain_name, location, height) values (?,?,?)"
❷ val = ("Ojos Del Salado", "South America", 22615)
  cursor.execute(sql, val)
❸ conn.commit()
  cursor.close()
```

此處範例是利用資料庫連線建立變數 cursor，讓我們可以使用前置陳述式。

接著建立 Python 變數 sql，儲存 insert 陳述式 ❶；Python 可以使用符號 ? 或 %s 作為前置陳述式裡的佔位符號（此處出現的字母 s 跟資料型態或資料值無關，也就是說，佔位符號 %s 不只適用於字串，也適用其他資料型態）。

下一步是建立變數 val ❷，儲存我們想插入資料表的值。然後呼叫方法 cursor execute()，同時將變數 sql 和 val 的值傳進方法裡；方法 execute() 會綁定變數，將佔位符號「?」替換成實際值，以及執行 SQL 陳述式。

最後是呼叫方法 connection commit() ❸，提交陳述式給資料庫。根據預設，MySQL Connector/Python 不會自動提交，所以如果忘記呼叫 commit()，我們所做的更動就不會套用到資料庫裡。

呼叫預存程序

範例清單 15-12 示範的 Python 程式 find_mountains_by_loc.py 會呼叫預存程序 p_get_mountain_by_loc()，同時將資料值 Asia 傳送給這個程序，只顯示資料表中位於亞洲的山岳。

範例清單 15-12：利用 Python 呼叫預存程序
　　　　　　　（find_mountains_by_loc.py）

```python
import mysql.connector

conn = mysql.connector.connect(
    user='top_app',
    password='pQ3fgR5u5',
    host='localhost',
    database='topography')

cursor = conn.cursor()
```
❶ `cursor.callproc('p_get_mountain_by_loc', ['Asia'])`

❷
```python
for results in cursor.stored_results():
    for record in results:
        print(record[0], record[1])

conn.close()
```

這個範例程式呼叫方法 cursor callproc()，傳送引數值 Asia 給這個方法以及呼叫預存程序 ❶。然後呼叫方法 cursor stored_results()，取得預存程序的回傳結果；利用 for 迴圈遍巡處理這些結果，取得每一個山岳的紀錄資料 ❷。

Python 使用的索引值是從 0 開始，所以在預存程序回傳的資料列裡，第一個資料欄就代表 record[0]，在此處範例中是表示山岳名稱。使用 record[1] 可以印出第二個資料欄，也就是山岳高度。

從命令列執行這個 Python 程式，就可以檢視執行結果：

```
> python find_mountains_by_loc.py
Mount Everest 29029
K2 28252
Makalu 27766
Lhotse 27940
```

Java

Java 屬於開放原始碼的物件導向程式語言，常用於開發應用程式，從行動、桌面到網頁環境均可適用。

Java 的安裝指示，請參見官方網站 Java.com（https://www.java.com/en/download/help/download_options.html）。

現在雖然有相當多支援 Java 開發的建構工具和整合開發環境（Integrated Dvelopment Environment，簡稱 IDE），但本章這些範例是要從命令列執行。介紹本章的範例之前，一起先快速了解幾個基礎知識。

我們建立的 Java 程式，檔案名稱結尾的副檔名是 *.java*。執行 Java 程式之後，會先以命令 **javac** 編譯成 *.class* 檔案，檔案格式為位元組碼（bytecode）。位元組碼屬於機器底層使用的格式，是在 Java 虛擬機（Java Virtual Machine，簡稱 JVM）上執行。程式編譯完成後，要以命令 **java** 執行。

下方命令是建立 Java 程式 *MountainList.java*，並且編譯成位元組碼：

```
javac MountainList.java
```

執行上方命令之後會產生位元組碼檔案 *MountainList.class*，利用下方命令即可執行這個檔案：

```
java MountainList
```

NOTE
MySQL Connector/J 是 JDBC 驅動程式，JDBC 全名為 Java Database Connectivity（Java 資料庫連接），協助我們在 Java 和 MySQL 之間進行溝通。利用 MySQL Connector/J，我們可以連接 MySQL 資料庫、執行 SQL 陳述式和處理結果，還可以從 Java 程式內執行預存程序。

從資料表選取資料

跟其他程式語言一樣，首先我們要撰寫 Java 程式 *MountainList.java*，從 MySQL 資料表 mountain 選取山岳資料清單（請見範例清單 15-13）。

範例清單 15-13：利用程 Java 顯示資料表 mountain 的資料（MountainList.java）

```
import java.sql.*; ❶

public class MountainList {
public static void main(String args[]) { ❷
    String url = "jdbc:mysql://localhost/topography";
    String username = "top_app";
```

```
      String password = "pQ3fgR5u5";

      try { ❸
        Class.forName("com.mysql.cj.jdbc.Driver"); ❹
        Connection ❺ conn = DriverManager.getConnection(url, username, password);
        Statement stmt = conn.createStatement(); ❻
        String sql = "select mountain_name, location, height from mountain";
        ResultSet rs = stmt.executeQuery(sql); ❼
        while (rs.next()) {
          System.out.println(
            rs.getString("mountain_name") + " | " +
            rs.getString("location") + " | " +
            rs.getInt("height");
          );
        }
        conn.close();
      } catch (Exception ex) {
        System.out.println(ex);
      }
    }
  }
}
```

範例清單 15-13 的程式碼是先匯入套件 java.sql ❶，讓我們能存取
Java 物件，藉此使用 MySQL 資料庫，例如 Connection、Statement 和
ResultSet。

接著建立 Java 類別 MountainList，定義方法 main()，每當執行程式時
就會自動執行這個方法 ❷。方法 main() 會以我們提供的資料庫憑證，
跟 MySQL 資料庫建立連線，將建立好的連線儲存為 Java 變數 conn ❺。

使用命令 Class.forName，載入 Java 類別 com.mysql.cj.jdbc.Driver，
支援 MySQL Connector/J ❹。

使用方法 Connection createStatement()，建立 Statement 物件 ❻，用
以對資料庫執行 SQL 陳述式。Statement 隨後會回傳 ResultSet 物件
❼，循環處理結果集裡的資料，顯示資料庫資料表內山岳的名稱、位置
和高度。完成所有工作之後，關閉資料庫連線。

請注意：許多這類的 Java 命令都會包裝在 try 區塊裡 ❸，採用這個寫
法的好處是萬一執行這些命令時發生錯誤，Java 會拋出例外情況（或
錯誤），我們就能以相對應的 catch 陳述式攔截這個例外情況。以此
處的程式碼為例，當有例外情況拋出時，控制權會傳給 catch 區塊，
顯示異常訊息給使用者。

就 Python 和 PHP 來說，實務上最好的做法是將程式碼包裝在「try...catch」區塊裡，但讀者可根據需求選擇性使用（Python語法是寫成 try/except）。不過，撰寫 Java 程式時一定要使用「try...catch」區塊。如果 Java 程式碼編譯時沒有發現這個區塊，就會得到錯誤訊息：must be caught or declared to be thrown（必須攔截例外情況或宣告要拋出的例外情況）。

編譯 Java 程式，然後從命令列執行，檢視執行結果：

```
> javac MountainList.java
> java MountainList
Mount Everest | Asia | 29029
Aconcagua | South America | 22841
Denali | North America | 20310
Mount Kilimanjaro | Africa | 19341
K2 | Asia | 28252
Makalu | Asia | 27766
Lhotse | Asia | 27940
Ojos Del Salado | South America | 22615
```

將資料列插入資料表

範例清單 15-14 是撰寫 Java 程式，在資料表 mountain 插入資料列。

範例清單 15-14：利用 Java 在資料表 mountain 裡插入資料列（MountainNew.java）

```java
import java.sql.*;

public class MountainNew {
  public static void main(String args[]) {
    String url = "jdbc:mysql://localhost/topography";
    String username = "top_app";
    String password = "pQ3fgR5u5";

    try {
      Class.forName("com.mysql.cj.jdbc.Driver");
      Connection conn = DriverManager.getConnection(url, username, password);
      String sql = "insert into mountain(mountain_name, location, height) " +
                   "values (?,?,?)";
❶ PreparedStatement stmt = conn.prepareStatement(sql);
      stmt.setString(1, "Kangchenjunga");
      stmt.setString(2, "Asia");
      stmt.setInt(3, 28169);
❷ stmt.executeUpdate();
      conn.close();
    } catch (Exception ex) {
```

```
      System.out.println(ex);
    }
  }
}
```

這個範例程式的 SQL 陳述式使用問號作為佔位符號。為了傳送參數值，這次是以 PreparedStatement ❶ 取代 Statement，再利用 setString() 和 setInt() 這兩個方法，綁定參數值。然後呼叫方法 executeUpdate() ❷，這個方法是用於在 MySQL 資料表裡插入、更新或刪除資料列。

呼叫預存程序

範例清單 15-15 示範的 Java 程式，是執行 MySQL 預存程序。

範例清單 15-15：利用 Java 呼叫 MySQL 預存程序（MountainAsia.java）

```
import java.sql.*;

public class MountainAsia {
  public static void main(String args[]) {
    String url = "jdbc:mysql://localhost/topography";
    String username = "top_app";
    String password = "pQ3fgR5u5";

    try {
      Class.forName("com.mysql.cj.jdbc.Driver");
      Connection conn = DriverManager.getConnection(url, username, password);
      String sql = "call p_get_mountain_by_loc(?)";
❶    CallableStatement stmt = conn.prepareCall(sql);
      stmt.setString(1, "Asia");
      ResultSet rs = stmt.executeQuery();
      while (rs.next()) {
        System.out.println(
          rs.getString("mountain_name") + " | " +
          rs.getInt("height")
        );
      }
      conn.close();
    } catch (Exception ex) {
      System.out.println(ex);
    }
  }
}
```

這次呼叫預存程序，是使用 CallableStatement ❶ 取代 Statement。設定第一個（也是唯一一個）參數為 Asia，使用 CallableStatement 的方法 executeQuery() 執行查詢。然後遍巡處理查詢結果，顯示每個山岳的名稱和高度。

執行結果如下：

```
Mount Everest | 29029
K2 | 28252
Makalu | 27766
Lhotse | 27940
Kangchenjunga | 28169
```

物件關聯映射

ORM 工具（Object-relational mapping；物件關聯映射）採用不同的方法，從程式語言內使用 MySQL，跟我們在本章看過的程式語言一樣。除了使用 SQL 語言，ORM 允許我們利用個人偏好的物件導向程式設計語言跟資料庫互動，讓我們以物件形式獲取資料庫內的資料，在我們撰寫的程式碼內操作這些物件。

重點回顧與小結

讀者在本章已經學到如何從其他程式語言呼叫 MySQL，了解 SQL 陳述式通常會內嵌在程式裡，並且從程式執行。還看到對於資料庫裡的同一個資料表，我們不僅可以從 MySQL Workbench 存取，也可以利用 PHP、Python、Java 或其他任意數量的工具和程式語言存取。

下一章的學習主軸是：利用 MySQL 實作我們的第一個專題——建立持續運作的天氣資料庫。我們將建立程式腳本，接受每小時取得的天氣資料，然後載入到 MySQL 資料庫。

PART V

專題

恭喜各位讀者！現在大家都已經擁有足夠的 MySQL 知識，可以開始建立有實用意義的專題。本書第五部分的學習目標是透過三個專題，逐一學習新的技能，同時深入理解本書到目前為此介紹的知識。

以下所列這些專題彼此獨立，讀者可依照任意順序完成：

建立天氣資料庫

利用 cron、Bash 和 SQL 程式腳本這些技術建立一套資料庫系統，為卡車運輸公司儲存天氣資料。

利用觸發器追蹤投票者資料異動

建立資料庫來保存選舉資料，以及在資料表上建立觸發器，用於追蹤投票者資料異動。

利用檢視表保護薪資資料

建立資料庫來保存公司資料，只有在必要時才允許存取薪資資料，對多數使用者隱藏薪資資料。

16

建立天氣資料庫

本章學習主軸是：為卡車運輸公司建立天氣資料庫。這家公司往返美國東岸運送貨物，希望能找到方法，針對卡車司機即將駛往的主要城市，取得當地目前的天氣資料。

卡車運輸公司本身已經建置 MySQL 資料庫，內含貨物運送資料，我們需要再新增一個資料庫，詳細記錄卡車司機行駛通過的那些區域當前的天氣狀況。讓現有的卡車運輸應用程式整合天氣資料，顯示天氣對運送調度的影響，並且警告司機一些危險情況，例如，難以辨識的薄冰、下雪以及極端氣溫。

我們要使用的天氣資料檔案會從提供天氣資料的第三方公司取得，這家公司同意每小時發送 CSV 檔案給我們；請回想第 14 章的內容，CSV 檔案是內含資料的文字檔案，利用英文逗號作為資料欄位之間的分隔符號。

這家第三方公司是利用 FTP 提供天氣資料，將 *weather.csv* 檔案發送到我們的 Linux 伺服器上的目錄「*/home/weather_load/*」；FTP（File Transfer Protocol／檔案傳輸協定）是標準通訊協定，允許檔案在電腦之間傳送。

資料檔案約每一小時會送達，但有可能會出現延遲的情況，也就是說檔案可能不會每隔一小時準時到達。基於這個原因，我們要撰寫程式，執行程式每隔五分鐘檢查一次檔案，每當獲取可以使用的檔案時，就載入到資料庫裡。

探討完我們需要的技術後，本章專題會開始新建一個資料庫 weather，內含兩個資料表：current_weather_load 和 current_weather。將指定檔案的資料載入到資料表 current_weather_load，並且確認載入的資料沒有問題之後，再將資料表 current_weather_load 的資料複製到資料表 current_weather，這是以後要提供給卡車運輸應用程式使用的資料表。請由此處連結下載資料檔案 *weather.csv*：*https://github.com/ricksilva/mysql_cc/tree/main/chapter_16*。

其他需要用到的技術

本章專題會用到 MySQL 以外的技術，包含 cron 和 Bash。這些技術是讓我們進行排程：載入天氣資料、檢查是否獲取天氣資料檔案，以及建立紀錄檔案，儲存任何載入時發生的錯誤。

cron

本章利用 *cron* 進行排程，每隔 5 分鐘執行一次程式腳本；cron 是一種排程器，使用於 Unix 這類的作業系統（Unix、Linux 和 macOS）。還可以透過 WSL（Windows Subsystem for Linux；Windows 子系統 Linux 版），在 Windows 作業系統上使用 cron；WSL 的作用是讓我們在 Windows 系統的電腦上，運行 Linux 環境。在命令列輸入 **wsl --install**，即可安裝 WSL。

我們在 cron 排定的工作任務，稱為 *Cron* 作業，這些工作任務會在背景執行，跟終端設備環境無關。工作的排程方式是將工作加入配置檔案 *crontab*（*cron table*；*cron* 資料表）。

輸入命令 crontab -l，可以取得已經排定的 Cron 作業。若需要編輯 crontab 配置檔案，請輸入 crontab -e；選項 -e 的作用是開啟文字編輯器，讓我們從 crontab 檔案新增、修改或刪除 Cron 作業。

排程執行 Cron 作業時，必須依照下列順序提供六項資訊：

1. 分鐘（0 ～ 59）
2. 小時（0 ～ 23）
3. 月間第幾天（1 ～ 31）
4. 月份（1 ～ 12）
5. 星期幾（0 ～ 6；星期日到星期六）
6. 想要執行的命令或程式腳本

舉例說明，假設我們想要排程執行程式腳本 *pi_day.sh*，就要輸入 crontab -e，然後新增 crontab 項目（如下所示）：

```
14 3 14 3 * /usr/local/bin/pi_day.sh
```

上方範例中的 Cron 作業設定完畢後，目錄 */usr/local/bin/* 底下的程式腳本 *pi_day.sh* 會在每年 3 月 14 日上午 3 點 14 分執行。由於星期幾的部分已經設定為 *（萬用字元），所以 Cron 作業就是會恰好在那一年的 3 月 14 日執行，不論那一天是星期幾。

Bash

Bash 是用於執行 shell 程式腳本和命令的程式語言，可以在 Unix 和 Linux 環境底下運行。時下有數不清的工具或程式語言可供使用，本書選擇 Bash 程式是因為它相當熱門而且簡單。Bash 程式腳本的副檔名通常是 *.sh*（如先前範例中的程式腳本 *pi_day.sh*），本章專題將撰寫 Bash 程式腳本 *weather.sh*，目的是每 5 分鐘執行一次 Cron 作業。這個程式腳本會檢查資料檔案是否已經送達，如果送達，就呼叫 SQL 程式腳本，將檔案載入到資料裡。

NOTE 讀者若想深入了解 Bash 程式，請參考此處連結（https://linuxconfig.org/bash-scripting-tutorial-for-beginners），或是參閱 William Shotts 的著作《Linux 指令大全：工程師活用命令列技巧的常備工具書第 2 版》（The Linux Command Line, 2nd edition，No Starch Press 出版，2019 年）。

SQL 程式腳本

SQL 程式腳本是一種文字檔案，內含 SQL 命令。本章專題將撰寫兩個 SQL 程式腳本：*load_weather.sql* 和 *copy_weather.sql*。程式腳本 *load_weather.sql* 的作用是從 CSV 檔案讀取資料，然後載入到資料表 current_weather_load，載入過程中若有發生任何問題，會對我們提出警示。另一個程式腳本 *copy_weather.sql* 的作用，是將資料表 current_weather_load 的天氣資料，複製到資料表 current_weather。

專題簡介

本章專題將說明如何排定 Cron 作業，每隔 5 分鐘執行程式腳本 *weather.sh*。如果存在新的資料檔案 *weather.csv*，就會載入到資料表 current_weather_load。檔案載入過程中如果沒有發生任何問題，就會將資料表 current_weather_load 的資料複製到資料表 current_weather，隨後提供給應用程式使用。專題執行流程請見圖 16-1。

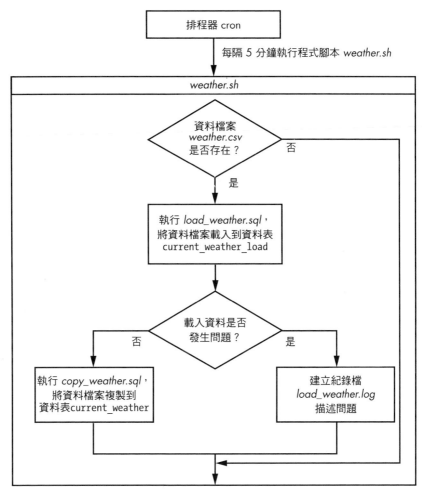

圖 16-1：天氣專題流程概要

如果沒有新的檔案 *weather.csv* 可供使用，程式腳本 *weather.sh* 就會退出，不會繼續執行 Bash 程式腳本的其餘命令，也就是說不會載入資料和記錄錯誤。若檔案已經載入而且 *load_weather.log* 沒有記錄到任何錯誤，Bash 程式腳本會呼叫 *copy_weather.sql*，將我們剛載入到資料表 current_weather_load 的資料，複製到資料表 current_weather。

資料檔案

由於這家卡車運輸公司會長途往返美國東岸，所以需要知道以下這些地點的天氣情況：

- 緬因州，波特蘭

- 麻薩諸塞州，波士頓
- 羅德島州，普洛威頓斯
- 紐約州，紐約
- 賓夕法尼亞州，費城
- 華盛頓，哥倫比亞特區
- 維吉尼亞州，里奇蒙
- 北卡羅萊納州，洛里
- 南卡羅來納州，查爾斯頓
- 佛羅里達州，傑克遜維爾
- 佛羅里達州，邁阿密

CSV 資料檔案包含的欄位，如表 16-1 所示。

表 16-1：CSV 資料檔案的欄位

欄位名稱	說明
station_id	這筆資料是來自哪一個編號的氣象觀測站
station_city	氣象觀測站位於哪一個城市
station_state	氣象觀測站位於哪一州（以兩個字元的編碼表示）
station_lat	氣象觀測站的緯度
station_lon	氣象觀測站的經度
as_of_datetime	這筆天氣資料的蒐集日期和時間
temp	氣溫
feels_like	目前的「體感」溫度
wind	風速（公里 / 小時）
wind_direction	風向
precipitation	前一小時的降雨量（毫米）
pressure	氣壓
visibility	指肉眼能清楚看到的距離（英里）
humidity	空氣中的相對濕度（百分比）
weather_desc	以文字說明目前的天氣狀況
sunrise	觀測位置今天的日出時間
sunset	觀測位置今天的日落時間

每隔一小時左右，我們請求的 CSV 檔案就會發送給我們，內含觀測位置的資料。CSV 檔案內容如圖 16-2 所示。

```
4589,Portland,ME,43.6591,70.2568,20240211 13:26,22,14,13,NNE,2.5,29.91,1.7,34,Heavy Snow,6:45,17:06
375,Boston,MA,42.3601,71.0589,20240211 13:27,24,15,11,NE,3.4,30.01,2.1,37,Snow,6:46,17:11
459,Providence,RI,41.8241,71.4128,20240211 13:26,25,15,11,SSW,3.1,27.32,1.7,38,Heavy Snow,6:47,17:14
778,New York,NY,40.7128,74.006,20240211 13:29,31,22,10,NE,2.2,29.83,3.3,34,Snow,6:55,17:26
4591,Philadelphia,PA,39.9526,75.1652,20240211 13:30,33,27,12,NW,2,29.85,5.7,88,Rain,6:58,17:32
753,Washington,DC,38.9072,77.0369,20240211 13:27,35,31,8,SSW,.3,30.51,8.1,74,Drizzle,7:04,17:41
507,Richmond,VA,37.5407,77.4361,20240211 13:28,43,38,10,S,0,28.14,9.1,64,Partly Cloudy,7:04,17:45
338,Raleigh,NC,35.7796,78.6382,20240211 13:27,52,51,4,ESE,0,29.33,9.2,56,Partly Sunny,7:06,17:52
759,Charleston,SC,32.7765,79.9311,20240211 13:28,61,59,6,W,0,29.74,9.5,54,Sunny,7:07,18:02
103,Jacksonville,FL,30.3322,81.6557,20240211 13:26,67,62,3,WSW,0,29.77,10,55,Sunny,7:10,18:12
2746,Miami,FL,25.7617,80.1918,20240211 13:28,76,78,1,SW,0,28.14,10,67,Sunny,6:59,18:12
```

圖 16-2：資料檔案 weather.csv

我們請求的 11 個氣象觀測站資料，分別儲存為檔案裡的一列資料，其中每個欄位值以英文逗號分隔。

建立天氣資料表

下方命令的作用是建立 MySQL 資料庫 weather，用以儲存天氣天氣：

```
create database weather;
```

接著建立資料表 current_weather_load，載入 CSV 檔案的資料，其中資料表名稱的結尾詞 _load，清楚表示這個資料表是用於載入目前的天氣資料。

範例清單 16-1 示範的 SQL 陳述式，是用於建立資料表 current_weather _load。

範例清單 16-1：建立資料表 current_weather_load

```
create table current_weather_load
(
  station_id       int                primary key,
  station_city     varchar(100),
  station_state    char(2),
  station_lat      decimal(6,4)       not null,
  station_lon      decimal(7,4)       not null,
  as_of_dt         datetime,
  temp             int                not null,
  feels_like       int,
  wind             int,
  wind_direction   varchar(3),
  precipitation    decimal(3,1),
  pressure         decimal(6,2),
  visibility       decimal(3,1)       not null,
  humidity         int,
```

```
weather_desc    varchar(100)    not null,
sunrise         time,
sunset          time,
constraint check(station_lat between -90 and 90),
constraint check(station_lon between -180 and 180),
constraint check(as_of_dt between (now() - interval 1 day) and now()),
constraint check(temp between -50 and 150),
constraint check(feels_like between -50 and 150),
constraint check(wind between 0 and 300),
constraint check(station_lat between -90 and 90),
constraint check(wind_direction in
  (
    'N','S','E','W','NE','NW','SE','SW',
    'NNE','ENE','ESE','SSE','SSW','WSW','WNW','NNW'
  )
),
constraint check(precipitation between 0 and 400),
constraint check(pressure between 0 and 1100),
constraint check(visibility between 0 and 20),
constraint check(humidity between 0 and 100)
);
```

現在我們要建立第二個資料表 current_weather，資料結構與資料表 current_weather_load 相同：

```
create table current_weather like current_weather_load;
```

這兩個資料表建立完畢後，現在我們有一個資料表可以載入 CSV 檔案，等確信檔案載入資料完全無誤之後，會將天氣資料複製到另外一個資料表，這是最後要跟使用者互動使用的資料表。

接下來我們會繼續深入了解範例清單 16-1 的程式碼。

資料型態

為資料欄選擇資料型態時，一定要跟 CSV 檔案內含的資料型態一致，不然也要盡可能選擇接近的型態。以範例清單 16-1 為例，我們將資料欄 station_id、temp、feels_like、wind 和 humidity 的資料型態定義為 int，因為出現在這些資料欄的值是不含小數點的數字。資料欄 station_lat、station_lon、precipitation、pressure 和 visibility 定義為資料型態 decimal，因為這些欄位的數值有含小數點。

此外，我們還要考量資料欄的最大值應該設為多少。例如我們將資料欄 station_lat 定義為 decimal(6,4)，因為緯度需要儲存的數字是小數點前最多兩位，小數點後最多四位。資料欄 station_lon 定義為 decimal(7,4)，因為表示經度的數值，需要儲存小數點前最多三位、

小數點後最多四位的數字。因此，經度資料欄要能夠儲存比緯度資料欄更大的值。

至於資料欄 as_of_dt 要如何定義，就必須發揮一點創意了。提供給我們的原始資料格式是 YYYYMMDD hh:mm，在 MySQL 支援的資料型態裡，沒有任何一種型態可以儲存這種格式的資料，所以我們以資料型態 datetime 建立資料欄 as_of_dt，然後在資料表載入檔案內的資料時，將這個值轉換成 datetime 格式。（下一節會討論這個部分的做法。）

資料欄 station_state 一定只會有兩個字元，所以定義為 char(2)。資料欄 station_city 和 weather_desc 則因為資料值的字元數會變動，所以將兩者的資料型態定義為 varchar，最大包含 100 字元。城市或說明文字的字元數都不應該超過 100，所以如果這些資料欄有獲得某個大於 100 字元數的值，就可以放心地說該資料不正確。

資料欄 sunrise 和 sunset 的值是以時間格式提供，具有小時和分鐘。我們使用資料型態 time 來儲存這些值，即使資料檔案沒有發送秒數值給我們，資料欄也會以資料型態 time 載入這些值，讓秒數部分自動設定為零。舉個例子，假設我們載入的值是 17:06，儲存到資料表會變成 17:06:00。這個資料型態很適合我們的目的，因為應用程式追蹤的日出和日落時間不需要精確到秒。

條件約束

在範例清單 16-1 的程式碼裡，我們針對資料欄 station_id 產生主要索引鍵，強制欄位值具有唯一性。萬一資料檔案裡有兩筆紀錄都來自同一個氣象觀測站，我們不希望同時載入這兩筆紀錄，所以將 station_id 設定為主要索引鍵，避免載入同一個氣象觀測站的第二筆資料，並且產生警告訊息，警示資料檔案有問題。

對資料欄加上一些其他的條件約束，可以先檢查資料表即將載入的資料品質。

資料欄 station_lat 儲存的緯度值必須落在有效範圍內：−90.0000 ～ 90.0000。先前我們雖然已經將 station_lat 的資料型態定義為 decimal(6,4)，設定緯度值只會有 6 個數字，其中小數點後是 4 位數，但仍舊無法避免無效值寫入資料欄，例如 95.5555。所以，我們要加入條件約束，強制資料值落在適當的範圍內。這種限制能讓所有資料欄儲存合理的緯度值，拒絕任何超出合理範圍的值。同樣地，資料欄 station_lon 的經度值也必須落在有效的範圍內：−180.0000 ～ 180.0000。

資料欄 wind_direction 也有加入條件約束 check，用意是確保這個欄位只會有清單裡的其中一個值；我們提供的清單裡有 16 個值，其中 N 代表北、SE 代表東南、NNW 代表北北西等等方向。

其他有加上條件約束 check 的資料欄，也是為了確保天氣資料落在合理的範圍內。例如氣溫值超出華氏 −50 度～ 150 度的範圍，很有可能是錯誤值，所以要拒絕存入資料欄；濕度值是百分比，所以一定要強制落在 0 ～ 100 的範圍內。

在這個用來載入檔案的資料表裡，還有幾個資料欄宣告的條件約束是 not null。由於這些資料欄非常重要，當檔案無法提供這些資料值，我們希望以載入失敗的方式處理，例如資料欄 station_id 就一定不能是空值，因為這個欄位是主要索引鍵。

資料欄 station_lat 和 station_lon 定義為 not null，是因為我們要讓卡車運輸應用程式在地圖上繪出氣象觀測站的位置。由於我們想在正確的地圖位置上，顯示每個氣象觀測站目前測到的氣溫、能見度和天氣狀況，如果無法提供觀測站的緯度和經度，就不能實作這項功能。

資料欄 temperature、visibility 和 weather_desc 也是本專題的關鍵資料，因此也要定義為 not null。

載入資料檔案

為了檢查天氣資料是否有新的 CSV 檔案可供使用，我們要建立 Bash 程式腳本 *weather.sh*，在此之前，要先撰寫 SQL 程式腳本 *load_weather. sql*，將 CSV 檔案載入到資料表 current_weather_load（請見範例清單 16-2）。

範例清單 16-2：程式腳本 load_weather.sql

```
use weather;

delete from current_weather_load;

load data local infile '/home/weather_load/weather.csv'
into table current_weather_load
❶ fields terminated by ','
(
    station_id,
    station_city,
    station_state,
    station_lat,
    station_lon,
```

```
❷ @aod,
   temp,
   feels_like,
   wind,
   wind_direction,
   precipitation,
   pressure,
   visibility,
   humidity,
   weather_desc,
   sunrise,
   sunset
)
❸ set as_of_dt = str_to_date(@aod,'%Y%m%d %H:%i');

❹ show warnings;

❺ select concat('No data loaded for ',station_id,': ',station_city)
  from    current_weather cw
  where   cw.station_id not in
  (
      select cwl.station_id
      from   current_weather_load cwl
  );
```

上方腳本程式碼先將目前要使用的資料庫設定為 weather，然後刪除資料表 current_weather_load 的所有資料列，避免殘留前一次載入的資料。

然後使用第 14 章介紹過的命令 load data，將檔案 *weather.csv* 載入到資料表 current_weather_load。由於載入的檔案資料是以英文逗號分隔，所以需要指定 fields terminated by ','❶，這樣命令 load data 才知道一個欄位值的結束位置和下一個欄位值的起始位置。命令後面要指定資料檔案名稱 *weather.csv*，以及檔案位置目錄 */home/weather_load/*。

命令下方的大括號內列出資料表的所有資料欄，對應我們希望從檔案內載入的資料欄位，但只有一個資料欄例外：檔案內的值不會直接載入到資料欄 as_of_dt，而是先載入到變數 @aod ❷。這個變數保存的值是 CSV 檔案裡的資料欄位 as of date，資料格式是我們先前介紹過的 YYYYMMDD hh:mm，然後利用 MySQL 支援的函式 str_to_date() ❸，將變數 @aod 儲存的字串值轉換成資料型態 datetime。指定字串格式時，可以利用格式指定符號：%Y、%m、%d、%H 和 %i。範例中指定的 str_to_date(@aod, '%Y%m%d %H:%i')，表示變數 @aod 是由以下部分組成：

- %Y：年份，由四個數字組成

- %m：月份，由兩個數字組成

- %d：日期，由兩個數字組成

- 空格

- %H：小時，由兩個數字組成（0～23）

- 冒號

- %i：分鐘，由兩個數字組成（0～59）

函式 str_to_date() 利用這項資訊，就能將字串 @aod 轉換成欄位 as_of_date datetime（位於資料表 current_weather_load 內）需要的值。

NOTE 函式 str_to_date() 的作用是根據我們提供的格式，將字串值轉換成 date、time 或 datetime 值，這個範例是回傳 datetime 值。

下一步是檢查我們載入的檔案是否有任何問題，利用命令 show warnings ❹，列出上一個命令執行之後產生的任何錯誤、警告或注意訊息。如果資料檔案內的問題導致命令 load data 執行失敗，命令 show warnings 就會告訴我們問題是什麼。

然後在最後一段程式碼加入查詢，進行第二次檢查，確認資料是否正確載入 ❺。這個查詢會取得所有氣象觀測站清單，清單裡應該有上一次載入到資料表 current_weather 的資料，如果這份清單裡有任何一個氣象觀測站，在資料表 current_weather_load 剛載入的資料裡找不到，這表示很有可能是資料檔案裡缺失氣象觀測站的資料，或是氣象觀測站的資料有問題，導致資料無法載入。不管是哪種情況，我們都希望收到通知訊息。

到此，我們已經撰寫好程式腳本 load_weather.sql，如果載入資料時有發生任何問題，就會通知我們。若執行 load_weather.sql 之後，沒有輸出任何訊息，表示資料表 current_weather_load 順利載入資料，沒有發生問題。

將資料複製到最終使用的資料表

一旦從 CSV 檔案順利無誤地將資料載入到資料表 current_weather_load 後，下一步就是執行 SQL 程式腳本 *copy_weather.sql*，將資料複製到最後使用的資料表 current_weather（請見範例清單 16-3）。

```sql
use weather;

delete from current_weather;

insert into current_weather
(
        station_id,
        station_city,
        station_state,
        station_lat,
        station_lon,
        as_of_dt,
        temp,
        feels_like,
        wind,
        wind_direction,
        precipitation,
        pressure,
        visibility,
        humidity,
        weather_desc,
        sunrise,
        sunset
)
select  station_id,
        station_city,
        station_state,
        station_lat,
        station_lon,
        as_of_dt,
        temp,
        feels_like,
        wind,
        wind_direction,
        precipitation,
        pressure,
        visibility,
        humidity,
        weather_desc,
        sunrise,
        sunset
from    current_weather_load;
```

這個 SQL 程式腳本先將目前使用的資料庫設定為資料庫 weather，
然後從資料表 current_weather 中刪除所有舊的資料列，再將資料表
current_weather_load 的資料載入資料表 current_weather。

SQL 程式腳本都撰寫完成後，我們現在要撰寫 Bash 程式腳本，用以呼叫 SQL 程式腳本（範例清單 16-4）。

範例清單 16-4：程式腳本 weather.sh

```
#!/bin/bash ❶
cd /home/weather/ ❷

if [ ! -f weather.csv ]; then ❸
   exit 0
fi

mysql --local_infile=1 -h 127.0.0.1 -D weather -u trucking -pRoger -s \
      < load_weather.sql > load_weather.log ❹

if [ ! -s load_weather.log ]; then ❺
   mysql -h 127.0.0.1 -D weather -u trucking -pRoger -s < copy_weather.sql > copy_weather.log
fi

mv weather.csv weather.csv.$(date +%Y%m%d%H%M%S) ❻
```

Bash 程式腳本的第一行 ❶ 稱為 *shebang*，作用是告訴系統，執行檔案內的命令時，要使用的直譯器放在目錄 */bin/bash* 下。

下一行是利用命令 cd，切換到目錄 */home/weather/* 下 ❷。

第一個 if 陳述式 ❸ 是檢查檔案 *weather.csv* 是否存在；在 Bash 程式腳本裡，if 陳述式是以 if 開頭、以 fi 結尾。命令 -f 是檢查檔案是否存在，! 則是語法 not，所以陳述式 if [! -f weather.csv] 的用意是檢查檔案 *weather.csv* 是否不存在。如果檔案不存在，表示沒有新的 CSV 資料檔案可供載入，所以退出（exit）Bash 程式腳本，提供退出碼為 0。根據使用慣例，退出碼提供 0，表示成功，提供 1 表示錯誤。退出 Bash 程式腳本，在此處的作用是停止執行其餘的腳本程式碼；因為我們沒有資料檔案可以處理，自然也就不需要再執行剩餘的程式腳本。

下一段程式碼是利用 MySQL 命令列客戶端 ❹（命令 mysql，請見第 14 章的說明），執行 SQL 程式腳本 *load_weather.sql*。如果程式腳本 *load_weather.sql* 將資料載入到資料表 current_weather_load 時有發生任何問題，這些問題就會記錄到檔案 *load_weather.log*。

Bash 程式使用左向箭頭（<）和右向箭頭（>）重新導向，目的是讓我們從某個檔案取得輸入內容，然後將輸出內容寫入另一個檔案。語法 < load_weather.sql 的用意是告訴 MySQL 命令列客戶端：執行程式腳本 *load_weather.sql* 裡的命令，語法 > load_weather.log 的用意則是將任何輸出內容寫入檔案 *load_weather.log*。

這段程式碼中有搭配選項 local_infile=1，是讓我們使用本機電腦上的資料檔案，執行命令 load data（在程式腳本 *load_weather.sql* 中使用），這種做法跟使用 MySQL 伺服器上的檔案相反。根據個人使用的配置設定，各位讀者的執行環境可能不需要搭配這個選項。（資料庫管理人員可以利用命令 set global local_infile = on，將這個選項設定為配置參數。）

選項設定為 -h，目的是告訴 MySQL 命令列客戶端：MySQL 安裝在哪一個伺服器主機上。此處範例中的 -h 127.0.0.1，是指 MySQL 伺服器跟我們目前執行程式腳本的電腦是同一台主機；其中 127.0.0.1 是我們目前使用電腦（本機）的 IP 位址，也稱為 *localhost*，所以此處也能簡單輸入 -h localhost。

接著在 IP 位址後提供資料庫名稱 weather、MySQL 使用者 ID、trucking 和密碼 Roger。比較詭異的是，MySQL 不允許選項 -p 後面出現空格，所以輸入密碼時，前面不能有空格存在。

選項 -s 的作用是以靜默模式（silent mode）執行 SQL 程式腳本，目的是避免程式腳本在輸出結果中提供過多的資訊。舉個例子，假設波士頓的氣象觀測站沒有資料可以載入，我們希望在檔案 *load_weather.log* 裡看到的訊息是 No data loaded for 375: Boston。然而，如果沒有加選項 -s，除了 select 陳述式產生的訊息，紀錄檔還會額外顯示陳述式開頭的程式碼。

```
concat('No data loaded for ',station_id,': ',station_city)
No data loaded for 375: Boston
```

加上選項 -s 的用意是防止將文字 concat('No data loaded for ',station_id,': ',station_city) 寫入檔案 *load_weather.log*。

在 Bash 程式裡，反斜線字元（\）的作用是讓我們寫的命令繼續延伸到下一行。此處範例在選項 -s 後面使用反斜線，是因為這一行程式碼太長，所以繼續寫到下一行。

Bash 程式腳本的下一段程式碼，是檢查檔案 *load_weather.log* 是否列出任何載入問題❺。if 陳述式裡的選項 -s，是用於檢查檔案大小是否大於 0。我們只是要將資料載入最終使用的資料表 current_weather，所以只要確認用來載入檔案的資料表 current_weather_load 有順利載入資料。換句話說，唯有當檔案 *load_weather.log* 的紀錄是空的或檔案大小是 0 位元，我們才會將資料複製到資料表 current_weather。此處使

用語法 if [! -s load_weather.log]，檢查紀錄檔案的大小是否大於 0。

Bash 程式腳本 *weather.sh* 的最後一行是將檔案 *weather.csv* 重新命名，在原本的名稱後面加上結尾詞：當時的日期和時間。例如將 *weather.csv* 重新命名為 *weather.csv.20240412210125*，下次執行 Bash 程式腳本時，就不會重新載入同一個檔案 *weather.csv* ❻。命令 mv 表示 *move*，是用於檔案重新命名或將檔案移動到另一個目錄下。

到此完成所有步驟，一起來確認執行結果。如果發送給我們的檔案 *weather.csv* 資料有效，執行程式腳本 *load_weather.sql* 之後，產生的結果是將檔案內的資料值填入資料表 current_weather_load，應該會看到跟圖 16-3 類似的內容。

資料表 current_weather_load 的內容若類似圖 16-3，看來資料都有順利載入。CSV 資料檔案內的 11 列資料現在全都在資料表裡，而且所有資料欄的值看起來都很合理。

另一方面，如果發送給我們的檔案 *weather.csv* 有出現資料值重複、格式錯誤或超出範圍，執行程式腳本 *load_weather.sql* 之後，應該會產生檔案 *load_weather.log*，列出發生的問題。

station_id	station_city	station_state	station_lat	station_lon	as_of_dt	temp	feels_like	wind	wind_direction	precipitation	pressure	visibility	humidity	weather_desc	sunrise	sunset
4589	Portland	ME	43.6591	70.2568	2024-02-11 13:26:00	22	14	13	NNE	2.5	29.91	1.7	34	Heavy Snow	06:45:00	17:06:00
375	Boston	MA	42.3601	71.0589	2024-02-11 13:27:00	24	15	11	NE	3.4	30.01	2.1	37	Snow	06:46:00	17:11:00
459	Providence	RI	41.8241	71.4128	2024-02-11 13:26:00	25	15	11	SSW	3.1	27.32	1.7	38	Heavy Snow	06:47:00	17:14:00
778	New York	NY	40.7128	74.0060	2024-02-11 13:29:00	31	22	10	NE	2.2	29.83	3.3	34	Snow	06:55:00	17:26:00
4591	Philadelphia	PA	39.9526	75.1652	2024-02-11 13:30:00	33	27	12	NW	2.0	29.85	5.7	88	Rain	06:58:00	17:32:00
753	Washington	DC	38.9072	77.0369	2024-02-11 13:27:00	35	31	8	SSW	0.3	30.51	8.1	74	Drizzle	07:04:00	17:41:00
507	Richmond	VA	37.5407	77.4361	2024-02-11 13:28:00	43	38	10	S	0.0	28.14	9.1	64	Partly Cloudy	07:04:00	17:45:00
338	Raleigh	NC	35.7796	78.6382	2024-02-11 13:27:00	52	51	4	ESE	0.0	29.33	9.2	56	Partly Sunny	07:06:00	17:52:00
759	Charleston	SC	32.7765	79.9311	2024-02-11 13:28:00	61	59	6	W	0.0	29.74	9.5	54	Sunny	07:07:00	18:02:00
103	Jacksonville	FL	30.3322	81.6557	2024-02-11 13:26:00	67	62	3	WSW	0.0	29.77	10.0	55	Sunny	07:10:00	18:12:00
2746	Miami	FL	25.7617	80.1918	2024-02-11 13:28:00	76	78	1	SW	0.0	28.14	10.0	67	Sunny	06:59:00	18:12:00

圖 16-3：資料表 current_weather_load

讀者若取得了有效的資料，也執行了 *copy_weather.sql*，資料表 current_weather 應該會看到跟圖 16-3 一致的內容。

下一步終於要建立排程，利用 cron 執行 Bash 程式腳本。

在 cron 上排程執行 Bash 程式腳本

使用命令 crontab -e 建立 crontab 項目（如下所示）：

```
*/5 * * * * /home/weather/weather.sh
```

資料欄 minutes 的 */5，是通知 cron 每隔 5 分鐘執行一次這個工作任務。其他所有欄位值（分別是小時、月間第幾天、月份和星期幾）都可以使用萬用字元（＊）表示，因為我們希望所有時間的每個小時、月份、日期和星期幾，只要每隔 5 分鐘都會執行這個程式腳本。crontab 項目每個部分的意義如圖 16-4 所示。

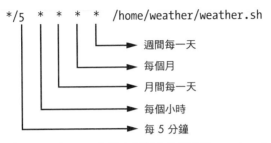

圖 16-4：在 cron 上排定每隔 5 分鐘執行 weather.sh

儲存 crontab 檔案，然後退出我們先前以命令 crontab -e 啟動的文字編輯器。

動手試試看

檔案 *weather.csv* 內含有效的天氣資料，資料表 current_weather_load 載入這個檔案之後沒有發生問題：

```
4589,Portland,ME,43.6591,70.2568,20240211 13:26,22,14,13,NNE,2.5,29.91,1.7,
34,Heavy Snow,6:45,17:06
375,Boston,MA,42.3601,71.0589,20240211 13:27,24,15,11,NE,3.4,30.01,2.1,37,S
now,6:46,17:11
459,Providence,RI,41.8241,71.4128,20240211 13:26,25,15,11,SSW,3.1,27.32,1.7
,38,Heavy Snow,6:47,17:14
778,New York,NY,40.7128,74.006,20240211 13:29,31,22,10,NE,2.2,29.83,3.3,34,
Snow,6:55,17:26
4591,Philadelphia,PA,39.9526,75.1652,20240211 13:30,33,27,12,NW,2,29.85,5.7
,88,Rain,6:58,17:32
753,Washington,DC,38.9072,77.0369,20240211 13:27,35,31,8,SSW,.3,30.51,8.1,7
4,Drizzle,7:04,17:41
507,Richmond,VA,37.5407,77.4361,20240211 13:28,43,38,10,S,0,28.14,9.1,64,Pa
rtly Cloudy,7:04,17:45
338,Raleigh,NC,35.7796,78.6382,20240211 13:27,52,51,4,ESE,0,29.33,9.2,56,Pa
rtly Sunny,7:06,17:52
759,Charleston,SC,32.7765,79.9311,20240211 13:28,61,59,6,W,0,29.74,9.5,54,S
unny,7:07,18:02
103,Jacksonville,FL,30.3322,81.6557,20240211 13:26,67,62,3,WSW,0,29.77,10,5
5,Sunny,7:10,18:12
2746,Miami,FL,25.7617,80.1918,20240211 13:28,76,78,1,SW,0,28.14,10,67,Su
nny,6:59,18:12
```

16-1. 請使用文字編輯器編輯 CSV 檔案，加入一些無效資料，像是移除一行資料、多複製一行資料，或是將某個數值置換成非數字型態的資料值（例如 X）。利用 cron 重新執行 Bash 程式腳本 *weather.sh*；或是更改目錄為 */home/weather/*，然後輸入 ./weather.sh，手動執行這個 Bash 程式腳本。

接著檢查檔案 *load_weather.log* 的內容，看看是否有列出資料問題，表示我們先前放在 CSV 檔案裡的資料無效？

然後利用語法「select * from」，檢查資料庫 weather 底下的資料表：current_weather_load 和 current_weather。確認資料表 current_weather 是否仍舊保有上一次載入的有效資料？

替代方案

正所謂條條大路通羅馬，利用我們至今為止學到的知識，還有很多其他方法同樣可以解決本章介紹的專題。

我們當然可以將 CSV 檔案的資料直接載入到最終使用的資料表 current_weather，但是先將檔案資料暫時載入到過渡表裡，能讓我們暗中更正任何資料問題，而不會影響到跟使用者互動的資料。如果我們收到的 CSV 檔案具有資料問題，像是紀錄重複、資料欄位值的格式不正確或是資料值超出範圍，資料表 current_weather_load 都會發生檔案載入失敗的情況。當我們向提供 CSV 檔案的配合公司取得更正後的檔案時，應用程式會繼續使用資料表 current_weather 的現有資料，使用者不會受到影響（雖然使用者無法看到最新的天氣日期，但應用程式會正常運作）。

如果提供天氣資料的公司有支援應用程式介面（application programming interface，簡稱 API）給我們使用，就可以從 API 介面接收天氣資料，無須從 CSV 檔案載入資料。API 介面是另一種支援在兩個系統之間交換資料的做法，不過這已經超出本書範圍，此處不會深入探討這個主題。

我們先前的做法是為資料表 current_weather_load 產生主要索引鍵以及加上其他數個條件約束，可是，萬一我們需要從某個檔案讀出龐大的紀錄，然後載入到資料表裡，此時就不會選擇這樣的做法。基於效能，我們會選擇將資料載入到沒有設定條件約束的資料表。這是因為每當有一列資料寫入資料表，MySQL 就必須花時間檢查是否違反條件

約束。不過，本章的天氣專題只有載入 11 列資料，即使有搭配條件約束，幾乎可以說是瞬間載入。

我們還可以對 Bash 程式腳本 *weather.sh* 多加一行程式碼，每當載入資料發生問題，隨時可以透過電子郵件或文字訊息，通知我們和資料供應商。本章專題沒有納入這個部分的說明，因為需要做一點額外的設定。讀者若想進一步學習這個主題，請使用命令 man 查詢命令 mailx、mail 或 sendmail，例如 man mailx。

此外，本章專題是將資料庫憑證硬寫在 Bash 程式腳本 *weather.sh*，這樣程式腳本才能呼叫 MySQL 命令列客戶端。不過，當我們載入資料時，MySQL 會對我們發出警告：Using a password on the command line interface can be insecure（在命令列介面上使用密碼缺乏安全性）。這個議題值得我們投入時間重新建立程式碼結構，或是利用第 14 章介紹過的工具 mysql_config_editor，讓程式碼隱藏資料庫使用者 ID 和密碼。

重點回顧與小結

在這個專題裡，我們學到如何排定 Cron 作業，用以執行 Bash 程式腳本，檢查含有目前天氣資料的 CSV 資料檔案是否已經送達。只要檔案抵達，就載入到 MySQL 資料庫裡。我們還會在載入資料時檢查是否有發生問題，一旦檔案載入之後完全沒有發生問題，就可以將資料轉移到最終使用的天氣資料表。

下一個專題的學習主軸是：利用觸發器追蹤 MySQL 資料庫裡的投票者資料異動。

17

利用觸發器追蹤投票者資料異動

本章學習主軸有：建立投票資料庫，用以儲存選舉資料。設計資料庫時加入條件約束（包括主要索引鍵和外部索引鍵），同時也使用觸發器來避免輸入不良的資料，藉此提升資料品質。利用觸發器追蹤資料庫的異動情況，如此一來，萬一發生資料品質問題，就能根據留下的紀錄，了解是誰在何時對資料進行異動。

這個專題允許選務人員在適當的時候更改資料，因此建立防止人為錯誤發生的系統，這點非常重要。本章技巧可以套用到各種應用程式和情況，關鍵在於資料品質，因此建置資料庫時，最好盡可能維持資料的準確性，這點值得我們投入。

NOTE 這個專題的內容相當龐大，讀者可能需要多花幾天，逐一看完每一節的內容。

建置資料庫

第一步是建立資料庫，先一起來看看這個資料庫底下需要哪些資料表。這次投票選舉的競選職務包括市長、財務委員會、學校委員會、醫療委員會和規劃委員會，隨後要給資料庫使用的選票，如圖 17-1 所示。

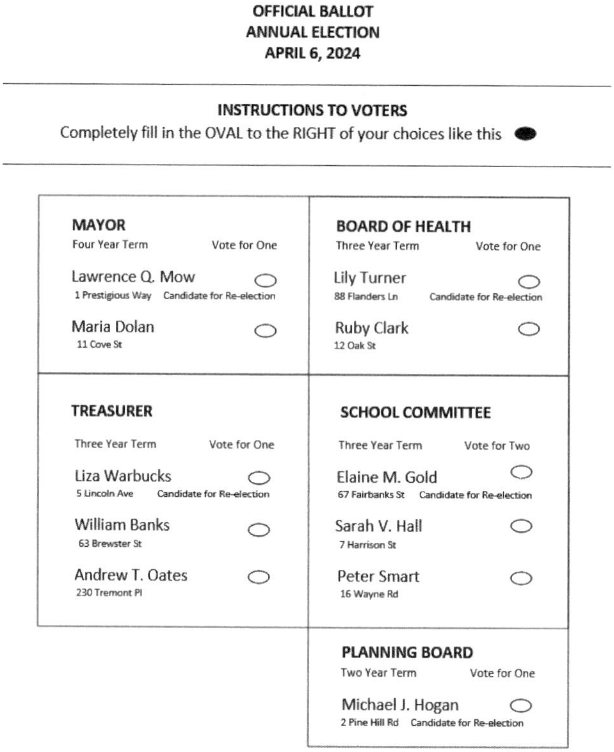

**OFFICIAL BALLOT
ANNUAL ELECTION
APRIL 6, 2024**

INSTRUCTIONS TO VOTERS
Completely fill in the OVAL to the RIGHT of your choices like this ⬤

MAYOR
Four Year Term   Vote for One

Lawrence Q. Mow   ◯
1 Prestigious Way   Candidate for Re-election

Maria Dolan   ◯
11 Cove St

TREASURER

Three Year Term   Vote for One

Liza Warbucks   ◯
5 Lincoln Ave   Candidate for Re-election

William Banks   ◯
63 Brewster St

Andrew T. Oates   ◯
230 Tremont Pl

BOARD OF HEALTH
Three Year Term   Vote for One

Lily Turner   ◯
88 Flanders Ln   Candidate for Re-election

Ruby Clark   ◯
12 Oak St

SCHOOL COMMITTEE

Three Year Term   Vote for Two

Elaine M. Gold   ◯
67 Fairbanks St   Candidate for Re-election

Sarah V. Hall   ◯
7 Harrison St

Peter Smart   ◯
16 Wayne Rd

PLANNING BOARD
Two Year Term   Vote for One

Michael J. Hogan   ◯
2 Pine Hill Rd   Candidate for Re-election

圖 17-1：本次選舉使用的選票

這次選舉會採用光學掃描投票機讀取選票，再將投票資料儲存到 MySQL 資料庫。

建立資料庫 voting：

```
create database voting;
```

現在我們要開始新增各個資料表。

建立資料表

在資料庫 voting 底下建立以下這些資料表：

資料表 **voter**	本次選舉有資格投票的人。
資料表 **ballot**	投票人的選票。
資料表 **race**	選票上的競選職務，例如市長、財務委員等等。
資料表 **candidate**	各項競選職務的候選人。
資料表 **ballot_candidate**	投票人在選票上圈選的候選人。

圖 17-2 所示的實體關係圖（entity relationship diagram，簡稱 ERD），顯示各個資料表及其擁有的資料欄，以及資料表之間主要索引鍵和外部索引鍵的關係。

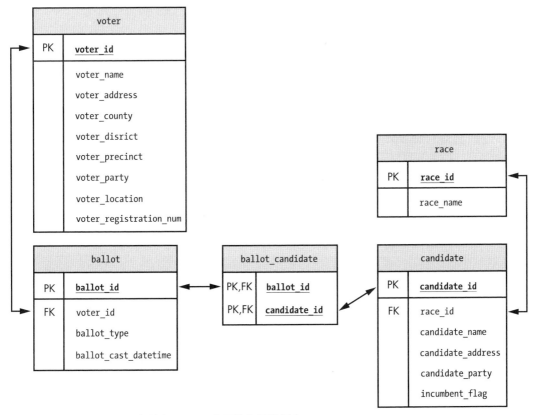

圖 17-2：資料庫 voting 底下的各個資料表

選民將以投票方式，就每個競選職務圈選出候選人。

資料表：voter

資料表 voter 是用於儲存每位投票人的相關資訊，像是名字、地址和所屬郡名，資料表的產生方式如下：

```
use voting;

create table voter
    (
    voter_id                int             primary key     auto_increment,
    voter_name              varchar(100)    not null,
    voter_address           varchar(100)    not null,
    voter_county            varchar(50)     not null,
    voter_district          varchar(10)     not null,
    voter_precinct          varchar(10)     not null,
    voter_party             varchar(20),
    voting_location         varchar(100)    not null,
    voter_registration_num  int             not null        unique
    );
```

這個資料表的主要索引鍵是 voter_id。建立主要索引鍵的目的，不僅能在使用資料表 voter 時加快合併查詢的速度，還能確保資料表中不會有任意兩個資料列具有相同的 voter_id 值。

資料欄 voter_id 有設定屬性 auto_increment，所以每當資料表加入一位新的投票人，MySQL 會自動遞增 voter_id 值。

兩名投票人不能共用相同的登記號碼，所以資料欄 voter_registration_num 會設定條件約束：unique。如果在資料表新增投票人時，voter_registration_num 值跟現有投票人一樣，MySQL 會拒絕新增這列資料。

資料欄 voter_party 以外的所有資料欄都定義為 not null，因為我們允許資料表儲存的資料列，在欄位 voter_party 的值可以為空值，但如果是其他欄位含有空值，MySQL 會拒絕加入這列資料。

資料表：ballot

資料表 ballot 是用於保存每張選票的相關資訊，包括選票號碼、圈選該張選票的投票人、投入選票的時間，以及該張選票是選民親自投票或不在籍投票。資料表 ballot 的產生方式如下：

```
create table ballot
    (
    ballot_id               int            primary key   auto_increment,
    voter_id                int            not null       unique,
    ballot_type             varchar(10)    not null,
    ballot_cast_datetime    datetime       not null       default now(),
    constraint foreign key (voter_id) references voter(voter_id),
    constraint check(ballot_type in ('in-person', 'absentee'))
    );
```

這個資料表的主要索引鍵是資料欄 `ballot_id`，每當一列新的選票資料插入資料表，就會自動遞增這個欄位的值。

資料欄 `voter_id` 會使用條件約束：`unique`，確保資料表中的每位投票人都只有一張選票。如果投票人企圖投入多張選票，也只會計算第一張選票，MySQL 會拒絕加入後續其他張選票。

資料欄 `ballot_cast_datetime` 是用於儲存投入選票的日期和時間，設定屬性 `default`，所以如果沒有提供某個值給這個資料欄，函式 `now()` 會寫入當前的日期和時間。

資料表 `ballot` 的資料欄 `voter_id` 有加上條件約束：外部索引鍵，所以當資料表 `voter` 沒有某位投票人資訊，MySQL 就會拒絕該名投票人提交的選票。

最後是為資料欄 `ballot_type` 加上條件約束：`check`，表示這個欄位值只能出現 `in-person`（親自投票）或 `absentee`（不在籍投票）。任何具有其他投票類型的資料列，MySQL 都會拒絕加入。

資料表：race

資料表 race 是用於儲存這次選舉中每項競選職務的相關資訊，包括各項競選職務的名稱，以及選民針對每項競選職務可以投給幾位候選人，資料表產生方式如下：

```
create table race
    (
    race_id            int            primary key    auto_increment,
    race_name          varchar(100)   not null       unique,
    votes_allowed      int            not null
    );
```

這個資料表的主要索引鍵是 race_id，而且設定為自動遞增欄位值。定義資料欄 race_name 時有搭配條件約束：unique，才不會在資料表插入兩個名稱相同的競選職務（例如 Treasurer）。

資料欄 votes_allowed 是儲存選民在該競選職務底下可以圈選幾位候選人，例如選民在市長這個競選職務下，可以圈選一名候選人；在學校委員會的競選職務下，可以圈選兩名候選人。

資料表：candidate

下一個要建立的資料表是 candidate，用於儲存本次參與競選的候選人資訊：

```
create table candidate
    (
    candidate_id            int             primary key     auto_increment,
    race_id                 int             not null,
    candidate_name          varchar(100)    not null        unique,
    candidate_address       varchar(100)    not null,
    candidate_party         varchar(20),
    incumbent_flag          bool,
    constraint foreign key (race_id) references race(race_id)
    );
```

資料欄 candidate_id 是這個資料表的主要索引鍵，不僅能用於防止錯誤輸入重複的資料列，還可以強制執行選舉事務規則（跟系統運作方式有關的需求或方針），也就是一位候選人只能競選一項職務。舉個例子，假設某位候選人企圖同時競選市長和財務委員，MySQL 會拒絕加入第二列資料。定義資料欄 candidate_id 時還要加上自動遞增欄位值的屬性。

資料欄 race_id 是用於儲存候選人參與競選的職務 ID，race_id 定義為外部索引鍵（相對於資料表 race 的資料欄 race_id），也就是說，資料表 candidate 的 race_id 值一定也要存在於資料表 race。

資料欄 candidate_name 會定義為具有唯一性，這樣資料表才不會出現兩位姓名相同的候選人。

資料表：ballot_candidate

現在我們要建立最後一個資料表 ballot_candidate，用於追蹤哪一張選票投給了哪些候選人。

```
create table ballot_candidate
    (
    ballot_id       int,
    candidate_id    int,
    primary key (ballot_id, candidate_id),
    constraint foreign key (ballot_id) references ballot(ballot_id),
    constraint foreign key (candidate_id) references candidate(candidate_id)
    );
```

這個資料表屬於關聯資料表，因為同時引用了資料表 ballot 和 candidate，資料欄 ballot_id 和 candidate_id 兩者都是這個資料表的主要索引鍵。因此，這會強制執行一項規則：所有候選人從同一張選票都只會獲得一票。如果某人企圖重複插入的資料列具有相同的 ballot_id 和 candidate_id，MySQL 會拒絕加入該列資料。這兩個資料欄同時也是外部索引鍵，資料欄 ballot_id 是用於連接資料表 ballot，資料欄 candidate_id 則是用於連接資料表 candidate。

藉由定義資料表時搭配的這些條件約束，會提升資料庫的資料品質和完整性。

17-1. 請利用本書先前章節介紹過的陳述式 create database 和 create table，建立資料庫 voting 及其需要的資料表。

17-2. 利用陳述式 insert，在資料表 voter 插入一列資料：

```
insert into voter
(
  voter_name,
  voter_address,
  voter_county,
  voter_district,
  voter_precinct,
  voter_party,
  voting_location,
  voter_registration_num
)
values
(
  'Susan King',
  '12 Pleasant St. Springfield',
  'Franklin',
  '12A',
  '4C',
  'Democrat',
  '523 Emerson St.',
  129756
);
```

17-3. 使用語法「select * from voter;」，在資料表 voter 進行查詢。請注意，練習題 17-2 插入的資料列裡，有某個值是屬於資料欄 voter_id，但我們並沒有在 insert 陳述式裡提供 voter_id 的值，各位讀者認為這個值是怎麼出現的？陳述式 create table 能提供任何解釋嗎？

17-4. 請試試看，在資料表插入違反選舉事務規則的資料列。舉個例子，像是插入一列新的投票人資料，但其中 voter_registration_num 的值跟資料表 voter 現有的某個資料列一樣；或是在資料表 ballot 插入一列新資料，其中 voter_id 的值不存在於資料表 voter。

建立資料表時定義的條件約束，各位讀者覺得是否能用於避免輸入不良的資料？

加入觸發器

接著我們要在資料表上建立數個觸發器，強制套用事務規則，以及針對稽核目的追蹤資料異動。在資料表中插入、更新或刪除資料列前後，會自動觸發這些觸發器。

NOTE 本章焦點主要是針對資料表 voter 和 ballot 建立觸發器，跟其他資料表（race、candidate 和 ballot_candidate）建立的觸發器程式碼相似，讀者可於 GitHub 上找到這些程式碼，請參見連結：https://github.com/ricksilva/mysql_cc/blob/main/chapter_17.sql。

觸發器：在資料異動前觸發

本節使用的觸發器會在資料異動之前觸發，目的是防止不符合事務規則的資料被寫入資料表。我們先前在第 12 章建立的觸發器，會在信用評分資料存入資料表之前，將低於 300 的評分值更改為正好 300。本章專題採用的 Before 型觸發器，是用於確保投票人不會過度投票，或是投票時圈選的候選人數超過該項競選職務允許的人數。Before 型觸發器還能用於防止特定使用者對某些資料表進行異動，但不是每個資料表都會需要用到 Before 型觸發器。

選舉事務規則

我們要利用 Before 型觸發器，強制套用幾個選舉事務規則。首先，雖然所有選務人員都能更改資料表 ballot 和 ballot_candidate，但唯有州務卿才能對資料表 voter、race 和 candidate 的內容進行異動。接下來我們會建立以下這些 Before 型觸發器，強制套用這項選舉事務規則：

tr_voter_bi	防止其他使用者插入投票人資料。
tr_race_bi回	防止其他使用者插入競選職務資料。
tr_candidate_bi	防止其他使用者插入候選人資料。
tr_voter_bu	防止其他使用者更新投票人資料。
tr_race_bu	防止其他使用者更新競選職務資料。
tr_candidate_bu	防止其他使用者更新候選人資料。

tr_voter_bd	防止其他使用者刪除投票人資料。
tr_race_bd	防止其他使用者刪除競選職務資料。
tr_candidate_bd	防止其他使用者刪除候選人資料。

這些觸發器的作用是防止使用者對資料進行異動，而且會顯示錯誤訊息，解釋只有州務卿才允許更改這項資料。

其次是，針對每個競選職務，投票人只能圈選一定人數的候選人。選民對某一項競選職務投票時，可以不圈選任何一位候選人，也可以圈選幾位候選人，只要人數少於該項競選職務允許的最大候選人數，但圈選人數也不得多於允許的最大候選人數。我們隨後會建立觸發器 tr_ballot_candidate_bi，用以防止選民過度投票。

以上列出本章專題需要的所有 Before 型觸發器，不過，要讀者請記得一點，某些資料表不會有 Before 型觸發器。

BI 型觸發器

本章專題需要用到四個 *BI*（before insert）型觸發器，其中三個觸發器是防止州務卿以外的使用者，對資料表 voter、race 和 candidate 插入資料；另一個 BI 型觸發器則是防止投票人在某一項競選職務上，投票給太多候選人。

範例清單 17-1 撰寫的 BI 型觸發器，是為了防止州務卿以外的使用者對資料表 voter 插入新的資料列。

範例清單 17-1：定義觸發器 tr_voter_bi

```
drop trigger if exists tr_voter_bi;

delimiter //

create trigger tr_voter_bi
  before insert on voter
  for each row
begin
  if user() not like 'secretary_of_state%' then
  ❶ signal sqlstate '45000'
    set message_text = 'Voters can be added only by the Secretary of State';
  end if;
end//

delimiter ;
```

首先，請見上方範例程式碼的第一行，萬一觸發器已經存在，在我們重新產生之前，要先刪除現有的觸發器，同時定義觸發器 tr_voter_bi 為 BI 型觸發器（before insert）。下一段程式碼是針對準備插入資料表 voter 的每一列資料檢查使用者名稱，確認要加入一列新投票人資料的使用者，其名稱開頭是否帶有文字 secretary_of_state。

函式 user() 的作用是同時回傳使用者名稱和主機名稱，例如 secretary_of_state@localhost。如果該字串開頭文字不是 secretary_of_state，表示州務卿以外的某個人想要插入一位投票人的紀錄。遇到這個情況，此處會利用 signal 陳述式發送錯誤訊息 ❶。

讀者或許還記得本書先前在第 12 章介紹過的 sqlstate 代碼，這是一個由五個字元組成的代碼，用於識別錯誤和警告情況。此處使用的值是 45000，代表這是引發觸發器退出的錯誤情況，防止資料列寫入資料表 voter。

語法 set message_text 的作用是定義我們想要顯示的訊息。請注意，這一行也是 signal 命令的一部分，因為上一行 signal 命令的末尾沒有分號。讀者也可以將這兩行程式碼結合成一行，寫法如下：

```
signal sqlstate '45000' set message_text = 'Voters can be added only...';
```

到此完成的觸發器 tr_voter_bi，是防止州務卿以外的使用者插入投票人資料。

動手試試看

17-5. 請為資料表 race 和 candidate 撰寫跟上方範例類似的 BI 型觸發器，防止州務卿以外的使用者插入新的競選職務和候選人資料。

我們要先登入 MySQL Workbench，在資料表插入一列資料，才能測試這些觸發器。以資料表 race 為例，執行下方 SQL 程式碼為資料表新增一列資料：

```
insert into race (race_name, votes_allowed)
values ('Dog Catcher', 1);
```

執行之後應該會獲得錯誤訊息：Voters can be added only by the Secretary of State（只有州務卿才能新增投票人資料）。

所以，我們要為州務卿建立新的 MySQL 使用者，指令如下：

```
create user secretary_of_state@localhost identified by 'v0t3';
```

執行上方指令後，我們建立使用者 secretary_of_state@localhost，密碼是 v0t3。

接著利用下方命令授予權限給新的使用者：

```
grant all privileges on *.* to secretary_of_state@localhost;
```

（授予使用者可以執行一切的超級使用者權限，通常是很糟的想法，但此處這麼做只是為了測試。）

現在我們要以使用者 secretary_of_state@localhost 建立 MySQL Workbench 連線，如下圖所示。

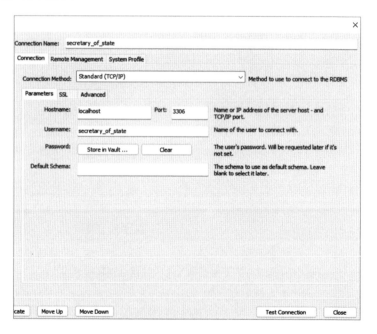

請執行下方 SQL 程式碼，新增一項競選職務：

```
insert into race (race_name, votes_allowed)
values ('Dog Catcher', 1);
```

這次應該能成功加入新的競選職務，因為我們是使用州務卿的使用者名稱來執行 insert 陳述式。

接下來我們要撰寫的觸發器是 **tr_ballot_candidate_bi**，作用是防止投票人在某一項競選職務上，投票給太多候選人（請見範例清單 17-2）。

範例清單 17-2：定義觸發器 tr_ballot_candidate_bi

```
drop trigger if exists tr_ballot_candidate_bi;

delimiter //

create trigger tr_ballot_candidate_bi
  before insert on ballot_candidate
  for each row
begin
  declare v_race_id int;
  declare v_votes_allowed int;
  declare v_existing_votes int;
  declare v_error_msg varchar(100);
  declare v_race_name varchar(100);

❶ select r.race_id,
         r.race_name,
         r.votes_allowed
❷ into    v_race_id,
          v_race_name,
          v_votes_allowed
   from    race r
   join    candidate c
   on      r.race_id = c.race_id
   where   c.candidate_id = new.candidate_id;

❸ select count(*)
   into    v_existing_votes
   from    ballot_candidate bc
   join    candidate c
   on      bc.candidate_id = c.candidate_id
   and     c.race_id = v_race_id
   where   bc.ballot_id = new.ballot_id;

   if v_existing_votes >= v_votes_allowed then
      select concat('Overvoting error: The ',
             v_race_name,
             ' race allows selecting a maximum of ',
             v_votes_allowed,
             ' candidate(s) per ballot.'
          )
      into v_error_msg;

❹ signal sqlstate '45000' set message_text = v_error_msg;
```

```
    end if;
end//

delimiter ;
```

在我們將一列新資料加入資料表 ballot_candidate 之前，觸發器會先檢查這一列資料裡的競選職務允許選民投給幾個人，然後針對這張選票和競選職務，檢查資料表 ballot_candidate 現在有幾列資料。如果選民對該項競選職務投出的人數已經超出或等於最大可投人數，就會阻止新的資料列插入資料表（現在已經投出的人數永遠不應超出最大可投人數，但為了完整性還是檢查一下）。

我們在這個觸發器宣告了五個變數：v_race_id 是保存競選職務 ID、v_race_name 是保存競選職務名稱、v_existing_votes 是儲存選民在這張選票上針對該項競選職務已經投給幾位候選人、v_votes_allowed 是保存選民在這項競選職務上最多可圈選幾位候選人，v_error_msg 則是保存要顯示給使用者看的錯誤訊息（萬一使用者圈選了過多的候選人）。

NOTE 在前一頁的範例程式碼裡，每一個變數是各自宣告一行，但我們也可以將資料型態相同的變數宣告成一組，寫法如下：

```
declare v_race_id, v_votes_allowed, v_existing_votes int;
declare v_error_msg, v_race_name varchar(100);
```

請特別留意這種寫法，所有 int 型態的變數會一起宣告在同一行，資料型態定義為 varchar(100) 的變數則會一起宣告在另一行。

這個觸發器的第一個 select 陳述式 ❶，利用準備要插入資料表的 candidate_id（也就是 new.candidate_id），取得該名候選人正參與哪一項競選職務的相關資訊。對資料表 race 進行合併查詢，針對該名候選人參與競選的職務取出資料欄 race_id、race_name 和 votes_allowed 的值，分別儲存到相對應的變數 ❷。

第二個 select 陳述式是從資料表 ballot_candidate 取得這張選票上，選民在這個競選職務下已經投給幾位候選人 ❸。我們對資料表 candidate 進行合併查詢，取得目前參與這項競選職務的候選人清單，然後計算資料表 ballot_candidate 裡有幾列資料同時符合這兩項條件：選民已經圈選的候選人是清單裡的其中一位而且是新增資料裡的選票 ID。

如果從資料表 ballot_candidate 查出這張選票上該項競選職務已達最大可投人數，就會利用 signal 命令搭配 sqlstate 代碼 45000，退出觸發器、防止新的資料列寫入資料表 ballot_candidate ❹ 以及將變數 v_error_msg 儲存的錯誤訊息顯示給使用者：

```
Overvoting error: The Mayor race allows selecting a maximum of 1 candidate(s)
per ballot.
```

BU 型觸發器

我們還需要防止州務卿以外的使用者更新含有投票人資料的資料列，為此，我們要撰寫觸發器 tr_voter_bu（如範例清單 17-3 所示）。

範例清單 17-3：定義觸發器 tr_voter_bu

```
drop trigger if exists tr_voter_bu;

delimiter //

create trigger tr_voter_bu
  before update on voter
  for each row
begin
  if user() not like 'secretary_of_state%' then
    signal sqlstate '45000'
    set message_text = 'Voters can be updated only by the Secretary of State';
  end if;
end//

delimiter ;
```

這個觸發器會在資料表 voter 更新某一列資料前觸發。

雖然 BI 型觸發器和 BU 型觸發器非常相似，但我們無法將兩者結合成同一個觸發器，因為 MySQL 沒有辦法讓我們寫出 before insert or update 這種觸發器，因此目前的做法就是要求我們將這兩種類型的觸發器分開撰寫。不過，我們可以透過從觸發器呼叫預存程序來達成這項目的。若有兩個觸發器共用相似的功能，可以將這項功能加入預存程序，讓每個觸發器去呼叫這個程序。

BD 型觸發器

接下來要撰寫觸發器 tr_voter_bd，防止州務卿以外的任何使用者刪除投票人資料（如範例清單 17-4 所示）。

範例清單 17-4：定義觸發器 tr_voter_bd

```
drop trigger if exists tr_voter_bd;

delimiter //

create trigger tr_voter_bd
  before delete on voter
  for each row
begin
  if user() not like 'secretary_of_state%' then
    signal sqlstate '45000'
    set message_text = 'Voters can be deleted only by the Secretary of State';
  end if;
end//

delimiter ;
```

觸發器：在資料異動後觸發

本節撰寫的觸發器是在資料表插入、更新或刪除資料列之後觸發，用於追蹤資料表所做的異動。不過，由於 After 型觸發器的目的是將資料列寫入稽核表，所以必須先建立稽核表。這些稽核表是用於儲存資料表的資料異動紀錄，跟讀者先前在第 12 章看過的做法類似。

稽核表

稽核表命名時，名稱要搭配結尾詞 _audit，例如以資料表 voter_audit 追蹤資料表 voter 所做的資料異動。將所有稽核表都以這種方式命名，才能清楚了解這些稽核表是用於追蹤哪些資料。

本章專題要建立的稽核表，如範例清單 17-5 所示。

範例清單 17-5：定義 After 型觸發器之前要先建立稽核表

```
create table voter_audit
(
  audit_datetime   datetime,
  audit_user       varchar(100),
  audit_change     varchar(1000)
);

create table ballot_audit
(
  audit_datetime   datetime,
  audit_user       varchar(100),
  audit_change     varchar(1000)
);

create table race_audit
(
  audit_datetime   datetime,
  audit_user       varchar(100),
  audit_change     varchar(1000)
);

create table candidate_audit
(
  audit_datetime   datetime,
  audit_user       varchar(100),
  audit_change     varchar(1000)
);

create table ballot_candidate_audit
(
  audit_datetime   datetime,
  audit_user       varchar(100),
  audit_change     varchar(1000)
);
```

我們定義的稽核表全都採用相同的結構，每個資料表都有資料欄 audit_datetime（存有資料發生異動的日期和時間）、資料欄 audit_user（存有執行異動的使用者名稱）以及資料欄 audit_change（說明

實際異動的資料內容）。每當投票應用程式的資料似乎發生異常，我們就可以查看這些稽核表，從中找出更多資訊。

接下來，我們會對每個資料表建立三個 After 型觸發器，分別於 insert、update 或 delete 之後觸發，觸發器名稱如表 17-1 所示。

表 17-1：本章專題使用的 After 型觸發器名稱

資料表	AI 型觸發器	AU 型觸發器	AD 型觸發器
voter	tr_voter_ai	tr_voter_au	tr_voter_ad
ballot	tr_ballot_ai	tr_ballot_au	tr_ballot_ad
race	tr_race_ai	tr_race_au	tr_race_ad
candidate	tr_candidate_ai	tr_candidate_au	tr_candidate_ad
ballot_candidate	tr_ballot_candidate_ai	tr_ballot_candidate_au	tr_ballot_candidate_ad

首先就從每個資料表建立的 AI 型觸發器（after_insert）看起。

AI 型觸發器

每當有新的資料列插入資料表 voter 之後，就會觸發範例清單 17-6 的觸發器 tr_voter_ai。

範例清單 17-6：定義觸發器 tr_voter_ai

```
drop trigger if exists tr_voter_ai;

delimiter //

create trigger tr_voter_ai
  after insert on voter
❶ for each row
begin
  insert into voter_audit
  (
    audit_datetime,
    audit_user,
    audit_change
  )
  values
  (
❷ now(),
    user(),
    concat(
❸ 'New Voter added -',
      ' voter_id: ',              new.voter_id,
      ' voter_name: ',           new.voter_name,
```

```
        ' voter_address: ',              new.voter_address,
        ' voter_county: ',               new.voter_county,
        ' voter_district: ',             new.voter_district,
        ' voter_precinct: ',             new.voter_precinct,
        ' voter_party: ',                new.voter_party,
        ' voting_location: ',            new.voting_location,
        ' voter_registration_num: ',     new.voter_registration_num
    )
  );
end//

delimiter ;
```

建立觸發器 tr_voter_ai 之前，我們要先檢查這個觸發器是否已經存在。若已存在，在我們重新產生之前，要先刪除現有的觸發器。由於 SQL 的 insert 陳述式可以插入一列或多列資料，所以我們指定資料表 voter 每次插入一列資料之後，就在資料表 voter_audit 寫入一列資料❶。

這個觸發器使用函式 now()，取得當前的日期和時間，然後插入資料欄 audit_datetime❷；以函式 user() 取得執行異動的使用者名稱，然後插入資料欄 audit_user。函式 user() 還會回傳使用者的主機名稱，所以使用者名稱後面會接 @ 符號和主機名稱，例如 clerk_238@localhost。

我們在資料欄 audit_change 使用函式 concat()，建立字串以顯示插入資料表的值。這個字串的開頭文字是 New voter added - ❸，然後利用插入型觸發器（insert）提供的關鍵字 new，取得已經插入資料表的值。以 new.voter_id 為例，其作用是顯示剛插入資料表 voter 的 voter_id 值。

只要有一列新資料加入資料表 voter，插入資料之後就會觸發這個觸發器 tr_voter_ai，並且在資料表 voter_audit 寫入一列資料，包含以下這些資料值：

```
audit_datetime:   2024-05-04 14:13:04

audit_user:       secretary_of_state@localhost

audit_change:     New voter added - voter_id: 1 voter_name: Susan King
                  voter_address: 12 Pleasant St. Springfield
                  voter_county: Franklin voter_district: 12A voter_precinct: 4C
                  voter_party: Democrat voting_location: 523 Emerson St.
                  voter_registration_num: 129756
```

這個觸發器在稽核表裡寫入的資料包括：新增資料的時間、使用者名稱（和主機名稱）以及新投票人的詳細資訊。

動手試試看

17-8. 請以觸發器 tr_voter_ai 作為模型，為資料表 ballot 撰寫插入型觸發器。這個觸發器應命名為 tr_ballot_ai，而且會寫入資料到資料表 ballot_audit。

利用關鍵字 new，讓這個觸發器取得資料表 ballot 的資料欄值，包括：ballot_id、voter_id、ballot_type 和 ballot_cast_datetime。

觸發器建立完畢後，請利用下方程式碼在資料表 ballot 插入新的資料列，用以測試觸發器：

```
insert into ballot
(
    voter_id,
    ballot_type,
    ballot_cast_datetime
)
values
(
    1,
    'in-person',
    now()
);
```

為了讓上方這個 insert 陳述式能順利運作，資料表 voter 必須先有一列資料的 voter_id 值為 1，因為資料表 ballot 的 voter_id 值為外部索引鍵，是引用資料表 voter 的 voter_id 值。基於這個原因，讀者做這個練習之前，必須先做練習題 17-2，也就是先插入一列投票人資料。

練習題完成後，請確認看看資料表 ballot_audit 是否已經記錄到我們先前在資料表 ballot 插入新的資料列。輸入「**select * from ballot_audit;**」，對資料表 ballot_audit 進行查詢，看看是否獲得我們預期的結果。

17-9. 請為資料表 race、candidate 和 ballot_candidate 撰寫 AI 型觸發器。這幾個觸發器的程式碼跟我們已經寫過的觸發器類似，讀者只需要更改觸發器名稱、資料表名稱、稽核表名稱以及資料欄清單。

讀者可於 GitHub 取得本書提供的完整程式碼（*https://github.com/ricksilva/mysql_cc/blob/main/chapter_17.sql*），然後跟自己寫的程式碼比較看看。

AD 型觸發器

範例清單 17-7 是撰寫 AD 型觸發器 `tr_voter_ad`，每當資料表 voter 刪除資料列就會觸發這個觸發器，並且在資料表 voter_audit 寫入刪除資料的紀錄，以便日後追蹤。

範例清單 17-7：定義觸發器 `tr_voter_ad`

```
drop trigger if exists tr_voter_ad;

delimiter //

create trigger tr_voter_ad
❶ after delete on voter
  for each row
begin
  insert into voter_audit
  (
    audit_datetime,
    audit_user,
    audit_change
  )
  values
  (
    now(),
    user(),
    concat(
      'Voter deleted -',
        ' voter_id: ',                old.voter_id,
        ' voter_name: ',              old.voter_name,
        ' voter_address: ',           old.voter_address,
        ' voter_county: ',            old.voter_county,
        ' voter_district: ',          old.voter_district,
        ' voter_precinct: ',          old.voter_precinct,
        ' voter_party: ',             old.voter_party,
        ' voting_location: ',         old.voting_location,
        ' voter_registration_num: ',  old.voter_registration_num
    )
  );
end//

delimiter ;
```

範例清單 17-7 是為資料表 voter 定義一個 AD 型觸發器（after delete）❶。接著以函式 user() 和 now()，取得刪除資料列 voter 的使用者是誰，以及刪除該列資料的日期和時間。使用函式 concat() 建立字串，以顯示從資料表刪除的資料列值。

AD 型觸發器看起來跟 AI 型觸發器很類似，但是會以關鍵字 old 來取代 new。在資料欄名稱前面加上關鍵字 old 和英文句點，就能取得該欄位的值。以 old.voter_id 為例，這個寫法的用意是從剛剛刪除的資料列，取得其中資料欄 voter_id 的值。

每當資料表 voter 刪除一列資料，刪除之後就會觸發這個觸發器 tr_voter_ad，並且在資料表 voter_audit 寫入一列資料，包含以下這些資料值：

---

audit_datetime:	2024-05-04 14:28:54
audit_user:	secretary_of_state@localhost
audit_change:	Voter deleted – voter_id: 87 voter_name: Ruth Bain voter_address: 887 Wyoming St. Centerville voter_county: Franklin voter_district: 12A voter_precinct: 4C voter_party: Republican voting_location: 523 Emerson St. voter_registration_num: 45796

這個觸發器在稽核表裡寫入的資料包括：刪除資料的時間、使用者名稱（和主機名稱）以及已刪除的投票人詳細資訊。

動手試試看

17-10. 請以觸發器 tr_voter_ad 作為模型，為資料表 ballot 建立 AD 型觸發器。這個觸發器應命名為 tr_ballot_ad，而且會寫入資料到資料表 ballot_audit。

觸發器建立完畢後，請利用下方程式碼從資料表 ballot 刪除一列資料，用以測試觸發器：

```
delete from ballot
where ballot_id = 1;
```

讀者練完成習題後，請確認看看資料表 ballot_audit 是否記錄到該列資料已從資料表 ballot 刪除？對稽核表執行查詢指令「select * from ballot_audit」之後，是否有看到刪除資料列的紀錄？

17-11. 請為資料庫 voter 底下的其他資料表建立 AD 型觸發器，這些觸發器應命名為 tr_race_ad、tr_candidate_ad 和 tr_ballot_candidate_ad，並且將資料刪除紀錄分別寫入資料表 race_audit、candidate_audit 和 ballot_candidate_audit。

測試觸發器的方法，是從資料表 race、candidate 和 ballot_candidate 刪除資料列，然後查詢稽核表，有看到刪除資料列的紀錄嗎？

AU 型觸發器

現在我們要撰寫 AU 型觸發器 **tr_voter_au**，資料表 **voter** 更新資料列之後就會觸發這個觸發器，並且在資料表 **voter_audit** 寫入更新資料的紀錄，以便於日後追蹤（請見範例清單 17-8）。

範例清單 17-8：定義觸發器 tr_voter_au

```
drop trigger if exists tr_voter_au;

delimiter //

create trigger tr_voter_au
  after update on voter
  for each row
begin
  set @change_msg = concat('Voter ',old.voter_id,' updated: ');

❶ if (new.voter_name != old.voter_name) then
  ❷ set @change_msg =
        concat(
            @change_msg,
            'Voter name changed from ',
            old.voter_name,
            ' to ',
            new.voter_name
        );
  end if;

  if (new.voter_address != old.voter_address) then
    set @change_msg =
        concat(
            @change_msg,
            '. Voter address changed from ',
            old.voter_address,
            ' to ',
            new.voter_address
    );
  end if;

  if (new.voter_county != old.voter_county) then
    set @change_msg =
        concat(
            @change_msg,
            '. Voter county changed from ', old.voter_county, ' to ',
            new.voter_county
        );
  end if;

  if (new.voter_district != old.voter_district) then
    set @change_msg =
```

```
            concat(
                @change_msg,
                '. Voter district changed from ',
                old.voter_district,
                ' to ',
                new.voter_district
            );
    end if;

    if (new.voter_precinct != old.voter_precinct) then
        set @change_msg =
            concat(
                @change_msg,
                '. Voter precinct changed from ',
                old.voter_precinct,
                ' to ',
                new.voter_precinct
            );
    end if;

    if (new.voter_party != old.voter_party) then
        set @change_msg =
            concat(
                @change_msg,
                '. Voter party changed from ',
                old.voter_party,
                ' to ',
                new.voter_party
            );
    end if;

    if (new.voting_location != old.voting_location) then
        set @change_msg =
            concat(
                @change_msg,
                '. Voting location changed from ',
                old.voting_location, '
                to ',
                new.voting_location
            );
    end if;

    if (new.voter_registration_num != old.voter_registration_num) then
        set @change_msg =
            concat(
                @change_msg,
                '. Voter registration number changed from ',
                old.voter_registration_num,
                ' to ',
                new.voter_registration_num
            );
    end if;
```

```
insert into voter_audit(
    audit_datetime,
    audit_user,
    audit_change
    )
values (
    now(),
    user(),
❸ @change_msg
    );

end//

delimiter ;
```

AU 型觸發器是在資料表更新資料列之後觸發，關鍵字 new 和 old 都可以使用。舉個例子，我們可以藉由 new.voter_name != old.voter_name❶，檢查資料表 voter 的資料欄 voter_name 值是否已經更新。如果投票人姓名的新舊值不同，就表示這個欄位值已經更新，要將這項更新資訊寫入稽核表（voter_audit）。

利用插入型（insert）和刪除型（delete）觸發器時，我們會將資料表 voter 的所有欄位值都寫入資料表 voter_audit，但是利用更新型（update）觸發器時，我們只會回報有異動的欄位值。

假設我們執行了下方的 update 陳述式：

```
update voter
set     voter_name = 'Leah Banks-Kennedy',
        voter_party = 'Democrat'
where   voter_id = 5876;
```

更新型（update）觸發器寫入資料表 voter_audit 的資料列只會包含以下這些異動資料：

```
audit_datetime:   2024-05-08 11:08:04

audit_user:       secretary_of_state@localhost

audit_change:     Voter 5876 updated: Voter name changed from Leah Banks
                  to Leah Banks-Kennedy. Voter party changed from Republican
                  to Democrat
```

因為只有兩個資料欄的值有異動──voter_name 和 voter_party，所以只會將這兩個異動資料寫入稽核表。

為了獲取資料做了哪些異動，我們還建立了變數 @change_msg ❷，接著利用 if 陳述式，檢查每個資料欄的值是否有異動。當資料欄的值發生異動就會利用函式 concat()，將資料欄異動相關資訊加到字串變數 @change_msg 現有文字的末尾。一旦所有欄位值的異動情況都檢查完畢後，就會將變數 @change_msg 的值寫入稽核表的資料欄 audit_change ❸。此外，觸發器還會在稽核表的資料欄 audit_user 寫入執行異動的使用者名稱，在資料欄 audit_datetime 寫入發生異動的日期和時間。

動手試試看

17-12. 請以觸發器 tr_voter_au 作為模型，為資料表 ballot 建立 AU 型觸發器。這個觸發器應命名為 tr_ballot_au，而且會寫入資料到資料表 ballot_audit。

觸發器建立完畢後，請利用下方程式碼在資料表 ballot 更新一列資料，用以測試觸發器：

```
update ballot
set    ballot_type = 'absentee'
where  ballot_id = 1;
```

練習題完成後，請確認看看資料表 ballot_audit 是否記錄到資料表 ballot 裡的值已經更新？對稽核表執行查詢指令「select * from ballot_audit」之後，讀者是否有看到更新資料值的紀錄？

17-13. 請為資料庫 voter 底下的其他資料表建立 AU 型觸發器，這些觸發器應命名為 tr_race_au、tr_candidate_au 和 tr_ballot_candidate_au。並且將資料值更新紀錄分別寫入資料表 race_audit、candidate_audit 和 ballot_candidate_audit。

到此，我們已經成功建立了一個資料庫，不僅能儲存選舉資料，還納入了條件約束和觸發器，以維持高品質的資料。

替代方案

跟前一章專題建立資料庫 weather 一樣，我們同樣能找出無數的方法來撰寫本章的資料庫 voter。

稽核表

本章建立了五個不同的稽核表，但我們也可以只建立一個稽核表，將所有稽核紀錄都寫入這個表。還有另一種做法是建立 15 個稽核表：五個資料表各自建立三個稽核表。假設我們原本是將插入、刪除和更新投票人資料的稽核資訊寫入資料表 voter_audit，現在改為將新增投票人的稽核資訊寫入資料表 voter_audit_insert，投票人資料異動資訊寫入資料表 voter_audit_update，投票人資料刪除資訊則寫入資料表 voter_audit_delete。

觸發器 vs. 權限

除了使用觸發器來控制哪些使用者可以更新哪些資料表，資料庫管理人員還可以採用其他做法來達成同樣的目的，就是授權給資料庫使用者或是撤銷他們的權限。利用觸發器的好處是我們還可以顯示自訂訊息，向使用者解釋當下發生的問題，像是 Voters can be added only by the Secretary of State（只有州務卿才能新增投票人資料）。

新增資料表來取代 CHECK 條件約束

先前我們建立資料表 ballot 時，使用了下方的條件約束：check，以確保資料欄 ballot_type 的值只能出現 in-person（親自投票）或 absentee（不在籍投票）：

```
constraint check(ballot_type in ('in-person', 'absentee'))
```

另一種做法是建立資料表 ballot_type，每一列資料是一種類型的投票方式：

```
ballot_type_id  ballot_type
--------------  ---------------
       1        in-person
       2        absentee
```

我們可以新增資料表 ballot_type，讓其中的資料欄 ballot_type_id 作為主要索引鍵。如果改用這種做法，資料表 ballot 就是儲存 ballot_type_id 值而非 ballot_type 的值，架構如圖 17-3 所示。

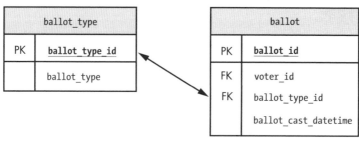

圖 17-3：建立資料表 ballot_type 以儲存投票類型

這種做法的優點是日後不必修改資料表 ballot 的定義，就可以新增投票類型，像是 military（軍中投票）或 overseas（海外投票）。此外，以 ID（像是 3）表示投票類型，而非先前採用的全名（像是 absentee），還能讓資料表 ballot 提高每一列資料的儲存效率。

我們也可以將類似的方法應用在資料表 voter。先前建立的資料表 voter 有資料欄 voter_county、voter_district、voter_precinct 和 voter_party，我們可以在建立資料表時改成只儲存 ID：voter_county_id、voter_district_id、voter_precinct_id 和 voter_party_id，引用新資料表 county、district、precinct 和 party，取得有效的 ID 清單。

建立資料庫時有很大的創意空間，所以各位讀者不必覺得一定要嚴格遵守本章專題使用的方法。請多方嘗試這些替代方案，看看能為我們發揮多大的效用！

重點回顧與小結

讀者在本章已經學到如何建立投票資料庫，以儲存選舉資料。利用條件約束和觸發器，避免發生資料完整性的問題，以及使用稽核表來追蹤資料異動情況。本章還介紹了幾個能用來實作專題的替代方案。下一章要介紹本書第三個也是最後一個專題，學習主軸是：利用檢視表來隱藏敏感的薪資資料。

18

利用檢視表保護薪資資料

這個專題是利用檢視表，隱藏員工資料表裡敏感的薪資資料。問題在於這家公司的每個部門都設定了一個資料庫使用者，因此，人力資源、行銷、會計、技術和法務部門都有權限存取多數員工的資料，然而，應該只有人力資源部門的資料庫使用者才能存取員工薪資。

檢視表不只可以隱藏敏感資料，還可以用來簡化複雜查詢，或是只選擇資料表中的相關資料，例如，僅針對特定部門顯示指定資料表的某些資料列。

建立員工資料表

從建立資料庫 business 開始：

```
create database business;
```

接著是建立資料表 employee，用於儲存公司裡每位員工的資訊，包括姓氏全名、職稱和薪資：

```
use business;

create table employee
(
  employee_id      int            primary key     auto_increment,
  first_name       varchar(100)   not null,
  last_name        varchar(100)   not null,
  department       varchar(100)   not null,
  job_title        varchar(100)   not null,
  salary           decimal(15,2)  not null
);
```

在這個資料表裡，由於我們建立資料欄 employee_id 時已經有附加屬性 auto_increment，所以每當我們在資料表 employee 插入一列新資料時，就不需要提供 employee_id 的值。MySQL 會自動幫我們追蹤這個情況，確保我們每次插入新資料時，employee_id 的值會比前一個值大。請將下列資料加入我們剛剛建立的資料表：

```
insert into employee(first_name, last_name, department, job_title, salary)
values ('Jean',' Unger', 'Accounting', 'Bookkeeper', 81200);

insert into employee(first_name, last_name, department, job_title, salary)
values ('Brock', 'Warren', 'Accounting', 'CFO', 246000);

insert into employee(first_name, last_name, department, job_title, salary)
values ('Ruth', 'Zito', 'Marketing', 'Creative Director', 178000);

insert into employee(first_name, last_name, department, job_title, salary)
values ('Ann', 'Ellis', 'Technology', 'Programmer', 119500);

insert into employee(first_name, last_name, department, job_title, salary)
values ('Todd', 'Lynch', 'Legal', 'Compliance Manager', 157000);
```

現在請查詢資料表，檢視我們剛剛插入的資料列：

```
select * from employee;
```

查詢結果如下：

```
employee_id  first_name  last_name  department   job_title            salary
-----------  ----------  ---------  ----------   -------------------  ---------
1            Jean        Unger      Accounting   Bookkeeper            81200.00
2            Brock       Warren     Accounting   CFO                  246000.00
3            Ruth        Zito       Marketing    Creative Director    178000.00
4            Ann         Ellis      Technology   Programmer           119500.00
5            Todd        Lynch      Legal        Compliance Manager   157000.00
```

看起來所有資料列都有順利插入資料表 employee，但我們希望對人力資源部門以外的使用者隱藏資料欄 salary，這樣同事之間才不會存取到他人的敏感性資訊。

建立檢視表

我們打算採取的做法是讓資料表 employee 的內容去掉資料欄 salary，將這份資料存到檢視表 v_employee，讓所有資料庫使用者存取，而非允許大家都存取資料表 employee。如同先前在第 10 章討論的內容，檢視表是根據查詢所建立的虛擬資料表。產生檢視表的程式碼如下：

```
create view v_employee as
select  employee_id,
        first_name,
        last_name,
        department,
        job_title
from    employee;
```

在上方程式碼裡，select 陳述式省略了資料欄 salary，所以查詢檢視表時，這個資料欄的值就不會出現在結果裡：

```
select * from v_employee;
```

查詢結果如下：

```
employee_id  first_name  last_name  department   job_title
-----------  ----------  ---------  ----------   -------------------
1            Jean        Unger      Accounting   Bookkeeper
2            Brock       Warren     Accounting   CFO
3            Ruth        Zito       Marketing    Creative Director
4            Ann         Ellis      Technology   Programmer
5            Todd        Lynch      Legal        Compliance Manager
```

正如我們所預期的，檢視表 v_employee 只會有 salary 以外的其他所有資料欄。

接下來我們要更改資料庫 employee 的權限設定，允許人力資源部門的使用者有權修改基底資料表 employee。由於 v_employee 是檢視表，基底資料表 employee 發生的任何異動都會立即反映到檢視表裡。

控制權限

為了調整資料庫權限，我們要使用命令 grant，授權給 MySQL 資料庫使用者，以及控制哪些使用者能存取哪些資料表。

在這個範例中，公司裡每個部門都有設定一名資料庫使用者：accounting_user、marketing_user、legal_user、technology_user 和 hr_user。輸入下列命令，表示只授予資料表 employee 的使用權限給使用者 hr_user：

```
grant select, delete, insert, update on business.employee to hr_user;
```

上方這一串命令是授權使用者 hr_user，可以對資料庫 business 底下的資料表 employee 選取、刪除、插入和更新資料列。

由於我們沒有將這些使用權限授予其他部門的使用者，假使 accounting_user 想要查詢資料表 employee，就會收到以下的錯誤訊息：

```
Error Code: 1142. SELECT command denied to user 'accounting_user'@'localhost'
for table 'employee'
```

現在我們要利用下方的命令，將檢視表 v_employee 的選取權限授予所有部門的使用者：

```
grant select on business.v_employee to hr_user@localhost;
grant select on business.v_employee to accounting_user@localhost;
grant select on business.v_employee to marketing_user@localhost;
grant select on business.v_employee to legal_user@localhost;
grant select on business.v_employee to technology_user@localhost;
```

所有部門的使用者現在都可以從檢視表 v_employee 選取和存取他們需要的員工資料。

針對這個專題的目的，我們要使用超級使用者帳號 root 來授權，這是我們先前安裝 MySQL 時所建立的帳號（請見第 1 章）。在實際營運環境中，資料庫管理人員通常會建立其他帳號，不會使用 root 帳號，因為這個帳號擁有所有的權限，可以為所欲為。在專業設定的環境下，只有非常少數的人才會知道 root 密碼。資料庫管理人員還能針對某個角色定義權限，然後新增使用者成為具有該角色身分的成員，或移除使用者的角色身分，不過這類角色的詳細討論已經超出本書範圍。

利用 MySQL Workbench 測試使用者存取權限

本節要使用 MySQL Workbench 跟這個專題搭配，以 root 帳號連線，建立資料庫、資料表以及各部門的使用者，然後分別以使用者 hr_user 和 accounting_user 建立連線，檢視兩者擁有的使用權限有何差異。

NOTE 讀者也可以採用其他工具，像是 MySQL 命令列客戶端或 MySQL Shell，不過 MySQL Workbench 只要點擊連線並且以該使用者的身分登入，就能輕鬆測試不同使用者的存取權限。

首先，我們要以 root 使用者的帳號建立連線，密碼是用我們安裝 MySQL 時產生的那個密碼。請在「Welcome to MySQL Workbench」畫面裡找到文字 MySQL Connections，然後點擊文字旁邊的圖示「+」（如圖 18-1 所示）。

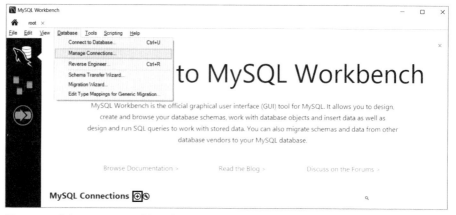

圖 18-1：建立 MySQL Workbench 連線

點擊圖示「＋」之後會開啟視窗「Setup New Connection」（如圖 18-2 所示），請在這個視窗裡輸入連線名稱（本書選擇將連線名稱指定為跟使用者相同的名稱：root），以及輸入使用者名稱為 **root**。

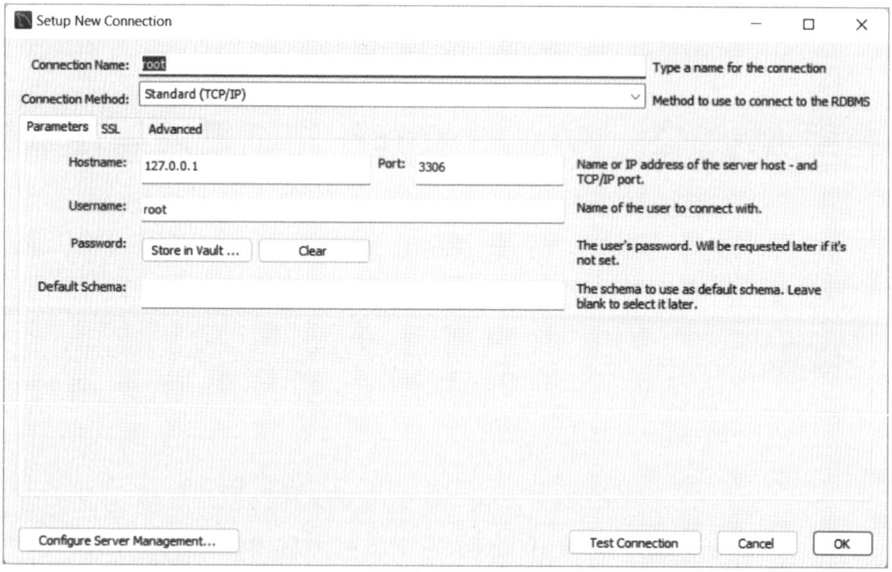

圖 18-2：使用 root 帳號在 MySQL Workbench 建立連線

點擊 **OK**，儲存我們設定的連線資料。隨後只要點擊該連線名稱，就能以 root 使用者登入。

由於超級使用者帳號 root 擁有所有的權限，所以能授權給其他使用者，接下來我們要使用這個連線資料來執行程式腳本，用以建立資料

庫、資料表、檢視表和各部門的使用者。圖 18-3 只顯示了該程式腳本結尾部分的內容，我們需要執行的完整程式腳本，請見此處連結 *https://github.com/ricksilva/mysql_cc/blob/main/chapter_18.sql*。

```
21 ●   insert into employee(first_name, last_name, department, job_title, salary)
22     values ('Ann', 'Ellis', 'Technology', 'Programmer', 119500);
23
24 ●   insert into employee(first_name, last_name, department, job_title, salary)
25     values ('Todd', 'Lynch', 'Legal', 'Compliance Manager', 157000);
26
27 ●   create view v_employee as
28     select  employee_id,
29             first_name,
30             last_name,
31             department,
32             job_title
33     from    employee;
34
35 ●   create user accounting_user@localhost identified by 'accounting_password';
36 ●   create user marketing_user@localhost identified by 'marketing_password';
37 ●   create user technology_user@localhost identified by 'technology_password';
38 ●   create user legal_user@localhost identified by 'legal_password';
39 ●   create user hr_user@localhost identified by 'hr_password';
40
41 ●   grant select, delete, insert, update on business.employee to hr_user@localhost;
42
43 ●   grant select on business.v_employee to hr_user@localhost;
44 ●   grant select on business.v_employee to accounting_user@localhost;
45 ●   grant select on business.v_employee to marketing_user@localhost;
46 ●   grant select on business.v_employee to legal_user@localhost;
47 ●   grant select on business.v_employee to technology_user@localhost;
48
```

圖 18-3：建立資料表、檢視表和使用者以及利用 MySQL Workbench 授予使用權限

現在我們要執行程式腳本，為各部門建立使用者名稱，以使用者 hr_user 和 accounting_user 建立 MySQL Workbench 連線。圖 18-4 展示如何為使用者 hr_user 設定新的連線。

從圖中可以看到，為使用者 hr_user 建立連線時，我們輸入了連線名稱和使用者名稱，兩者都設定為 hr_user。隨後再以相同的方式為使用者 accounting_user 建立連線，一樣以 accounting_user 作為連線名稱和使用者名稱。

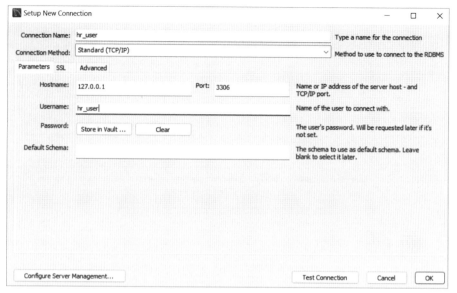

圖 18-4：為 hr_user 建立 MySQL Workbench 連線

現在 MySQL Workbench 有三個連線可供我們使用（如圖 18-5 所示）。

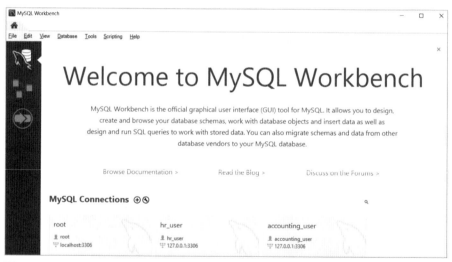

圖 18-5：MySQL Workbench 連線：root、hr_user 和 accounting_user

從圖中可以看到，各個連線顯示的名稱，就是我們建立連線時使用的名稱。只要點擊各個連線，就能以相對應的使用者身分登入 MySQL。

我們也可以一次開啟多個連線。先以 hr_user 的身分開啟連線，然後
點擊左上角的小房子圖示，返回歡迎主畫面。再從這個主畫面點擊
accounting_user 的連線，以該身分開啟另一個連線。

現在應該可以在 MySQL Workbench 的介面裡看到兩個分頁：hr_user
和 accounting_user（如圖 18-6 所示）。

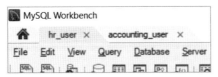

圖 18-6：在 MySQL Workbench 同時開啟多個連線

只要點擊適當的分頁，就能以該使用者的身分執行查詢。例如點擊
分頁 hr_user，會以 hr_user 的身分查詢資料表 employee（請見圖
18-7）。

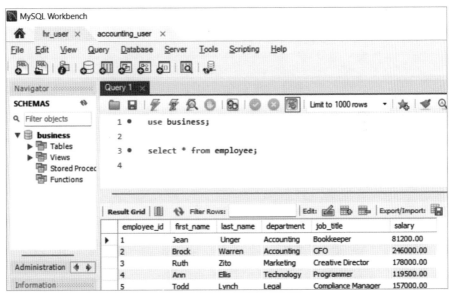

圖 18-7：以 hr_user 身分查詢資料表 employee

現在改點擊分頁 accounting_user，再次查詢資料表 employee（如圖
18-8 所示）。

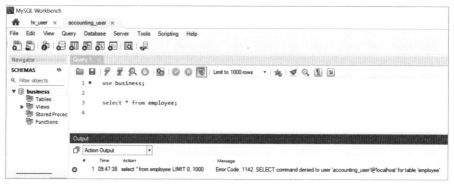

圖 18-8：accounting_user 無法檢視資料表 employee

這是因為 root 帳號沒有將資料表 employee 的使用權限授予使用者
accounting_user，才會回傳錯誤訊息：SELECT command denied（拒絕
執行 SELECT 命令）。不過，使用者 accounting_user 仍舊可以從檢
視表 v_employee 選取資料，只是看到的員工資料會缺少薪資的部分
（請見圖 18-9）。

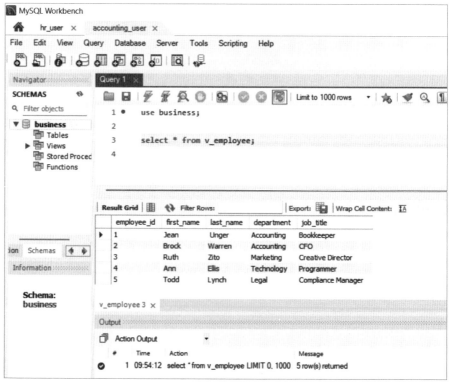

圖 18-9：accounting_user 可以查詢檢視表 v_employee

其他資料庫使用者的權限都跟 accounting_user 一樣，這表示他們也無法查詢資料表 employee，因為我們沒有授予使用權限給這些使用者。

動手試試看

18-1. 請以 root 身分登入，建立檢視表 v_employee_fn_dept，只納入資料表 employee 的資料欄 first_name 和 department。然後查詢檢視表，回傳的結果是否如我們所預期？

替代方案

想要對特定使用者隱藏資料時，還有另一種做法。MySQL 允許我們在資料欄層級授予權限，以資料表 employee 為例，我們可以針對 salary 以外的所有資料欄，授予 select 權限：

```
grant select(employee_id, first_name, last_name, department, job_title)
on employee
to technology_user@localhost;
```

上方命令允許使用者 technology_user 可以從指定的資料表，選取以下任何一個或所有資料欄：first_name、last_name、department 和 job_title。查詢範例如下：

```
select employee_id,
       first_name,
       last_name
from   employee;
```

查詢結果如下：

```
employee_id  first_name  last_name
-----------  ----------  ---------
          1  Jean        Unger
          2  Brock       Warren
          3  Ruth        Zito
          4  Ann         Ellis
          5  Todd        Lynch
```

由於我們沒有對資料欄 salary 授予選取的使用權限，所以 MySQL 會禁止使用者 technology_user 選取該資料欄的資料。

```
select salary
from   employee;
```

查詢結果會回傳錯誤訊息：

```
SELECT command denied to user 'technology_user'@'localhost' for table 'employee'
```

如果使用者 technology_user 試圖以萬用字元 * 選取所有資料欄，會收到相同的錯誤訊息，因為無法回傳資料欄 salary。基於這個原因，本書不特別推薦這項做法，因為會造成使用者混亂。允許使用者透過檢視表，存取他們有權限使用的所有資料表，會是比較直覺的做法。

重點回顧與小結

在這個專題裡，我們使用了檢視表，對特定使用者隱藏薪資資訊。資料表中任何具有敏感性的資料，都可以利用這項技巧加以隱藏。我們還學到如何授權給資料庫使用者和撤銷他們的權限，只將某一塊資料公開給特定使用者，有助於建立安全的資料庫。

讀者若能掌握本書最後介紹的三個專題，將具備這些能力：建立自己的資料庫、從檔案載入資料、建立觸發器以維護資料品質，以及利用檢視表保護敏感性資料。

最後祝福各位讀者在前往 MySQL 學習旅程的下一階段，一切順利！

後記

恭喜各位讀者！你們不僅學到了這麼多 MySQL
開發方面的知識，也將這些新知識應用到實務專
題上。

我希望透過本書確實向讀者傳達一個觀念：MySQL 能應用在各個面
向。各位在設計和開發資料庫上有很大的創意空間，從喜愛的棒球統
計資料、新創公司的顧客清單到提供企業收購資料的大型網頁資料庫，
大家都可以利用自身擁有的 MySQL 知識，針對特定需求和興趣，建置
高度客製化的系統。

讀者若想深入探討 MySQL 開發，可以將公開資料集載入到自己的
MySQL 資料庫裡，像 *https://data.gov* 和 *https://www.kaggle.com* 這類的
網站都有提供免費使用的資料（不過，對於想要使用的資料集，請記
得確認使用條款）。大家可以將不同來源的資料集載入到 MySQL 資料
表，再以某種方式合併資料集，看看是否能激發出新的或有趣的見解。

我要再次恭喜各位讀者，你們已經取得如此大進展。學習從資料列和
資料欄的角度思考，絕非一件容易的事。期勉大家終其一生都能持續
投入時間，學習新的技能，知識肯定會成為你的力量！

索引

※ 提醒您：由於翻譯書排版的關係，部分索引名詞的對應頁碼會和實際頁碼有一頁之差。

MySQL 資料庫開發的樂趣

作　　者：Rick Silva
譯　　者：黃詩涵
企劃編輯：蔡彤孟
文字編輯：江雅鈴
設計裝幀：張寶莉
發 行 人：廖文良

發 行 所：碁峰資訊股份有限公司
地　　址：台北市南港區三重路 66 號 7 樓之 6
電　　話：(02)2788-2408
傳　　真：(02)8192-4433
網　　站：www.gotop.com.tw
書　　號：ACD023600
版　　次：2024 年 01 月初版
建議售價：NT$580

國家圖書館出版品預行編目資料

MySQL 資料庫開發的樂趣 / Rick Silva 原著；黃詩涵譯. -- 初
　　版. -- 臺北市：碁峰資訊, 2024.01
　　　　面；　公分
　　　　譯自：MySQL crash course: a hands-on introduction to
database development
　　　ISBN 978-626-324-719-2(平裝)
　　　1.CST：SQL(電腦程式語言)　2.CST：資料庫管理系統
　　3.CST：關聯式資料庫
312.74　　　　　　　　　　　　　　　　112022144